KB013138

zero

위험하고 매혹적인 제로 이야기

zero

ZERO
Copyright © Charles Seife, 2000
All rights reserved including the right of reproduction in whole or in part in any form.

Korean translation copyright © 2024 by DKJS
This edition published by arrangement with Viking,
an imprint of Penguin Publishing Group, a division of Penguin Random House LLC.
through EYA (Eric Yang Agency)

이 책의 한국어판 저작권은 EYA (Eric Yang Agency)를 통한
Viking, an imprint of Penguin Publishing Group, a division of Penguin Random House LLC. 사와의
독점계약으로 한국어 판권을 주식회사 디케이제이에스가 소유합니다.
저작권법에 의하여 한국 내에서 보호를 받는 저작물이므로 무단전재와 무단복제를 금합니다.

신의 유무부터 블랙홀까지

위험하고 매혹적인 제로 이야기

찰스 세이프 지음

김동균 옮김

김주민 감수

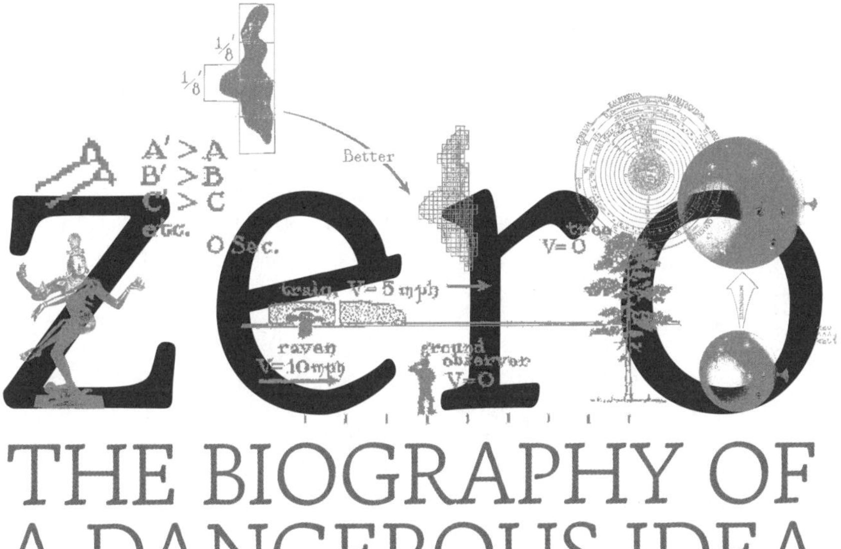

THE BIOGRAPHY OF A DANGEROUS IDEA

DKJS
디케이제이에스

Chapter **0**
Null and Void

아무것도 아닌,
그러나 비할 데 없이
막강한 숫자

숫자 0이 어뢰처럼 미국의 함선 요크타운 호를 강타했다.

1997년 9월 21일, 버지니아 해안을 따라 순항 중이던 10억 달러짜리 미사일 순양함은 마구 흔들리더니 갑자기 바다 한가운데서 멈춰서 옴짝달싹 못 하는 신세가 됐다.

군함은 어뢰의 타격이나 기뢰의 폭발에도 견디도록 설계된다. 요크타운 호도 이런 무기에 대해서는 충분한 대비가 되어 있었지만, 숫자 0에 대해서도 그래야 한다는 생각은 미처 하지 못했으며, 이는 중대한 실수였다.

요크타운 호의 컴퓨터에는 이제 막 엔진을 제어할 새로운 소프트웨어가 설치됐고, 안타깝게도 코드에 숨어 있는 시한폭탄을 발견한 사람은 아무도 없었다. 엔지니어가 소프트웨어를 설치하면서 제거해야 했던 폭탄이란 바로 0이었다. 이런저런 이유로 엔지니어는 0을 간과했고, 제거 안 된 0을 포함한 소프트웨어가 전체 시스템을 마비시킬 때까지 누구도 이를 알아차리지 못했다.

요크타운 호의 컴퓨터 시스템이 0으로 나누는 연산을 실행하자마자 8만 마력의 거대한 엔진은 즉시 무용지물이 되고 말았다. 엔진에 비상 제어장치를 연결하는 데 거의 세 시간이 걸렸고, 그 후에 요크타운 호는 느릿느릿 움직여 겨우 근처 항구로 귀항할 수 있었다. 이후 엔지니어들이 컴퓨터 시스템에서 0을 제거하고 엔진을 수리하여 다시 임무에 복귀시키는 데에는 꼬박 이틀이 걸렸다.

어떤 숫자도 그토록 치명적 피해를 줄 수 없다. 요크타운 호를 강타한 것과 같은 컴퓨터 장애는 0이 지닌 막강한 위력의 희미한 그림자에 지나지 않는다. 여느 숫자와는 다른 0의 엄청난 위력 때문에 여러 문화는 0에 맞서 스스로를 지키기 위해 대비해야 했고 철학은 그 영향에 속절없이 무너졌다. 0은 형언할 수 없는 존재와 무한에 대한 실마리를 제공한다. 이러한 이유로 역사적으로 두려움과 증오의 대상이었고, 심지어 추방당하기도 했다.

이 책은 제로Zero, 즉 0에 대한 이야기다. 0이 고대에 출현해 동양에서 성장과 번영을 이루고, 유럽 사회에서 우여곡절을 겪은 뒤에 서양에서 맹위를 떨치면서 현대 물리학에 이르기까지 지속적으로 위협이 되어온 역사를 다룬다. 이는 또한 신비한 숫자 0의 의미를 이해하려고 했던 학자, 신비주의자, 과학자, 성직자 등이 펼쳤던 힘겨운 투쟁의 기록이자, 동양의 아이디어를 난폭하다 싶을 정도로 거부했으나 결국은 실패한 서양의 헛된 노력에 대한 이야기이기도 하다. 또 순박해 보이는 숫자가 금세기 가장 탁월한 지성들까지도 뒤흔들고 과학적 사상의 전체 틀을 송두리째 바꿔버리겠다고 위협하는 역설의 이야기이기도 하다.

0은 무한과 쌍둥이고 그렇기에 더욱 강력하다. 그 둘은 마치 음과 양처럼 상극이면서 동등하며, 똑같이 역설적인 골칫거리다. 과학과 종교에서 가장 큰 쟁점은 무無와 영원, 공空과 무한, 0과 무한대이다. 0은 철학, 과학, 수학, 종교의 근본을 뒤흔드는 개념이기에 이들과 충돌이 불가피했다. 모든 혁명의 근저에는 0과 무한대가 자리 잡고 있다.

0은 동양과 서양 사이에서 벌어진 전투의 중심에 있었고, 종교와 과학 사이에서 펼쳐진 투쟁의 중심에 있었다. 0은 자연의 언어이자 수학에서 가장 중요한 도구가 되었다. 블랙홀의 어두운 심연과 빅뱅의 눈부신 불꽃 등 물리학에서 가장 심오한 문제는 0을 극복하기 위한 고군분투이다.

거부와 추방의 역사에도 불구하고 0은 반대하는 사람들을 항상 물리쳐왔다. 인류는 결코 그들의 철학에 0을 끼워 맞출 수 없었다. 오히려 0이 우주와 신에 대한 인류의 시각을 바꾸었다.

차례

Chapter **1**
Nothing Doing

아무 역할도 하지 않으면서 모든 것을 뒤흔들다

[0의 기원]

N o t h i n g D o i n g

그때는 비존재도 존재도 아니었다.

세상도, 그 너머의 하늘도 없었다.

무엇이 어디서 시작된 걸까?

—『리그베다 Rig Veda』(고대 인도 브라만교 성전)

0의 이야기는 아득한 고대부터 시작된다. 그 뿌리는 최초의 문명이 발생하기 수천 년 전, 인류가 읽고 쓸 수 있게 되었을 때보다 훨씬 이전인 수학의 여명기까지 거슬러 올라간다. 0은 현대인에게는 익숙하지만, 고대인에게는 이질적인 존재였으며 심지어 두렵기까지 한 개념이었다. 예수보다 여러 세기에 앞서 비옥한 초승달 지대Fertile Crescent(이집트의 나일강 유역으로부터 시리아, 팔레스타인의 동지중해 지역을 거쳐 티그리스, 유프라테스강 유역의 메소포타미아에 이르는 초승달 모양의 고대 농업 지대 – 옮긴이)에서 태어난 0은 동양적 개념으로, 원초적인 공허의 이미지뿐 아니라 위험한 수학적 성질도 지니고 있었다. 0 안에는 논리의 틀을 부술 힘이 도사리고 있었다.

수학적 사고는 가축의 수를 세고 재산과 시간의 흐름을 측정하고자 하는 필요에서 시작되었다. 그런데 이런 일들은 0이 없어도 아무런 문제가 없었다. 문명은 0이 발견되기 전에도 수천 년 동안 훌륭하게 발전해왔다. 사실 어떤 문화는 0을 매우 혐오하여 아예 0 없이 사는 길을 선택하기도 했다.

0 없는 삶

> 0과 관련해 중요한 점은 일상생활에서 사용할 필요가 없다는 사실이다. 아무도 0마리의 생선을 사러 시장에 가지 않는다. 어떤 면에서 0은 가장 진보된 수이며, 그 사용은 문명화된 사고방식의 필요 때문에 강제되고 있을 뿐이다.
>
> — 앨프리드 노스 화이트헤드Alfred North Whitehead(수학자이자 철학자)

현대인이 7이나 31이 없는 삶을 상상하기 어려운 것처럼 0이 사라진 삶을 상상하기는 어렵다. 그런데 7과 31 없이 살던 때가 있었던 것처럼 0 없이 살던 때도 있었다. 이는 유사 이전의 일로, 고생물학자들은 돌과 뼛조각을 짜 맞추면서 수학의 탄생에 얽힌 이야기를 유추해야 했다. 이 유물들에서 연구자들은 오늘날에 비해 석기시대 수학자들의 연구 환경이 훨씬 험난했다는 증거를 발견했다. 고대 수학자들은 칠판 대신 늑대 뼈를 이용했다.

1930년대 고고학자 카를 압솔롬Karl Absolom은 체코슬로바키아의 고대 유적을 발굴하는 과정에서 석기시대의 수학을 이해하는

데 중요한 실마리를 찾아냈다. 바로 일련의 눈금이 새겨진 3만 년 된 늑대 뼈였는데, 당시 동굴 거주민들이 이 뼈를 이용해 사냥한 사슴의 수나, 자기가 그린 그림, 몸을 씻지 않은 날의 수를 세었는지는 확신할 수 없다. 하지만 원시인이 뭔가 수를 셌다는 점은 명백하다.

늑대 뼈는 석기시대의 슈퍼컴퓨터였던 셈이다. 둘까지도 세지 못했던 이 원시인들에게 0은 아예 필요하지 않았다. 수학이 막 시작된 바로 그 무렵에는 아마 오직 '하나'와 '여럿'만 구별했을 것이다. 원시인은 창을 하나 또는 여러 개 가졌거나, 으깬 도마뱀을 한 마리 또는 여러 마리 먹었을 뿐이다. 이처럼 고대인은 하나와 여럿 이외의 개수를 표현하지 못했다. 세월이 흘러 원시 언어도 하나, 둘, 여럿, 좀 더 나아가 하나, 둘, 셋, 여럿을 구별하도록 발전했다. 하지만 이보다 큰 수에 대한 용어는 없었는데, 아직까지도 이런 약점을 가진 언어가 있다. 볼리비아의 시리오노 인디언과 브라질의 야노마모 부족은 셋보다 큰 수는 모두 '여럿'이라고 지칭한다.

수를 서로 더하면 새로운 수가 만들어진다는 수의 본질적 속성 덕분에 셈은 셋에서 멈추지 않는다. 얼마 뒤 영리한 부족들은 숫자 언어number-words를 나열해 더 큰 수를 다루게 되었다. 브라질의 바카이리족과 보로로족은 지금도 이런 식으로 여러 수를 나타낸다. 그들 언어에서 수는 하나, 둘, 둘과 하나, 둘과 둘, 둘과 둘과 하나 등으로 표현된다. 즉, 그들은 둘을 기준으로 수를 나타내며 수학자들은 이를 '2진법'이라고 부른다.

바카이리족과 보로로족처럼 2진법을 사용하는 종족은 거의 없고, 고대 셈법에서는 일반적으로 앞서 본 늑대 뼈에서 발견된 방식을 사용한 것으로 추정된다. 그 늑대 뼈에는 55개의 작은 눈금이 다섯 개 단위로 묶여 있는데, 처음 25개 눈금은 나머지와 분리되어 있다. 아마 이것을 새긴 원시인은 다섯 개 단위로 헤아렸고, 그것들을 다시 다섯 개 단위로 묶었던 것으로 보인다. 이는 매우 합리적이다. 수를 하나씩 세기보다 몇 개 단위로 묶어서 세는 것이 훨씬 빠르기 때문이다. 늑대 뼈에 눈금을 새긴 이 원시인을 두고 현대 수학자는 5를 기준으로 하는 셈법, 즉 5진법을 썼다고 말할지도 모른다.

그런데 왜 5일까? 이는 순전히 임의적인 결정이다. 만일 원시인이 네 개 단위로 뼈를 묶고 이어서 네 개와 열여섯 개 묶음의 단위로 세는 계수법을 사용했거나, 여섯 개 단위로 묶고 이어서 여섯 개와 36개 묶음의 단위로 세는 계수법을 사용했다 하더라도 아무런 문제가 없었을 것이다. 묶음의 단위는 원시인이 묶는 과정에만 영향을 줄 뿐, 몇 개로 묶든 결국 뼈에 새겨지는 눈금의 합은 언제나 같다. 그런데 이 원시인은 넷이 아니라 다섯으로 묶기를 선호했고, 살펴보면 전 세계의 모든 사람이 그랬다. 이는 사람이 양손에 각각 다섯 개의 손가락을 가졌다는 우연에서 비롯됐다고 할 수 있다. 다섯은 수많은 문화권에서 선호하는 묶음의 단위였는데, 일례로 고대 그리스인은 계산을 '다섯으로 묶기fiving'라고 불렀다.

언어학자들은 남아메리카의 2진법에서도 5진법의 조짐을 발견했다. '둘과 둘과 하나'를 보로로족은 '이것은 내 손 모두'라고 다르게 표현하기도 했다. 고대인은 분명 신체의 일부를 이용하여 세는 것을 좋아했으며, 그래서 5(한 손), 10(양손), 20(양손과 양발)을 선호했다. 영어의 11eleven과 12twelve는 '(10보다) 하나 많은'과 '(10보다) 둘 많은'에서 나온 것으로 보이며, 13thirteen, 14fourteen, 15fifteen 등은 '3과 10three and ten', '4와 10four and ten', '5와 10five and ten'의 줄임말이다. 이 때문에 언어학자들은 영어의 뿌리인 원시 게르만어에서는 10이 기본 단위였고, 당시 사람들은 10진법을 썼을 것이라고 본다. 한편 불어에서는 80을 '네 개의 20quatre-vingts', 90을 '네 개의 20과 10quatre-vingt-dix'이라고 부르며, 따라서 현재의 프랑스 지역에 살았던 고대인은 20을 기준으로 하는 20진법을 사용한 것으로 추정된다. 7이나 31 같은 수는 5진법, 10진법, 20진법 등의 모든 진법에 들어 있다. 하지만 어디에도 0에 대한 명칭은 없다. 당시에는 0이란 개념 자체가 없었다.

0마리의 가축을 기록하거나 0명의 자녀를 셀 필요는 없다. 식료품점 주인은 "바나나가 0개 있습니다"라고 말하지 않고 "바나나가 없습니다"라고 말한다. 없는 것을 나타낼 숫자는 필요 없으므로, 없는 대상에 대한 기호를 만들 생각은 더욱이 하지 못했다. 이것이 바로 인류가 0 없이 오랫동안 아무 문제 없이 잘 살아온 이유이다. 0은 불필요했고 그래서 출현하지 않았다.

선사시대에는 수를 안다는 것 자체가 엄청난 능력이었다. 당시 수를 셀 수 있는 사람은 마치 주문을 읊고 신을 부를 수 있는 능력이 있는 것처럼 신비롭고 불가사의한 힘을 지녔다고 여겨졌다. 고대 이집트의 「사자의 서Book of the Dead」(고대 이집트에서 미라와 함께 매장한 두루마리 형태의 사후 세계 안내서-옮긴이)를 보면 저승의 강에서 육신을 떠난 혼령들을 실어 나르는 뱃사공 아켄Aqen은 이들을 시험하여 자기 손가락의 수를 세지 못하면 태워주지 않았다. 혼령들은 손가락을 세는 시구를 암송하여 뱃사공을 만족시켜야 했다. (그리스 신화에서 같은 일을 하는 뱃사공은 죽은 사람의 혀 밑에 넣어두는 돈을 요구했다.)

고대에는 숫자를 세는 것이 보기 드문 능력이었지만 수와 기본적인 셈은 언제나 문자의 사용보다 앞섰다. 초기 문명에서 갈대를 진흙 판에 눌러 붙이고 돌에 그림을 새기며 양피지나 파피루스에 잉크로 쓰기 시작했을 때 수의 체계는 이미 확립되었다고 볼 수 있다. 구전되던 수를 문자화하는 것은 기호로 나타내는 방법만 고안한다면 사뭇 간단한 일이었다. 심지어 어떤 고대 문명은 이런 방법을 문자보다 더 먼저 개발했다. 한 예로 문자가 없는 잉카 문명은 여러 가지 색깔의 끈과 매듭을 써서 계산을 기록하는 키푸quipu(결승문자)를 사용했다. 최초의 기록자들은 수를 자신들의 진법에 맞추어 그들이 생각할 수 있는 가장 간결한 방식으로 기록했을 것이다. 인류는 늑대 뼈를 이용했던 원시시대 이래 발전을 거듭해왔다. 눈금을 작은 단위로 묶어 되풀이하여 새기는 대신 각 단위의 기호를 고안해서 썼다. 예를 들어 5진법의 경우 먼저 1의 기호와 5의 그룹에 대한 기호를 만들고, 이어서 25 등에 대한 기호를 만들었을 것이다.

이집트인이 딱 그렇게 했다. 피라미드를 짓기 전인 지금으로부터 5,000년 전 고대 이집트인은 그림으로 10진법을 기록했는데, 1은 수직선, 10은 발굽, 100은 똬리로 나타냈다. 이 방법으로 수를 쓸 때 이집트의 서기가 할 일은 이 기호들을 알맞게 나열하는 것뿐이었다. 123을 나타내기 위해 눈금을 그만큼 그을 필요 없이 똬리 하나, 발굽 둘, 수직선 셋만 쓰면 된다. 고대 수학의 전형적인 방식이었다. 하지만 대부분의 다른 문명처럼 이집트에도 0이 없었고 필요하지 않았다.

그럼에도 고대 이집트인은 아주 뛰어난 수학자였다. 그들은 발달한 고급수학을 사용해 능숙하게 시간을 기록하고 천문학에도 정통했다.

안정된 달력을 만드는 일은 고대인 대부분에게는 힘든 작업이었다. 대개 보름달과 보름달 사이의 시간을 한 달로 보는 음력을 사용했기 때문인데, 물론 이는 자연스러운 선택이었다. 하늘에서 달이 차고 기우는 현상은 일정한 시간의 주기를 나타내는 편리한 방법을 제공하니, 쉽게 지나치기에는 아까운 게 사실이다. 하지만 음력의 한 달은 29일과 30일 사이이다. 따라서 어떻게 배열을 하든 음력의 12개월은 날짜로는 354일로 양력의 1년보다 약 11일이 짧고 음력 13개월은 양력의 1년보다 약 19일이 길다. 그런데 계절은 음력이 아니라 양력에 따라 변하므로 음력을 수정하지 않고 사용하면 곡식의 파종과 수확 시기가 자꾸만 달라진다.

음력 수정은 복잡한 작업이다. 오늘날에도 이스라엘이나 사우디아라비아 같은 나라는 여전히 변형된 음력을 사용하지만 6,000년 전 이집트인은 더 나은 체계를 생각해냈다. 이 방법으로 그들은 훨씬 더 간단하게 날짜의 흐름이 파악되고 여러 해가 흘러도 계절의 변화와 잘 맞아떨어지는 달력을 만들어냈다. 시간의 흐름을 추적할 때 오늘날 대부분의 나라가 그렇듯 달이 아니라 해를 사용했던 것이다.

이집트의 달력은 음력처럼 1년을 12개월로 나눴지만 한 달은 30일이었고, 10진법을 사용해서 일주일은 10일이었다. 그러면 연말에 5일이 남게 되는데 이를 그냥 더해서 1년을 365일로 했다. 이것이 우리가 사용하는 달력의 시초이다. 이집트의 체계를 그리스와 로마가 채택하고 윤년을 넣는 수정을 거친 후 서양의 표준 달력이 만들어졌다. 하지만 이집트는 물론 그리스와 로마도 0을 쓰지 않았으므로 이 서양 달력에는 0이 없었다. 이는 수천 년이 지난 후에 여러 문제를 일으킬 실수였다.

양력을 만든 것만 해도 대단한 혁신이었지만 이집트인은 인류사에 더욱 중요한 자취를 남겼다. 바로 기하의 발명이다. 0이 없었음에도 이집트인은 빠르게 수학을 발전시켰는데, 알고 보면 모두 거센 강물 덕분이다. 나일강은 해마다 홍수로 범람하여 나일 삼각주를 덮쳤다. 나일강이 범람하여 드넓은 평야를 진흙으로 뒤덮으면서 주변이 고대 사회의 가장 비옥한 농경지가 되었지만, 성난 강물이 토지의 경계표를 모두 휩쓸어 가서 농민들이 각자의 땅을 찾을 수 없게 되어버린다는 문제가 있었다. 이집트인은 재산권을 매우 소중히 여겼다. 「사자의 서」를 보면 죽은 사람은 신에게 이웃의 땅을 훔치거나 속이지 않았다고 맹세해야 했다. 이집트에서 이웃의 땅을 훔치는 것은 서약을 깨뜨리거나 살인을 하거나 신전에서 자위하는 것과 같은 중죄로 여겨졌으며, 이들 중죄인은 아미트 Ammit라는 잔인한 짐승이 심장을 파먹도록 하는 형벌에 처해졌다.

고대 이집트의 왕인 파라오들은 측량관에게 피해를 조사하고 경계표를 복원하도록 했으며, 이를 계기로 기하가 탄생했다. 매듭을 지은 밧줄로 길이와 직각을 재서 '밧줄 잡이'라고도 불렸던 측량관들은 구획한 토지를 삼각형이나 직사각형으로 나누어 넓이를 계산하는 방법을 터득했다. 이집트인은 피라미드와 같은 물체의 부피를 계산하는 법도 알아냈다. 그리하여 이집트 수학은 지중해 연안에 이름을 떨치게 되었고 일찍이 이집트에서 공부했던 그리스의 수학자 탈레스Thales와 피타고라스Pythagoras가 기하에 통달했던 이유를 여기서 찾을 수 있다. 하지만 찬란한 기하학적 위업에도 불구하고 이 시기 이집트 어디에서도 0은 찾아볼 수 없었다.

단면적으로 보자면 이는 이집트인이 실용적이기 때문이었다. 그들은 부피를 재거나 날짜와 시간을 세는 것 이상의 일은 좀처럼 하지 않았다. 이처럼 수학은 비실용적인 분야에는 쓰이지 않았다. 다만 점성술은 예외였다. 그 결과 최고의 수학자도 현실 세계와 관련되지 않은 곳에는 기하의 원리를 사용하지 않았기 때문에 수학은 추상적인 논리 체계로 발전하지 못했다. 또한 그들은 수학을 그들의 철학과 결부하려고도 않았다. 하지만 그리스인은 달랐다. 이들은 추상적이고 철학적인 것들을 포용하여 수학을 고대 최고의 경지로 끌어올렸다. 그렇지만 그리스인도 0을 발견하지는 못했다. 0은 서양이 아니라 동양에서 먼저 모습을 드러냈다.

0의 탄생

0은 인류 문화사에서 매우 위대한 발견 가운데 하나로 영원히 돋보일 것이다.

— 토비아스 단치히Tobias Danzig, 『수, 과학의 언어Number: The Language of Science』

그리스인은 수학을 이집트인보다 더 잘 이해했다. 그리스인은 이집트의 기하를 받아들여 통달하더니 곧 스승을 뛰어넘었다. 초기 그리스의 기수법記數法은 이집트와 아주 비슷했다. 그리스인도 10진법을 사용했고 수를 기록하는 방법에도 별 차이가 없었다. 다만 이집트인은 수를 나타내기 위해 그림을 사용한 반면 그리스인은 글자를 썼다. 예를 들어 H(에타eta)는 hekaton(100)을, M(뮤mu)는 당시 그리스 수 체계에서 가장 큰 수 단위인 myriori(10,000)를 나타냈다. 또한 5를 나타내는 기호가 있었는데, 이는 5진법과 10진법이 혼용되었음을 보여준다. 이처럼 두 문화의 기수법은 한동안 거의 같았지만, 이집트인과 달리 그리스인은 점차 원시적인 방식에서 벗어나 더욱 정교한 기수법을 개발했다.

이집트처럼 2를 표현하기 위해 수직선 두 개, 300을 표현하기 위해 H 세 개를 쓰는 대신, BC 500년 무렵에 나타난 새로운 그리스 기수법은 2, 3, 300은 물론 다른 많은 수에 대한 기호도 따로 갖췄으며, 이를 통해 그리스인은 기호의 반복을 피했다(그림 1). 예를 들어 이집트식으로 87을 쓰려면 여덟 개의 발굽과 일곱 개의 수직선이라는 열다섯 개의 기호가 필요하지만 새로운 그리스식으로는 80을 뜻하는 π(피)와 7을 뜻하는 ζ(제타)의 두 개로 충분하다.

그림 1. 다양한 문화권의 숫자 기호

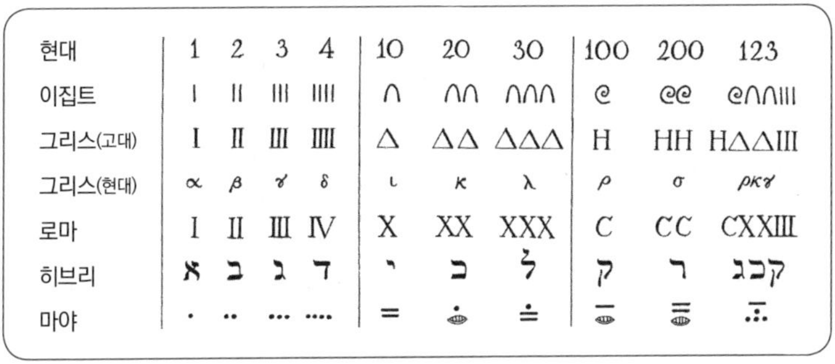

그리스 기수법을 대체한 로마 기수법은 오히려 원시적인 이집트 방식으로 후퇴했다. 로마식 87은 LXXXVII로서 일곱 개의 기호가 들어가며 그중 몇 개는 중복된다.

그리스 기수법이 이집트의 것보다 정교하지만 고대 세계의 가장 진보된 방법은 아니었다. 최고의 타이틀은 동양에서 발명된 바빌로니아 기수법이 차지했다. 이 방법 덕분에 오늘날 이라크에 해당하는 비옥한 초승달 지대에서 마침내 0이 태어난다.

언뜻 바빌로니아 기수법은 굉장히 괴팍해 보인다. 60진법을 바탕으로 하는데, 대부분의 사회가 5진법, 10진법, 20진법을 택했던 것과 비교하면 이 점은 매우 기이하다. 바빌로니아 기수법에서는 두 개의 기호만을 사용하는데, 1을 나타내는 한 쐐기와 10을 나타내는 두 쐐기가 그것이다. 이집트에서는 그림, 그리스에서는 글자를 썼던 것처럼 바빌로니아에서는 이 기호들을 다발로 묶어 59 이하가 되도록 배열하는 방식을 기본으로 했다. 그런데 바빌로니아 기수법의 가장 독특한 점은 이집트나 그리스처럼 수마다 다른 기호를 쓰지 않고 한 기호로 여러 수를 나타냈다는 점이다. 예를 들어 한 쐐기는 1, 60, 3,600은 물론 무수히 많은 다른 수를 뜻할 수 있다.

청동기 시대의 컴퓨터 프로그램이라 할 수 있는 이 기수법은 현대인에게는 이상하게 보일지 몰라도 고대인에게는 아주 자연스러운 방식이었다. 다른 문화권에서처럼 바빌로니아인도 셈을 돕는 기계를 발명했다. 가장 유명한 것은 주판珠板으로 돌을 미끄러뜨려 계산했는데, 중국과 일본에서는 수안핀算盤과 소로방そろばん, 러시아에서는 쇼티s'choty, 터키에서는 코울바coulba, 아르메니아에서는 초렙choreb이라 부르고, 이 밖의 다른 문화권에도 나름의 이름이 있다. (사실 calculate(계산하다), calculus(미적분), calcium(칼슘) 등의 단어는 모두 라틴어 calculus(조약돌)에서 유래했다.)

주판에서의 셈은 돌을 위아래로 움직이는 단순한 조작으로 이뤄진다. 각 칸에 배열된 돌은 서로 다른 값을 가지며 숙달된 사람은 이 돌들을 이용해 큰 수들의 셈을 매우 빠르게 처리할 수 있다. 계산이 끝나면 돌들의 마지막 위치를 수로 읽어내기만 하면 되므로 전체 과정은 아주 간단하다.

바빌로니아의 기수법은 진흙 판 위에 주판을 기호로 그려놓은 것과 같다. 기호들은 주판의 조작에 따라 돌들이 움직여진 상태를 보여주는데, 주판의 서로 다른 칸에 있는 돌들처럼 기호들도 위치에 따라 다른 값을 나타낸다. 이런 점에서 바빌로니아의 기수법은 오늘날 우리가 쓰는 기수법과 크게 다르지 않다. 111에서의 각 1은 위치에 따라 값이 다르며, 오른쪽에서 왼쪽으로 감에 따라 1, 10, 100을 나타낸다. 마찬가지로 𒁹𒁹𒁹에서 𒁹들은 오른쪽에서 왼쪽으로 감에 따라 1, 60, 3,600을 나타낸다. 주판과 같은데 다만 한 가지 문제가 있었다. 바빌로니아인은 60을 어떻게 나타냈을까? 1은 쓰기가 아주 쉽다. 그냥 𒁹만 쓰면 된다. 그러나 60도 𒁹로 나타내며, 단지 이때의 𒁹은 첫째 자리가 아닌 둘째 자리의 것이라는 점만 다르다. 주판에서는 돌들의 값을 알아내기가 쉽다. 첫째 칸의 돌과 둘째 칸의 돌은 쉽게 구별된다. 하지만 이 기수법에서는 그렇지가 않다. 처음에 바빌로니아인은 기호들의 위치를 구별해서 나타낼 방법을 알지 못했으며, 따라서 𒁹은 1을 나타낼 수도, 60이나 3,600 등의 값을 가질 수도 있었다. 게다가 섞어 쓰면 문제는 더욱 심각해진다. 예를 들어 𒁹𒁹은 61, 3601, 3,660은 물론 이보다 큰 다른 많은 수를 나타낼 수 있다.

0이 이 문제를 해결했다. BC 300년 무렵 바빌로니아인은 비스듬히 기울인 두 쐐기 𒑲를 써서 빈자리를 나타냈는데 이는 주판의 빈칸에 해당한다. 자리 기호로서의 0 덕분에 기호의 위치는 쉽게 식별되었다. 이전에는 𒁹𒁹를 61이나 3,601 등으로 읽었다면 이제 𒁹𒁹은 61이고 3,601은 𒁹𒑲𒁹으로 기록한다(그림 2). 이처럼 최초의 0은 바빌로니아의 숫자들이 변치 않는 고유의 값을 나타내도록 하려는 필요에서 비롯됐다.

0은 유용했지만 자리 기호일 뿐이었다. 주판에서 모든 돌이 아래로 내려진 빈칸에 대한 기호에 불과했다. 숫자들이 올바른 위치에 놓이도록 해주었지만, 그 자체는 아무런 값을 갖지 않았다. 예를 들어 000,002,148은 2,148과 같다. 0은 왼쪽에 어떤 숫자가 있어야만 의미가 있다. 이 경우의 0은 아무것도 아니다. 여기서 0은

그림 2. 바빌로니아 숫자 기호

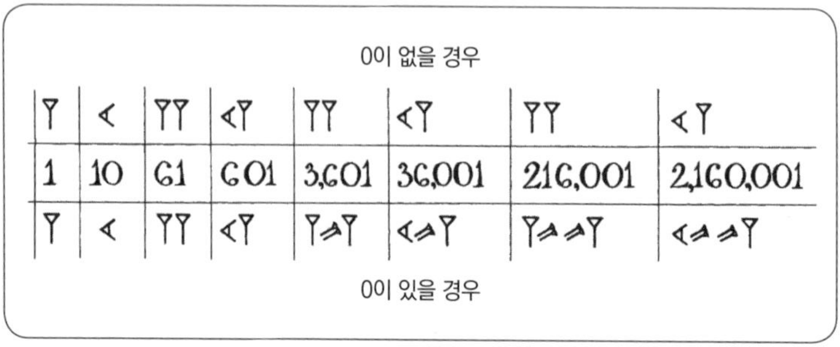

수가 아닌 자리 기호일 뿐 고유한 값은 없었다.

수의 값은 수직선에서 다른 수들과 비교된 위치에서 나온다. 예를 들어 2는 1의 뒤와 3의 앞에 있으며 다른 곳에 있으면 2가 아니다. 하지만 처음에 0의 기호는 수직선에서 어떤 위치도 갖지 못했다. 그냥 기호였을 뿐이라 수의 서열 속에서는 아무 곳에도 놓일 수 없었다. 심지어 오늘날에도 우리는 0이 독자적인 값을 갖는다는 사실을 알면서도 때로 수가 아닌 것처럼 취급하여 숫자 0을 수 0과 아무 관련이 없는 듯 자리 기호로 사용한다. 전화기의 다이얼이나 컴퓨터 키보드의 위쪽에 있는 숫자 키들을 보자. 0은 자기 자리인 1 앞이 아니라 9 다음에 온다. 자리 기호로서의 0은 어디에 있든 아무 문제가 되지 않으므로 수의 배열 가운데 어디에나 놓일 수 있다. 그러나 오늘날 사람들은 0이 명확한 독자적 값을 가지므로 수직선 위에서는 아무 곳에나 놓을 수 없다는 사실을 알고 있다. 0은 양수와 음수를 가르는 수이다. 0은 짝수이며 1의 앞에 온다. 0은 수직선 위에서 -1과 +1 사이라는 분명한 위치에 있어야 하며 다른 곳에 있으면 0이 아니다. 그런데도 0이 전화기 다이얼의 아래와 컴퓨터 숫자 키들의 끝에 있는 이유는 우리가 뭔가를 셀 때는 항상 1에서부터 시작하기 때문이다.

1은 뭔가를 셀 때 적절한 출발점이다. 하지만 그럴 때 0은 부자연스러운 위치에 놓이게 된다. 멕시코와 중앙아메리카 지역의 마야인은 1부터 세는 것이 비합리적이라고 여겼던 듯하다. 그들의 기수법과 달력은 우리가 사용하는 것보다 합리적이다. 바빌로니아인처럼 그들도 숫자의 위치에 따라 값이 달라지는 위치 기수법을 채택했다. 유일한 차이는 60진법 대신 20진법을 사용했다는 것인데 여기에는 초기 10진법의 흔적이 남아 있다. 바빌로니아인처럼 마야인도 빈자리를 나타내기 위해 0을 필요로 했다. 흥미롭게도 마야인은 두 가지의 숫자를 갖고 있었다. 간단한 것은 점과 선으로 되어 있으며, 복잡한 것은 기괴한 얼굴 모양의 상형문자이다. 현대인의 눈에 마야의 상형문자는 마치 외계인 같다(그림 3).

이집트인처럼 마야인도 뛰어난 양력을 만들었다. 20진법을 썼던 마야인은 자연스럽게 20일을 한 달로 묶었으며, 1년은 18개월(360일)과 연말에 우아옙Uayeb이라고 부르는 5일의 특별한 기간을 추가하여 365일로 했다. 하지만 이집트인과 달리 마야인은 계수법에 0을 포함했으며 이에 따라 날짜도 0부터 시작했다. 각 달의 첫째 날은 '시작일' 또는 '자리 배치일'이라고 불렀는데, 예를 들자면 매해 세 번째 달인 집Zip의 첫날은 집 시작일이며 그다음에 집 1일, 집 2일을 거쳐 집 19일까지 진행된다. 그다음 날은 네 번째 달인 조츠Zotz'의 시작일이며 이후 조츠 1일, 조츠 2일로

그림 3. 마야의 숫자 기호

진행한다. 이처럼 마야인의 각 달은 우리처럼 1일부터 20일까지가 아니라 0일부터 19일까지로 되어 있었다. 실제로 마야의 달력은 놀랍도록 복잡하다. 그들은 이러한 양력에 곁들여 13일을 일주일로 하는 20주짜리 의식용儀式用 달력도 만들었다. 이 두 달력을 결합하면 52년 주기의 순환 달력이 나오는데 날짜마다 다른 이름을 붙였다.

마야의 체계는 서양의 체계보다 합리적이다. 서양 달력은 0이 없던 때에 만들어졌으므로 0일이나 0년이 없다. 언뜻 별것 아닌 것 같지만 이는 큰 문제를 일으켰다. 바로 새천년의 시작을 둘러싼 논쟁이다. 마야인은 21세기의 첫해가 2000년인지 2001년인지에 대해 논쟁하지 않았을 것이다. 하지만 우리의 달력은 이집트와 로마에서 만들어졌기 때문에 0이 없는 달력이었고 이에 따라 골치를 앓아야 했다.

이집트 문명에서 0이 없었던 것은 달력은 물론 수학의 미래에도 좋지 않았다. 사실 이집트 문명은 0의 부재뿐 아니라 다른 문제로도 미래의 수학에 해를 끼쳤다. 이집트인은 분수를 아주 복잡하게 다뤘다. 예를 들어 3/4은 오늘날과 같이 4에 대한 3의 비율이 아니라 1/2과 1/4의 합으로 보았다. 유일하게 2/3만 제외하고 이집트인은 모든 분수를 단위 분수라고 부르는 1/n들의 합으로 썼다(n은 자연수). 이처럼 단위 분수들을 길게 나열했으므로 이집트와 그리스 기수법을 쓸 때 분수 계산은 매우 어려웠다.

0은 이런 골칫거리를 해소해준다. 바빌로니아 체계에는 0이 있어서 분수를 쓰기가 쉽다. 우리가 0.5를 1/2, 0.75를 3/4으로 쓰듯 바빌로니아인들은 1/2은 0;30, 3/4은 0;45로 썼다. 바빌로니아의 60진법은 현대의 10진법보다 분수를 쓰기에 더 좋다.

애석하게도 그리스인과 로마인은 0을 혐오하여 쓰기 편한 바빌로니아 방식을 마다하고 이집트 방식과 비슷한 그들 고유의 기수법을 고수했다. 천문표를 만드는 데에 필요한 복잡한 계산의 경우, 그리스 기수법을 적용하면 너무 어려워 수학자들은 단위 분수를 바빌로니아의 60진법으로 고쳐서 계산하고 그 결과를 다시 그리스식으로 바꾸었다. 바빌로니아식을 따랐다면 시간이 많이 걸리는 단계를 거치지 않아도 될 일이었다. (우리 모두는 분수를 이리저리 변환하는 것이 얼마나 재미있는지 잘 알고 있다.) 그리스인은 0의 유용성을 인지했지만 경멸하면서 받아들이기를 강하게 거부했다. 0이 위험하다고 여겼기 때문이다.

무의 가공할 속성

태초에 이미르Ymir가 살았다.

바다도 땅도 없었고 차디찬 파도도 없었다.

대지도 없었고 하늘도 없었다.

오직 무의 심연뿐 초원도 없었다.

—『고古 에다The Elder Edda』

어떤 수를 두려워한다는 것을 상상하기는 어렵다. 하지만 0은 아무것도 없는 공허와 가차 없이 연결되어 있었다. 공허와 혼돈에는 원초적 공포가 담겨 있으며 이는 0도 마찬가지였다.

고대인 대부분은 우주가 탄생하기 전에는 공허와 혼돈만이 존재한다고 믿었다. 그리스인은 태초의 어둠이 만물의 어머니이고, 어둠에서 혼돈이 일어났으며, 어둠과 혼돈이 다른 모든 피조물을 낳았다고 주장했다. 유대인의 창조 신화에 따르면 태초에 신이 빛을 있게 하고 창조물을 만들기 전까지 대지는 혼돈과 공허였다. (혼돈과 공허를 히브리어로는 '토후 브 보후tohu v'bohu'라고 한다. 영국의 작가 로버트 그레이브스Robert Graves는 '토후'를 우주가 탄생할 때 그 몸이 하늘과 대지로 변화된 원시 셈족의 용龍인 테호모트Tehomot와, '보후'를 유대 전설에 나오는 유명한 괴물 거수 베호모트Behomot와 관련지었다.) 더 오래된 인도의 전설에는 혼돈의 버터를 저어 대지를 만드는 창조자 이야기가 나오며, 북유럽 신화에는 얼음으로 덮인 드넓은 공허에 관한 이야기가 있는데 불과 얼음이 뒤섞여 야기된 혼돈에서 태초의 거인이 태어났다고 한다. 이처럼 공허와 혼돈은 원초적인 우주의 자연스러운 상태로 여겨졌는데, 시간의 끝에 이르면 공허와 혼돈이 다시금 우주를 지배하게 되리라는 두려움이 언제나 끈질기게 이어져왔다. 0은 바로 이 공허를 의미했다.

그러나 0에 대한 두려움은 공허에 관한 불안함보다 깊었다. 고대인에게 여느 수와 다른 0의 수학적 성질은 우주의 탄생처럼 신비에 가려져 있었다. 바빌로니아 기수법에서 0은 합당한 이유로 다른 수처럼 혼자 쓰일 수 없었다. 외톨이 0은 언제나 말썽을 피웠으며, 다른 수처럼 행동하지 않았다.

보통의 수라면 어떤 수에 그 자신을 더하면 다른 수가 된다. 1 더하기 1은 1이 아니라 2이다. 2 더하기 2는 4이다. 하지만 0 더하기 0은 0이다. 이는 이른바 '아르키메데스의 공리Axiom of Archimedes', 곧 어떤 수에 그 자신을 충분히 여러 번 더하면 다른 어떤 수보다 더 커진다는 원리에 어긋난다. (본래 이 공리는 넓이로 표현됐으며 모든 수는 서로 다른 두 넓이의 차이라고 생각했다.) 그런데 0은 커지기를 거부한다. 또 다른 어떤 수를 더 키우지도 않는다. 2 더하기 0은 2이며, 마치 애초에 아무것도 더하지 않은 것과 같다. 뺄셈에서도 마찬가지여서 2 빼기 0은 2이다. 0은 실체가 없다. 그런데도 이 껍데기 수는 곱셈과 나눗셈 같은 수학의 가장 단순한 계산을 무너뜨릴 위험이 있다.

수의 세계에서 곱셈은 늘리기다. 수직선과 같은 눈금이 새겨진 고무줄을 상상해보자(그림 4). 곱하기 2는 고무줄을 두 배 늘리는 것과 같아서 1의 눈금이 새겨진 곳은 2로 가고 2의 눈금이 새겨진 곳은 4로 간다. 마찬가지로 0.5 곱하기는 고무줄을 절반으로 줄이기와 같아서 1의 눈금이 새겨진 곳은 0.5로 가고 2의 눈금이 새겨진 곳은 1로 간다. 그런데 0을 곱하면 어찌 될까?

어떤 수든 0을 곱하면 0이므로 모든 눈금은 0으로 간다. 고무줄은 망가지고 수직선은 붕괴한다.

불행히도 이 언짢은 사실을 피해 갈 방법은 없다. 무엇이든 0을 곱하면 0이어야 하며, 이는 수 체계의 속성이다. 일상적인 수는 분배법칙을 충족해야 이치에 맞는데 예를 들어 살펴보면 쉽게 알 수 있다. A 장난감 가게에서는 공을 두 개씩, 블록을 세 개씩 묶어서 판매하고, B 장난감 가게에서는 공 두 개와 블록 세 개를 한 세트로 만들어 판매한다고 가정해보자. 만일 A 가게에서 공과 블록을 각각 한 묶음 사면 B 가게에서 한 세트를 사는 것과 같다. A 가게에서 공과 블록을 각각 일곱 묶음 사면 B 가게에서 일곱 세트를 사는 것과 같아야 한다. 이것이 바로 분배법칙이고, 수학적으로는

그림 4. 고무줄을 활용한 곱셈

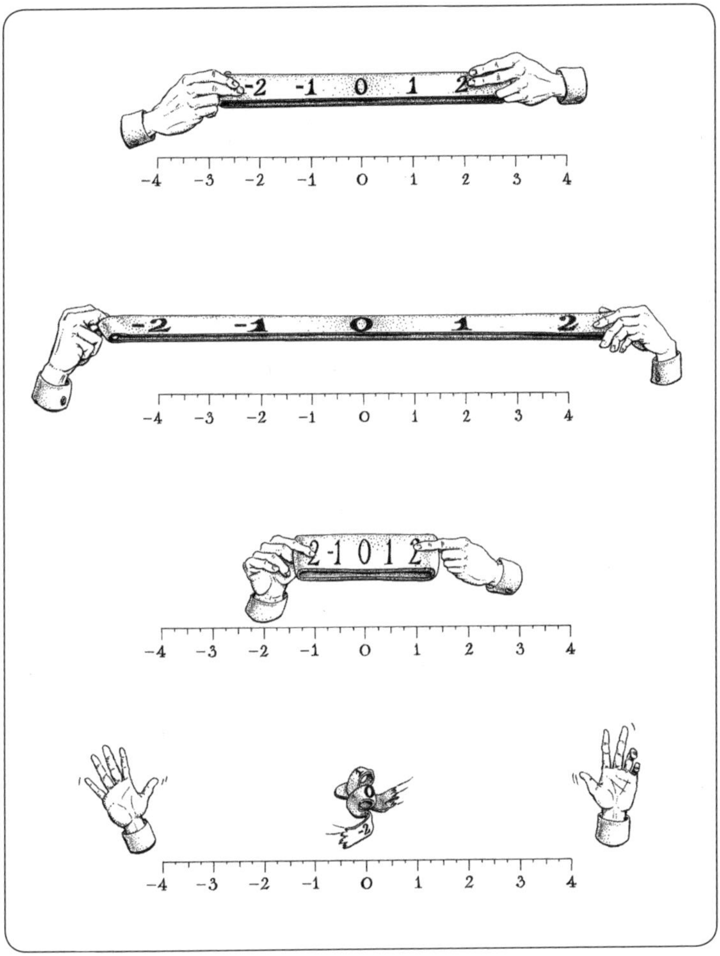

7×2+7×3=7×(2+3)으로 나타낸다. 여기까지는 좋다.

이 법칙에 0을 적용하면 뭔가 이상한 일이 벌어진다. 알다시피 0+0=0이므로 어떤 수에 0을 곱하는 것은 (0+0)을 곱하는 것과 같다. 2를 예로 들어보면 $2\times0=2\times(0+0)$인데 분배법칙에 의해 $2\times(0+0)$은 $2\times0+2\times0$이다. 즉, $2\times0=(2\times0)+(2\times0)$이다. 이는 (2×0)에 그 자신을 더했는데 다시 그 자신이 되었다는 뜻으로 0의 성질과 같다. 위 식의 양변에서 2×0을 빼면 $0=2\times0$이 된다. 이처럼 어떻게 하든 어떤 수에 0을 곱하면 0이 되므로 이 문제의 수는 수직선을 점으로 붕괴시킨다. 0의 이런 속성은 짜증스러운데 0의 진짜 위력은 곱셈이 아니라 나눗셈에서 더 분명히 드러난다.

곱셈이 수직선 늘이기라면 나눗셈은 줄이기다. 2를 곱해서 두 배로 늘어난 고무줄을 2로 나누면 반으로 줄어들어 처음처럼 되므로 나눗셈은 곱셈을 취소하는 것과 같다. 어떤 수로 나누는 것은 그 수로 곱한 것을 취소하는 것이며, 늘어나서 다른 곳으로 갔던 고무줄의 눈금을 본래의 위치로 되돌리는 일이다.

어떤 숫자에 0을 곱했을 때 무슨 일이 일어나는지 이미 우리는 확인했다. 이때 수직선은 붕괴한다. 그렇다면 0으로 나눈다면 반대의 일이 벌어져야 할 것이다. 붕괴한 수직선이 원래 상태로 되돌아가야 한다. 하지만 실제로는 말처럼 간단하지 않다.

앞의 예에서 2×0은 0임을 보았다. 따라서 $(2\times0)/0$과 같이 곱셈을 취소하면 2가 나와야 할 것이다. 마찬가지로 $(3\times0)/0$은 3, $(4\times0)/0$은 4여야 한다. 하지만 이미 보았듯 2×0과 3×0과 4×0은 모두 0이다. 따라서 $(2\times0)/0$은 $0/0$이며, $(3\times0)/0$과 $(4\times0)/0$도 마찬가지다. 아, 이게 뭔가! 이는 $0/0$이 2이기도 하고 3이기도 하고 4이기도 하다는 것 아닌가! 도대체가 이치에 맞지 않는다.

1/0을 조금 달리 볼 때도 기이한 일들이 벌어진다. 0을 곱하는 것은 0으로 나누기를 취소하는 것이어야 하며, 따라서 1/0×0은 1이어야 한다. 하지만 이미 보았듯 무엇이든 0을 곱하면 0이 된다! 0을 곱했을 때 1이 나오는 수는 없다. 최소한 지금까지 우리가 본 수에서는 확실히 그렇다.

최악의 경우는 함부로 0으로 나누는 것이며, 이때 논리학과 수학의 기반은 완전히 무너질 수 있다. 0으로 나누기를 단 한 번만이라도 할 수 있다면 수학적으로 이 세상의 모든 것을 증명할 수 있다. 예를 들어 1+1=42를 증명할 수도 있고, FBI 국장이었던 후버J. Edgar Hoover가 외계인이었으며, 셰익스피어William Shakespeare가 우즈베키스탄 출생이고, 심지어 하늘이 물방울무늬라는 것도 증명할 수 있다. (자세한 내용이 궁금하다면 처칠이 당근임을 증명한 부록 A를 참고하라.)

0을 곱하면 수직선이 붕괴한다. 하지만 0으로 나누면 수학의 전체 체계가 파괴된다. 이 간단한 수는 엄청난 힘을 갖고 있다. 수학의 가장 중요한 도구가 될 만하다. 하지만 0은 기이한 수학적·철학적 속성 때문에 서양 철학과의 충돌을 피할 수 없었다.

Chapter **2**
Nothing Comes of Nothing

무는 무에서 나왔다

[0을 거부한 서양]

무는 무에서 창조된다.

— 루크레티우스Lucretius, 『사물의 본성에 관하여De rerum Natura』

0은 서양 철학의 중심 원리 가운데 하나인 '진공은 없다'는 주장과 충돌했다. 이 원리는 피타고라스의 수철학number-philosophy에 기원을 두고 있으며 제논의 역설paradoxes of Zeno에서 그 중요성이 부각됐는데, 전체 그리스의 우주관이 여기에 의지한다.

피타고라스, 아리스토텔레스Aristoteles, 프톨레마이오스Ptolemaeos 등에 의해 성립된 그리스의 우주관은 그리스 문명이 무너진 뒤에도 오랫동안 살아남았다. 그리스의 우주에는 무無가 없었고 0도 없었다. 이 때문에 서양에서는 거의 2,000년 동안 0을 받아들이지 못했고 그 결과는 끔찍했다.

0의 부재로 수학의 발전이 저해됐고, 과학의 혁신이 억눌렸으며, 부수적으로 달력은 엉망이 됐다. 0을 받아들이기 전에 서양의 철학자들은 그들의 우주관부터 깨뜨려야 했다.

그리스 수철학의 기원

> 태초에 비율ratio이 계시니라, 이 비율이 하나님과 함께 계셨으니 이 비율은 곧 하나님이시니라.*
>
> —『요한복음』 1장 1절

기하를 발명한 이집트인은 수학에 대해서는 그다지 깊이 생각하지 않았다. 그들에게 수학은 흘러가는 날짜를 세거나 땅의 구획을 관리하는 수단에 불과했다. 하지만 그리스인의 태도는 아주 달랐다. 그리스인에게 수와 철학은 불가분의 것이었으며 두 가지 모두를 매우 진지하게 다뤘다. 그리스인은 수에 매우 열광적이었다.

그리스 메타폰툼의 히파수스Hippasus는 죽을 준비를 하고 갑판 위에 섰다. 그가 배신한 비밀 단체의 단원들이 그의 주위를 에워싸고 있었다. 히파수스는 그리스의 사고방식을 뒤흔들 비밀을 폭로했는데 이는 그의 동료들이 힘겹게 노력하며 쌓아왔던 철학의 근간을 완전히 허물 만큼 강력한 위협이었다. 이런 비밀을 누설한 것에 대해, 위대한 지도자 피타고라스는 히파수스를 물에 빠뜨려 죽이라는 형벌을 직접 선고했다. 자신들의 수철학을 지키기 위해

* ratio의 그리스어 원문은 로고스λόγος, logos로, 이는 말(씀)을 뜻하기도 한다. 위 번역이 전통적인 번역보다 훨씬 더 합리적이다.

이들은 살인도 마다하지 않았다. 히파수스가 누설한 비밀이 치명적이기는 했지만 0의 위협에 비하면 아무것도 아니었다.

고대의 급진주의자 피타고라스는 이 비밀 단체의 지도자였다. 그는 BC 6세기 무렵 터키 연안에 있는 그리스의 사모스섬에서 태어난 것으로 추정된다. 그곳은 헤라를 모시는 신전이 있고 아주 좋은 포도주 산지로 유명했다. 미신에 관대했던 고대 그리스인의 관점에 비춰 봐도 피타고라스의 믿음은 비정상이었다. 그는 자신이 트로이의 영웅 에우포르보스Euphorbus의 영혼이 되살아난 존재라고 굳게 믿었다. 그는 사람과 동물이 죽으면 영혼이 다른 몸으로 옮겨간다고 보았기 때문에 엄격한 채식주의자였다. 하지만 콩은 배에 가스를 차게 만들고, 생식기와 생김새가 비슷하다는 이유로 금기시했다.

피타고라스는 고대의 뉴에이지 사상가라고도 하겠지만 대단한 웅변가였고 저명한 학자였으며 카리스마 넘치는 교육자였다. 그는 이탈리아에 사는 그리스인을 위한 헌법을 작성했다고 알려져 있다. 많은 학생이 그의 주변에 모여들었고, 그로부터 가르침을 받고자 하는 수많은 추종자가 생겨났다. 피타고라스 추종자들은 지도자가 정한 규율에 따라 살았다. 몇 가지 언급하자면, 여자와 사랑하기에는 여름보다 겨울이 좋고, 모든 병은 소화불량에서 오고, 음식은 날로 먹고 물 외에는 마시지 말아야 하며, 모직물은 입지 말아야 한다는 것 등이다. 하지만 그들의 철학 한가운데에 자리 잡은 가장 중요한 핵심 교의는 '만물은 수'라는 것이었다.

그리스인은 기하학에 능숙한 이집트인으로부터 수를 물려받았다. 그 결과 그리스 수학에서 도형과 수에는 큰 차이가 없었다. 그리스의 철학자이자 수학자는 도형과 수를 거의 같은 것으로 여겼고, 현대에서도 정사각수나 삼각수에서 그 영향을 볼 수 있다(그림 5). 고대 그리스 수학자들은 연필과 종이가 아니라 자와 컴퍼스를 주요 도구로 사용했기에 당시의 수학적 증명은 때로 우아한

그림 5. 정사각수와 삼각수

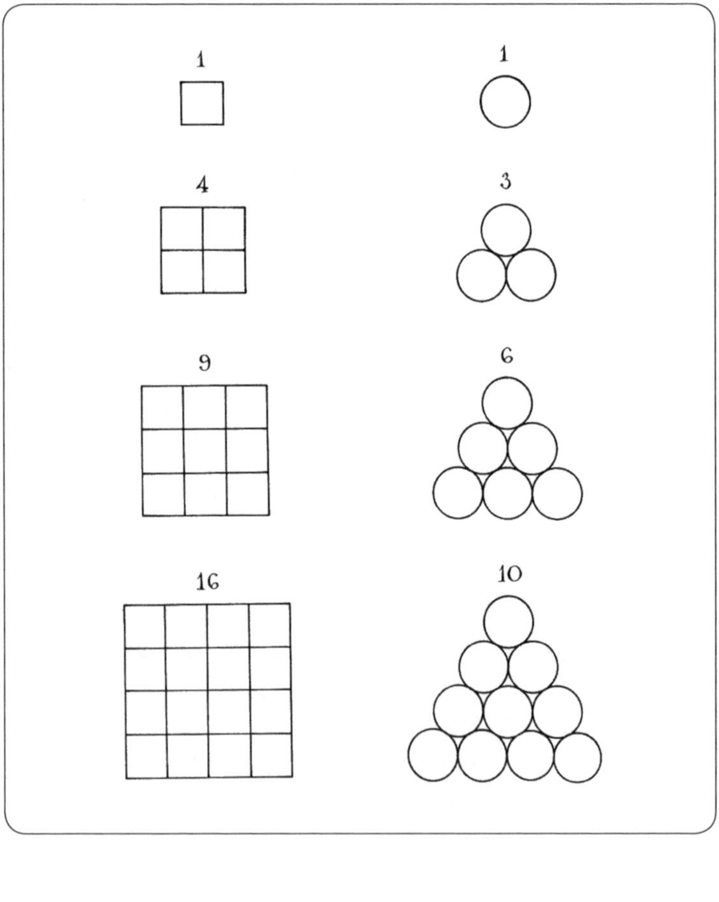

그림 6. 오각별

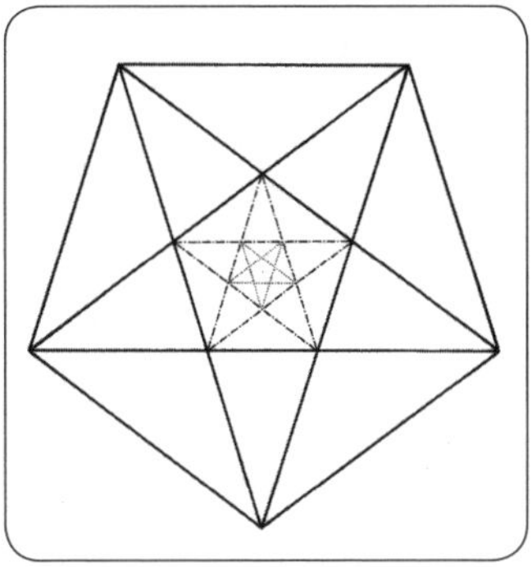

그림을 그리는 것처럼 단순했다. 피타고라스는 이러한 도형과 수 사이의 관계를 심오하고 신비롭게 여겼다. 모든 수형number-shape에는 숨은 의미가 있으며 가장 아름다운 수형은 신성한 것이었다.

당연히 피타고라스의 비밀 단체는 그들의 신비로운 상징으로 수형을 택했는데 그것이 바로 오각별이었다. 이 간단한 형상을 통해 무한을 잠깐 엿볼 수 있다. 가장 큰 별 안쪽 선들은 오각형을 이루는데, 꼭짓점들을 연결하면 본래 별과 정확히 닮았지만 위아래가 뒤바뀐 별이 나온다. 그런데 이 별에는 더 작은 오각형이 담겨 있고, 이 오각형에는 또 더 작은 별이 담겨 있으며, 이 과정은 계속 되풀이된다(그림 6). 이는 자체만으로도 매우 흥미로운데, 피타고라스 학파에게 오각별의 가장 중요한 성질은 이러한 자기복제가 아니라 별을 이루는 선들에 숨어 있다. 이 선들에는 피타고라스 학파의 우주관을 나타내는 궁극적 상징인 황금비가 담겨 있다.

황금비의 중요성은 지금은 거의 잊힌 피타고라스의 발견에서 나온다. 오늘날 학생들에게 피타고라스는 그의 유명한 정리, 즉 직각삼각형에서 빗변 길이의 제곱은 다른 두 변 길이 제곱의 합과 같다는 피타고라스 정리를 통해 알려져 있다. 그러나 사실 이 정리는 피타고라스 시대보다 1,000여 년 전부터 이미 알려져 있었다.

고대 그리스에서 피타고라스는 '음계the musical scale'라는 다른 발명품으로 더 기억되었다.

어느 날 피타고라스는 상자에 현을 하나만 달아 만든 일현금一弦琴이라는 악기를 가지고 놀고 있었다(그림 7). 이 악기의 음정은 현의 받침대를 상자의 위아래로 움직이면서 조절했다. 그러던 중 그는 이내 현이 특이하지만 예측할 수 있는 행동을 한다는 사실을 발견했다. 먼저 받침대 없이 현을 퉁기면 어떤 맑은 소리가 나는데 이를 기본음이라 했다. 받침대를 적당한 위치에 놓고 퉁기면 다른 소리가 나온다. 만일 받침대를 현의 정중앙에 놓고 현 양쪽을 퉁기면 정확히 같은 음을 내는데, 그 음은 기본음보다 정확히 한 옥타브 높은 음이다. 또 받침대를 움직여 한쪽은 전체의 3/5 다른 쪽은 2/5가 되는 곳에 놓고 두 현을 퉁기면 완전 5도라고 불리는 화음이 나오는데, 이는 가장 강력하고 호소력 있는 음악적 관계로 알려져 있다. 이처럼 받침대로 비율을 바꾸면서 계속해보면 때에 따라 아늑하거나 혹은 불쾌한 화음이 만들어진다. 예를 들어 불협3음에는 '음악의 악마'라는 이름이 붙여졌고 중세 음악가들은 이를 배척했다. 기이하게도 피타고라스가 받침대를 양쪽 현의 길이가 간단한 비율을 이루지 않는 곳에 놓고 퉁기면 음들이 서로 잘 어울리지 않았다. 이런 소리는 대개 불협화음이었고 때로는 아주 귀에 거슬렸다. 가끔 음들은 주정뱅이같이 음계를 오르내리며 비틀거렸다.

피타고라스에게 음악 연주는 일종의 수학적 행위였다. 삼각형이나 정사각형과 마찬가지로 선도 수형이었기 때문에 현을 두 부분

그림 7. 신비로운 일현금

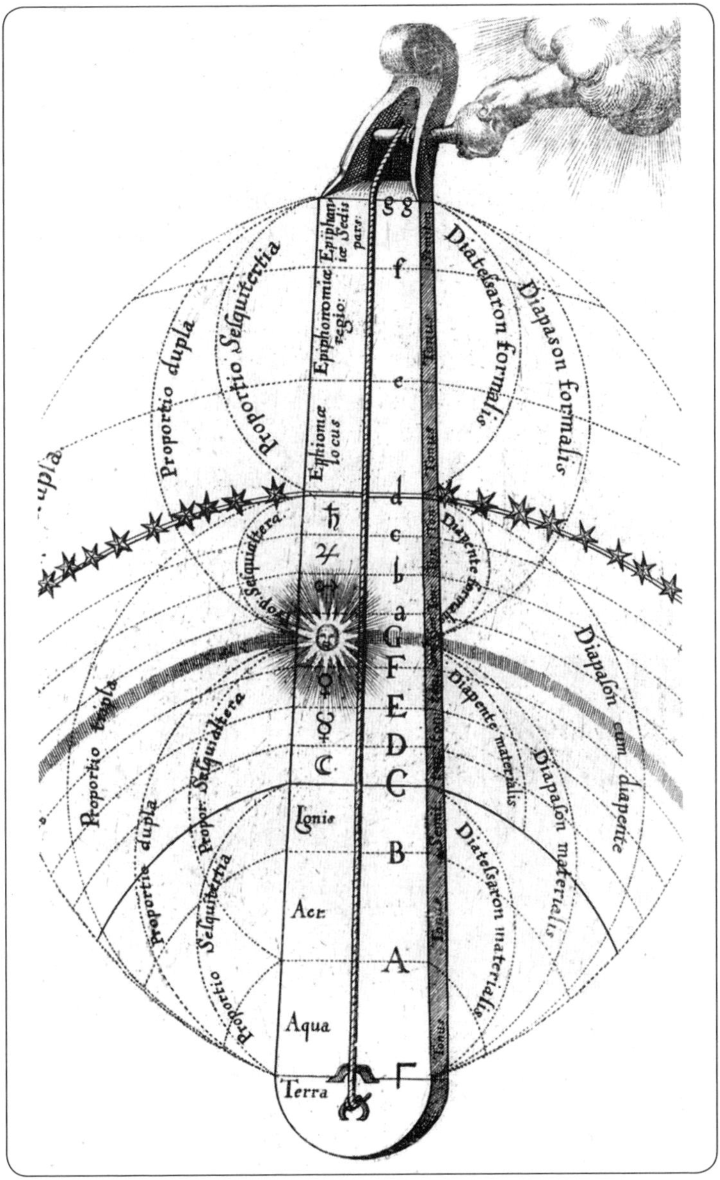
Proportio dupla
Proportio Sesquitertia
Epiphaniæ Sedis pars
Ephiomæ locus
Diatessaron formalis
Diapason formalis
Sesquialtera
Diapente formalis
Proportio tripla
Diapason cum diapente
Proportio dupla
Propor. Sesquialtera
Diapente materialis
Diapason materialis
Proportio Sesquitertia
Diatessaron materialis
Ignis
Aer
Aqua
Terra
g
f
e
d
c
b
a
G
F
E
D
C
B
A
Γ

으로 나누는 것은 두 수의 비를 얻는 것과 같았다. 일현금의 화음은 수학의 화음이었고 나아가 우주의 화음이었다. 피타고라스는 비ratios가 음악은 물론 다른 모든 종류의 아름다움도 지배한다고 결론지었다. 피타고라스 학파에게 비나 비례는 음악의 아름다움, 세상의 아름다움 그리고 수학의 아름다움을 좌우하는 것이었다. 따라서 자연을 이해하는 것은 비례의 수학을 이해하는 것처럼 단순했다.

음악, 수학 그리고 자연에 호환성이 있다는 철학으로부터 피타고라스의 행성 모델이 시작되었다. 피타고라스는 지구가 우주의 중심에 있고, 해와 달, 행성과 별들은 지구를 중심으로 도는데, 천체들은 천구들의 안쪽에 박혀 있다고 보았다(그림 8). 천구들은 크기의 비가 질서 정연하고, 움직이면서 음악을 만들어낸다. 목성과 토성처럼 바깥쪽에 있는 행성이 가장 빨리 움직이고, 가장 높은 음을 내며, 달처럼 안쪽에 있는 것들은 상대적으로 느리게 움직이고 더 낮은 음을 낸다. 이렇게 행성들의 운동에서 나오는 음들은 모두 한데 어울려 천구의 화음을 만들어내므로 천체는 아름다운 수학적 오케스트라이며 이것이 바로 피타고라스의 "만물은 수"라는 말의 참 의미이다(현대적인 정의에서 해와 별은 항성, 달은 위성, 목성과 토성 등은 행성이지만 피타고라스 시대에는 이들 모두를 행성으로 간주했다-옮긴이).

비율은 자연을 이해하는 열쇠였으므로 피타고라스 학파와 훗날 그리스 수학자들은 그 성질을 연구하는 데에 큰 노력을 기울였다. 그 결과 그들은 비례를 열 가지로 분류하고 '조화평균harmonic

그림 8. 고대 그리스인이 생각한 우주

mean' 등과 같은 이름을 붙였다. 이 분류된 비례들 가운데 하나가 바로 세상에서 가장 아름다운 수로 여겨지는 '황금비'이다.

이 축복받은 황금비는 한 선분을 특별한 방법으로 나누어서 얻을 수 있다. 한 선분을 두 부분으로 나누는데, 선분 전체와 큰 부분의 비가 큰 부분과 작은 부분의 비와 같도록 나누면 된다(부록 B). 이렇게 말로만 설명하면, 황금비는 별로 특별해 보이지 않는다. 하지만 이 비례를 내포한 형상들은 가장 아름다운 대상으로 여겨진다. 오늘날에도 예술가나 건축가는 대상의 길이와 너비가 황금비를 이룰 때 미학적으로 가장 만족스럽다는 점을 직관적으로 알고 있으며, 실제로 이 비례는 수많은 예술품과 건축물에 활용되었다. 어떤 역사가와 수학자는 아테네의 장엄한 파르테논 신전이 여러 측면에서 황금비를 드러내도록 지어졌다고 주장한다. 심지어 자연조차 그 설계도에 황금비를 활용했던 것 같다. 앵무조개의 인접하며 연속된 두 방의 크기나 파인애플의 시계 방향 홈과 반시계 방향 홈 개수의 비율은 황금비에 가깝다(그림 9).

오각별이 피타고라스 조직의 가장 신성한 상징이 된 이유는 오각별의 선들이 황금비로 나누어지고 오각별 안에 황금비가 가득 차 있기 때문이었다. 피타고라스에게 황금비는 수의 왕이었다. 예술가와 자연 모두 황금비를 선호했는데, 이는 음악, 아름다움, 건축, 자연은 물론 우주의 구조까지 모두 밀접하고 떼놓을 수 없는 관계로 얽혀 있다는 피타고라스의 주장을 증명하는 듯 보였다. 피타고라스적 사고에서 비례는 우주를 지배했는데, 피타고라스 학파가 진실로 받아들인 것은 곧 서양 전체의 진실이 되었다. 그리하여 미학과 비례와 우주 사이의 초자연적 관계는 서양 문명에 있어서 오래 지속된 핵심 교리 중 하나가 되었다. 예를 들면, 훗날 셰익스피어 시대까지도 과학자들은 서로 다른 비율로 이루어진 천구의 회전과 우주 전체에 울려 퍼지는 천상의 음악에 관해 이야기했다.

피타고라스 체계에는 0이 들어갈 자리가 없었다. 수와 도형을 동등하게 바라본 고대 그리스인은 기하에 능통했지만, 이는 심각한

그림 9. 파르테논 신전, 앵무조개 그리고 황금비

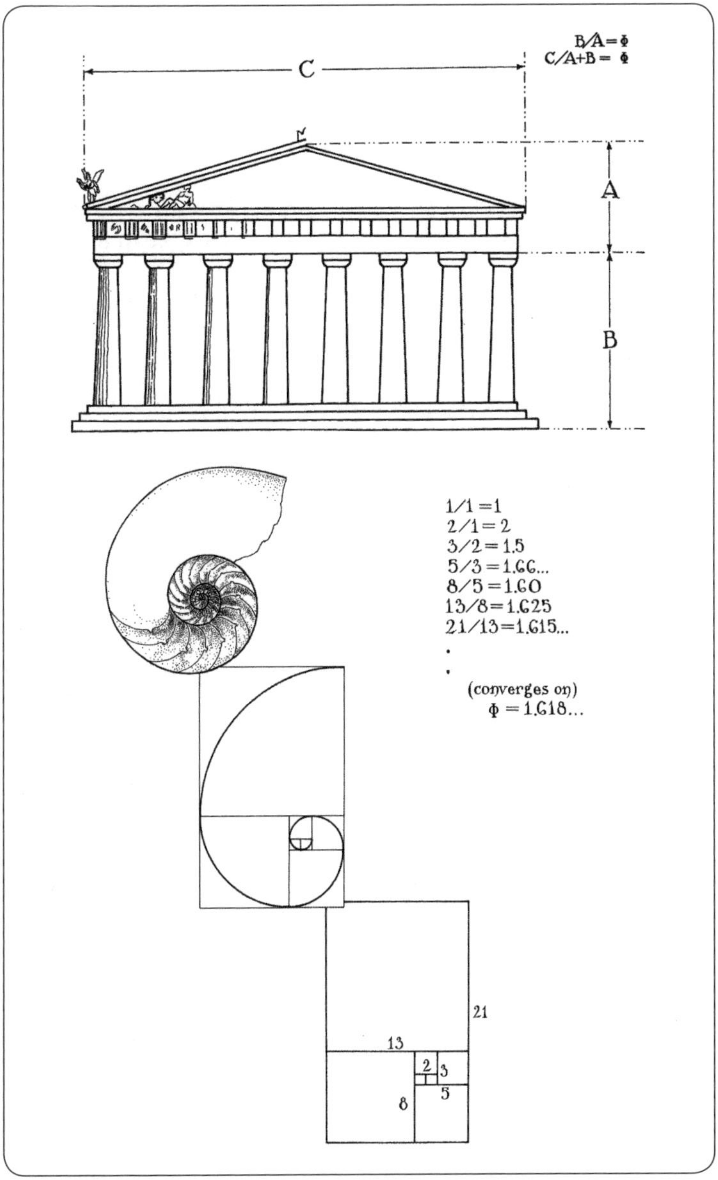

문제를 지니고 있었다. 이러한 사고방식으로는 어느 누구도 0을 수로 여길 수 없다는 점이다. 도대체 어느 도형이 0을 나타낸단 말인가?

가로와 세로가 모두 2인 정사각형을 시각화하기는 쉽지만, 가로와 세로가 0인 정사각형은 무엇일까? 길이도 너비도 없고 따라서 아무런 실체도 없는 것을 정사각형으로 보기는 어려운 일이다. 이는 또한 0을 곱하는 것이 아무 의미 없는 일이라는 뜻이기도 하다. 두 수를 곱하는 것은 사각형의 넓이를 구하는 것과 같다. 하지만 가로와 세로가 0인 정사각형의 넓이는 얼마란 말인가?

오늘날 수학의 중요한 미해결 문제는 수학자에 의해 아직 증명되지 못한 추측의 형태로 서술된다. 하지만 고대 그리스에서 수형은 다른 방식으로 사고하게 했다. 당시의 유명한 미해결 문제는 대개 기하에 관한 것이었는데, 가령 '자와 컴퍼스만으로 임의의 원과 같은 넓이의 정사각형을 그릴 수 있는가?' 혹은 '자와 컴퍼스만으로 임의의 각을 삼등분할 수 있는가?'와 같은 문제 등이 있다.* 기하학적 구조와 도형은 같은 것이다. 그런데 0은 기하학적 의미를 전혀 갖지 않았다. 따라서 0을 포함하려면 그리스인은 그들의 수학적 사고방식을 완전히 개편해야 했다. 하지만 그들은 그렇게 하지 않기로 결정했다.

---

* 바빌로니아 초기 사람들은 삼등분이 얼마나 어려운 일인지 알지 못했던 것 같다. 「길가메시 서사시Epic of Gilgamesh」의 화자는 길가메시가 3분의 2는 신이고 3분의 1의 인간이라고 말한다. 이는 신과 인간에게 무한한 성관계가 허용되지 않는 한, 자와 컴퍼스만으로 임의의 각을 삼등분하고자 하는 것만큼 불가능한 일이다.

그리스인의 관점에서는 0을 수로 받아들인다고 하더라도, 0을 이용해 비를 계산한다는 것은 자연을 거스른다는 것을 의미했다. 이 경우 비례는 더는 두 대상 사이의 관계가 아니다. 어떤 것에 대한 0의 비율, 곧 0을 어떤 수로 나누는 것은 언제나 0이다. 따라서 다른 수는 언제나 0에 의해 완전히 소멸해버리고 논리를 파괴해 버린다. 0은 피타고라스가 생각했던 정갈한 우주의 질서에 구멍을 낼 게 뻔했기 때문에 그들은 0을 용인할 수 없었다.

사실 피타고라스 학파는 무리수라는 또 다른 골치 아픈 수학적 개념을 억누르는 데 집중하고 있었다. 이것은 피타고라스식 세계관에 대한 첫 도전이었고, 그들은 이것을 비밀에 부치고자 했다. 그러나 이 비밀은 누설되었고 조직은 폭력적으로 돌변했다.

무리수의 개념은 그리스 수학에 시한폭탄처럼 숨겨져 있었다. 수형의 이중성 때문에 그리스인에게 셈은 선분의 길이를 재는 것과 같았다. 두 수의 비를 구하는 것은 서로 다른 두 선분의 길이를 비교하는 것과 같다. 무엇이든 측정하려면 기준이 필요하다. 즉, 길이를 비교하려면 모두에 공통되는 표준자가 필요한 것이다. 예를 들어 정확히 30센티미터인 선분이 있는데 한끝에서 20센티미터 되는 곳에 눈금을 매기면 30센티미터 선분은 서로 다른 길이의 두 부분으로 나뉜다. 만일 나뉜 두 부분을 길이가 5센티미터인 표준자를 사용해 비율을 구하면 한쪽은 네 조각, 다른 쪽은 두 조각이 되며, 두 부분의 비율은 4대 2, 즉 2 대 1이 된다.

피타고라스의 바람대로 우주 만물이 비에 의해 지배되려면 우주의 모든 의미 있는 것에는 말쑥하고 깔끔한 비례 관계가 있어야 한다. 다시 말해 '합리적'이어야 한다. 더 정확히 말하면 이 비들은 a/b의 형태로 나타낼 수 있는데, a와 b는 1, 2 혹은 47 등과 같은 깔끔한 자연수이다. (물론 이때 수학자들은 b가 0이어서는 안 된다는 주석을 추가하는 데 주의를 기울인다. 모두가 알다시피 그럴 경우 0으로 나누기가 되어 재앙을 초래하기 때문이다.) 하지만 말할 것도 없이 우주는 그렇게 질서 정연하지 않다. 어떤 수는 도무지 간단한 비로 나타낼 수 없는데, 이런 비합리적인 수들은 그리스 수학의 피할 수 없는 결과였다.

정사각형은 기하에서 매우 단순한 도형 가운데 하나이며 피타고라스 학파는 당연히 이를 숭배했다. 정사각형은 네 가지 원소에 상응하는 네 변을 가졌고 수의 완전성을 상징했다. 하지만 무리수는 정사각형의 단순성 안에도 자리를 잡고 있었다. 정사각형의 마주 보는 꼭짓점을 연결하여 대각선을 그리면 곧바로 무리수가 나타난다. 구체적으로 한 변의 길이가 30센티미터인 정사각형을 생각해보자. 그리스인처럼 비에 집착하는 사람은 정사각형의 변과 대각선을 보고 자연스럽게 다음과 같이 물을 것이다. 이 두 선분의 비는 얼마인가?

이번에도 첫 단계는 공통의 표준자를 만드는 것인데 1센티미터의 작은 자면 될 것 같다. 다음 단계는 이 표준자로 두 선분을 같은 길이의 조각들로 나누는 것이다. 먼저 1센티미터의 자로 정사각형의 한 변을 나누면 1센티미터짜리 조각이 30개 나온다. 다음으로 대각선을 재면 어떻게 될까? 표준자로 대각선을 재면 균일한 42조각이 나오고 한 조각이 남는데, 남은 한 조각의 길이는 1센티미터에 조금 모자라서 표준자가 변 밖으로 빠져나온다. 좀 더 정확하게 측정할 수 있도록 더 작은 표준자 0.1센티미터짜리를 만든다. 이 표준자로 선분을 조각으로 나눴다고 하자. 그러면 정사각형의 변은 300조각으로 나뉘지만, 대각선은 균일한 424조각이 나오고 조금 작은 한 조각이 남는다. 여전히 해결되지 않는다. 그렇다면 정말로 작은, 예를 들어 100만분의 1센티미터짜리 표준자를 쓰면 어찌 될까? 그러면 변은 3,000만 개의 조각으로 나뉘지만, 대각선은 균일한 42,426,406조각이 나오고 조금 작은 한 조각이 남는다. 아주 작은 표준자로도 해결되지 않으며, 나아가 아무리 작은 표준자를 택한다고 하더라도 이 측정은 절대로 해결되지 않을 것으로 생각할 수 있다.

실제로는 아무리 작은 조각으로 잘라도 두 변과 대각선의 길이를 완벽하게 잴 수 있는 막대자를 만들 수는 없다. 다시 말해 대각선과 변은 비교할 수 없으며 비율로 표현할 수도 없다. 막대자를 고려하지 않는다고 해도 두 변을 비율로 나타낼 수 없다. 정사각형의 경우, 대각선의 길이의 비를 어떤 두 자연수 a와 b를 이용하여 a/b와 같이 나타낼 수 없다. 오늘날 우리는 한 변의 길이가 1인 정사각형의 대각선의 길이는 무리수이며, 이것이 $\sqrt{2}$임을 알고 있다.

이는 피타고라스의 학설에 문제가 있음을 의미한다. 정사각형처럼 단순한 것도 비율로 설명하기 어려운데 대자연이 비와 비례에 의해 지배된다고 어찌 말할 수 있을까? 이 결과는 피타고라스 학파로서는 믿기 어려웠지만, 그들이 그토록 소중히 여기는 수학적 법칙의 귀결이었으므로 부정할 수도 없었다. 사실 역사상 최초의 수학적 증명 중 하나가 바로 정사각형의 대각선의 길이가 정수나 정수의 비로 나타낼 수 없다는 것이다.

무리수는 비례우주관의 토대를 위협하므로 피타고라스에게 위험한 것이었다. 설상가상으로 피타고라스 학파는 자신들에게 있어서 미와 합리성의 궁극적 상징인 황금비도 무리수라는 사실을 알게 되었다. 이에 그들은 이 끔찍한 수가 자신들의 교리를 허물지 못하도록 비밀에 부쳤다. 피타고라스 추종자들은 모두 입을 굳게 닫았고 이에 대해 말하는 것은 물론 쓰는 것도 허용되지 않았으므로 $\sqrt{2}$를 정수나 정수의 비율로 표현할 수 없다는 사실은 이 단체의 깊고도 어두운 비밀이 되었다.

하지만 0과는 달리 무리수는 그리스인도 쉽게 무시할 수 없었다. 이후 무리수는 기하의 수많은 도형에서 계속해서 나타났다. 그리하여 기하와 비에 그토록 매료된 사람들 사이에서 무리수의 비밀을 지키기가 아주 어려워졌다. 마침내 한 사람이 결국 이를 누설하고 말았다. 그가 바로 피타고라스 학파 중 한 명인 메타폰툼의 수학자 히파수스인데 비밀 누설로 큰 불행을 맞이했다.

히파수스의 배신과 최후에 대해 전해지는 이야기는 그 내용이 불명확하고 모순되는 점도 있다. 하지만 오늘날까지도 수학자들은 무리수의 비밀을 세상에 퍼뜨린 이 불운한 사람에 대해 이야기한다. 어떤 사람은 히파수스가 추악한 사실로 아름다운 이론을 훼손한 데 대한 벌로, 피타고라스 추종자들이 그를 물에 빠뜨려 죽게 했다고 말한다. 고대 자료에 따르면 그가 불경죄 때문에 바다에서 참혹하게 죽었다고도 하고, 조직원들이 그를 추방하고 묘비를 세워줬다고 하기도 한다. 히파수스의 실제 운명이 어찌 되었든 그가 동료로부터 강한 비난을 받은 것은 확실하다. 이처럼 그가 누설한 비밀은 피타고라스 교리의 근본 토대를 뒤흔들었다. 피타고라스 학파는 무리수를 예외로 규정하고 무리수가 그들의 우주관을 더럽히는 것을 차단했다. 그러나 시간이 흐르면서 그리스인은 마지못해 무리수를 그들 수 체계에 받아들였다. 이러한 피타고라스를 죽인 것은 무리수가 아니라 콩이었다.

히파수스의 죽음에 대한 전설과 마찬가지로 피타고라스의 최후에 대한 전설도 짙은 안개에 싸여 있다. 하지만 모든 이야기는 이 거장이 특이한 죽음을 맞았다는 것을 똑같이 암시한다. 어떤 사람은 피타고라스가 스스로 굶어 죽었다고 하지만 대다수는 그가 콩 때문에 죽었다고 말한다. 그중 한 전설에 따르면, 자격이 없다는 이유로 피타고라스를 직접 만나지 못하게 되어 분노한 사람들이 그의 집에 불을 질렀고 거기에 모였던 조직원들은 각자 살길을 찾아 뿔뿔이 흩어졌다. 폭도들은 피타고라스 추종자들을 찾아내 죽였고 조직은 붕괴했다. 피타고라스는 간신히 목숨을 건져 도망쳤는데 만일 콩밭을 마주치지 않았더라면 멀리 달아날 수 있었다는 것이다. 피타고라스는 콩밭 앞에 멈춰 서서는 이곳을 가로지르느니 죽겠다고 선언했다. 뒤쫓던 폭도들은 당연히 좋아했고 이어 그의 목을 베었다.

비록 지도자가 죽고 조직이 와해했지만, 피타고라스의 핵심 사상은 계속 살아남아 서양 역사에 가장 큰 영향력을 발휘한 아리스토텔레스 교리의 토대가 되었고, 이후 2,000년이 넘도록 지속되었다. 그런데 0은 이 교리와 충돌했지만, 무리수와 달리 무시되었다. 그리스의 수는 수형의 이중성을 지녔는데, 0은 형태가 없어서 수가 아니었으므로 0을 무시하는 것이 그다지 어려운 일은 아니었다.

0의 도입을 막은 것은 그리스의 수 체계도 아니고, 그들의 무지도 아니었다. 그리스인은 밤하늘에 매료되었던 탓에 0에 대해 배우게 되었다. 대부분 고대인처럼 그리스인도 별을 즐겨 관찰했으며, 바빌로니아인은 천문학에 능통하여 일식이나 월식 예측법을 터득했다. 그리스 최초의 천문학자인 탈레스는 그 방법을 바빌로니아 혹은 이집트에서 배웠고, BC 585년에 일식을 예측했다고 전해진다.

바빌로니아 천문학과 함께 바빌로니아 숫자가 전해졌다. 그리스인은 천문학상의 필요 때문에 60진법을 받아들였고 한 시간을 60분으로, 1분을 60초로 나누기까지 했다. BC 500년 무렵에는 바빌로니아 문헌에 자리 기호로서의 0이 나타나기 시작했다. 이는 자연스럽게 그리스의 천문학계로 전파되었으며, 고대 천문학의 전성기에는 그리스의 천문표에도 0이 자주 사용되었다. 그 기호는 그리스 문자 오미크론omicron의 소문자인 *o*으로서, 우연이겠지만 오늘날 우리가 쓰는 0과 아주 닮았는데, 그리스어로 무를 뜻 하는 오우덴ouden의 첫 글자를 따온 것으로 보인다. 하지만 그리스인은 0을 꺼렸고 그 사용을 최대한 자제했다. 그리스 천문학자는 계산을 바빌로니아 숫자로 한 뒤 0이 없는 투박한 그리스 숫자로 바꿔서 결과를 표시했다. 이처럼 0은 고대 서양의 숫자에

편입되지 못했으므로 오미크론을 오늘날 0의 어머니로 보기는 곤란하다. 그리스인은 계산에 0이 유용하다는 점은 알았지만, 여전히 0을 거부했다.

그리스인이 0을 거부한 것은 무지나 엄격한 그리스식 수형 체계 때문이 아니라 철학 때문이었다. 0에는 서양 철학의 교리에 해로운 두 가지의 개념이 있어서 서양 철학의 근본적 믿음과 충돌했다. 실로 오랫동안 군림해온 아리스토텔레스 철학의 지배를 결과적으로 허문 것은 이 두 가지 개념이었는데, 바로 진공과 무한이 그 주인공이다.

무한, 진공 그리고 서양

그래서 자연학자가 관찰하니
벼룩은 더 작은 벼룩을 먹이로 하고
그것은 또 더 작은 것을 먹이로 하고
그렇게 무한히 먹이사슬은 이어진다.

— 조나단 스위프트Jonathan Swift, 『시에 대한 광시곡On Poetry: A Rhapsody』

무한과 진공은 그리스인을 공포에 떨게 할 힘을 지녔다. 무한은 모든 운동을 불가능하게 만들겠다고 위협하는 반면, 진공은 호두 껍데기와 같은 우주를 산산조각 내겠다고 협박했다. 0을 거부함으로써 그리스 철학자는 그들의 우주관이 2,000년이나 살아남을 힘을 갖도록 했다. 우주의 모든 것은 비율과 도형에 의해 지배되고, 행성은 천상의 음악을 만들면서 회전하는 천구를 따라 움직인다고 보는 피타고라스의 교리는 서양 철학의 핵심이 되었다. 하지만 이 천구들 밖에는 무엇이 존재할까? 바로 앞 구보다 조금 큰 천구들이 계속해서 둘러싸고 있을까? 아니면 우주의 끝이 되는 맨 바깥의 천구가 존재할까? 아리스토텔레스와 이후의 철학자들은 천구들이 무한히 겹겹이 쌓일 수는 없다고 주장했다. 바로 이런 철학을 받아들였기 때문에 서양은 무한이나 무한대를 받아들일 여지가 없었다. 나아가 그들은 아주 노골적으로 무한을 거부했는데, 이유인즉 당시 사람들에게 가장 성가신 인물로 여겨졌던 철학자 엘레아의 제논으로 인해 무한이 이미 서양 사고의 뿌리를 갉아먹고 있었기 때문이다.

제논은 동서양 사이의 커다란 분쟁이었던 페르시아 전쟁이 시작된 BC 490년 무렵에 태어났다. 이때 그리스는 페르시아를 물리쳤다. 하지만 그리스 철학은 제논을 완전히 물리치지 못했는데, 이는 그가 그리스 철학의 논리로는 다루기 매우 힘든 논리적 수수께끼인 역설을 내놓았기 때문이다. 제논은 불가능한 일을 증명했으며, 이는 그리스의 가장 골치 아픈 문제가 되었다.

제논에 따르면 우주의 어느 것도 움직일 수 없다. 물론 이는 말이 안 되는 주장이다. 누구나 방 안을 걸어 다니는 것만으로도 쉽게 반박할 수 있다. 모두가 제논의 주장이 엉터리라는 점을 잘 알고 있음에도, 누구도 제논의 주장에서 무엇이 잘못되었는지 밝히지 못했다. 그가 역설을 만들어낸 것이다. 제논의 논리적 수수께끼는 그리스 철학자는 물론 후세의 철학자도 당혹케 했다. 그의 수수께끼는 거의 2,000년 동안 수학자들을 괴롭혔다.

제논의 역설들 가운데 '아킬레스의 역설'이 가장 유명한데, 제논은 빠른 아킬레스가 앞서 출발한 느림보 거북이를 결코 앞지를 수 없다는 것을 증명한다. 구체적인 수치를 넣어 좀 더 확실하게 해보자. 아킬레스는 1초에 1미터, 거북이는 그 절반의 속도로 달리고, 거북이가 아킬레스보다 1미터 앞서 달린다고 가정해보자.

아킬레스는 빠르게 달려 1초 후에 거북이의 출발점에 도달한다. 하지만 그가 여기까지 달리는 동안 거북이도 달렸으므로 1/2미터 앞서 있다. 여기까지는 아무런 문제가 없다. 아킬레스는 빠르므로 1/2미터는 1/2초 만에 따라잡는다. 하지만 그동안 거북이도 달려 또 1/4미터 앞선다. 아킬레스는 이제 1/4초라는 짧은 시간에 이 거리를 따라잡는다. 하지만 거북이는 다시 1/8미터 앞선다. 이후에도 아킬레스는 계속 달리지만 그때마다 거북이는 아킬레스가 아무리 가까이 다가와도 항상 조금씩 앞선다. 아킬레스가 거북이가 있던 곳에 도달할 때면 거북이는 언제나 조금씩 더 가기 때문이다. 1, 1/2, 1/4, 1/8, 1/16, 1/32미터, 둘 사이의 거리는 계속 줄어들지만, 아킬레스는 결코 앞지르지 못한다. 따라서 거북이는 언제나 앞선다(그림 10).

현실에서 모든 사람은 아킬레스가 거북이를 금세 추월한다는 사실을 잘 알고 있다. 하지만 제논의 논증은 결코 그럴 수 없다는 점을 명백히 증명하는 것처럼 보인다. 당시의 철학자들은 역설을 반박할 수가 없었다. 사람들은 그의 결론이 잘못된 것임을 잘 알지만, 그의 수학적 증명 어디에 문제가 있는지 찾아내지 못했다.

철학자의 주 무기는 논리지만 제논의 논증에 대해 논리적 추론은 쓸모없어 보였다. 논증의 각 단계가 완벽하게 옳고, 모든 단계가 옳은데 그 결론이 어찌 잘못일 수 있을까?

그리스인은 이 문제로 쩔쩔맸지만, 문제점의 근본을 찾아냈다. 그것은 이 역설의 핵심에 자리 잡은 무한이었다. 제논은 연속적인

그림 10. 아킬레스와 거북이

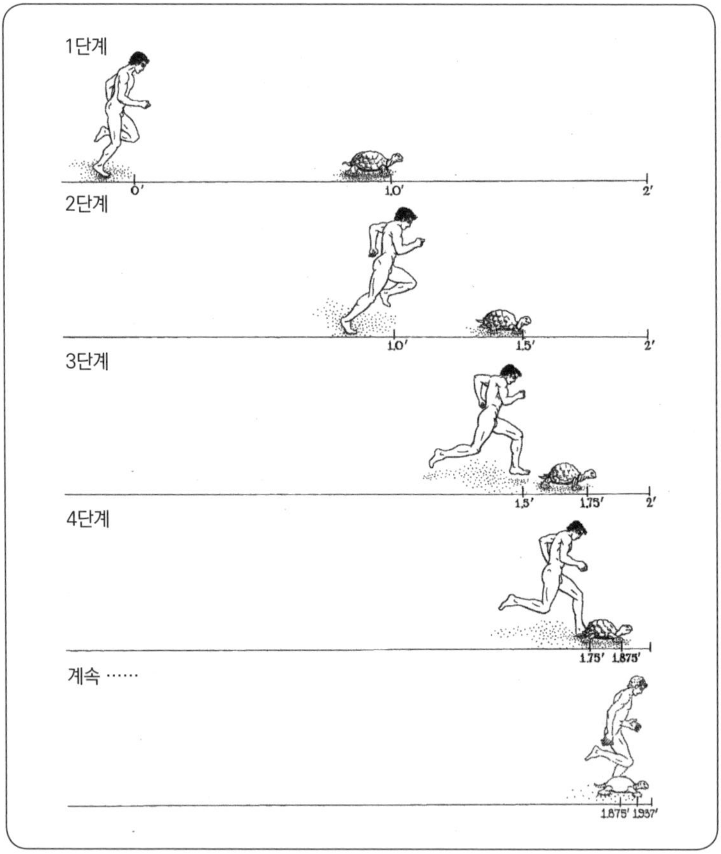

운동을 무한히 작은 단계로 나누었다. 그리스인은 무한히 많은 단계가 있으므로 각 단계가 계속 작아지더라도 이 경주는 무한히 계속되리라고 가정했다. 즉, 이 경주는 유한한 시간에는 절대로 끝나지 않는다는 것이 그들의 생각이었다. 고대인에게는 무한에 대처할 수단이 없지만, 오늘날의 수학자는 이를 다룰 방법을 배웠다. 무한은 매우 신중하게 접근해야 하지만 0의 도움을 통해 정복할 수 있다. 2,400년간의 수학적 발전으로 무장한 우리는 제논의 문제에 내포된 아킬레스건을 찾는 것이 어렵지 않다.

그리스인에게 없는 0이 우리에게는 있다. 제논의 역설을 풀 열쇠가 바로 0이다. 때로는 무한히 많은 항을 모두 더해서 유한한 값을 얻을 수 있다. 다만 그런 결과를 얻기 위해서는 계속해서 더할 항들은 0에 가까워져야 한다.* 아킬레스와 거북이의 경우가 그렇다. 아킬레스가 달린 거리를 계산하려면 1부터 시작하여 1/2을 더하고 1/4을 더하고 1/8을 더하고, 갈수록 작아지면서 0에 가까워지는 항들을 계속 더해야 한다. 각 항은 마치 0이라는 목적지를 향하는 여행의 각 단계와 같다. 하지만 그리스인은 0을 배척했으므로 이 여행이 끝날 수 있다는 사실을 이해할 수 없다. 그들이 보기에는 1, 1/2, 1/4, 1/8, 1/16 등의 수는 어디로도 접근하지 않으며, 따라서 목적지가 존재하지 않는다. 대신 그들은 이 항들이 한없이 작아지면서 수의 세계를 벗어나 정처 없이 헤매게 된다고 보았다.

---

* 이것은 필요조건이지 충분조건은 아니다. 항들이 0에 접근하되 너무 느리게 접근한다면 그 합은 유한한 값으로 수렴하지 않을 수 있다.

오늘날 수학자들은 이 항들이 극한값을 가지고 있음을 알고 있다. 즉, 1, 1/2, 1/4, 1/8, 1/16 등의 수는 극한값 0에 가까워진다. 따라서 이 여행에는 목적지가 있다. 여행에 목적지가 있다면 그곳이 얼마나 멀리 있는지, 또 그곳까지 얼마나 오래 걸리는지를 묻기는 쉬운 일이다. 아킬레스가 달린 거리의 합을 구하는 일은 그다지 어렵지 않다. 식으로는 $1+1/2+1/4+1/8+1/16+\cdots+1/2^n+\cdots$로 쓸 수 있다. 아킬레스가 거치는 단계가 계속해서 작아져서 0에 접근함에 따라 그 단계들의 합도 점점 2에 가까워진다. 그런데 어떻게 이를 알아낼까? 자, 2에서 시작해서 아킬레스가 달린 거리의 합을 구하기 위해 더하는 항들을 하나씩 차례로 빼보자. 처음에는 2에서 1을 빼고 물론 1이 남는다. 다음으로 1/2을 빼면 1/2이 남는다. 그다음으로 1/4을 빼면 1/4이 남는다. 또 다음으로 1/8을 빼면 1/8이 남는다. 그러고 보니 이는 낯익은 수열이다. 우리는 이미 1, 1/2, 1/4, 1/8 등의 극한값이 0이라는 사실을 알고 있다. 따라서 2에서 이 항들을 빼내간다면 아무것도 남지 않는다. 곧 $1+1/2+1/4+1/8+1/16+\cdots$라는 합의 극한값은 2이다(그림 11). 아킬레스는 무한히 많은 단계를 거치지만 거북이를 따라잡는 동안 2미터를 달릴 뿐이다. 한편 아킬레스가 거북이를 따라잡는 데에 걸리는 시간을 보면 이 또한 $1+1/2+1/4+1/8+1/16+\cdots$로 2초이다. 곧 이 문제에서 아킬레스는 유한한 거리를 달리면서 무한한 단계를 거치지만 그것을 하는 데 시간은 2초밖에 걸리지 않는다.

그리스인은 이처럼 깔끔한 수학적 묘기를 부릴 수 없었다. 그들

그림 11. 1+1/2+1/4+1/8+1/16+ … = 2

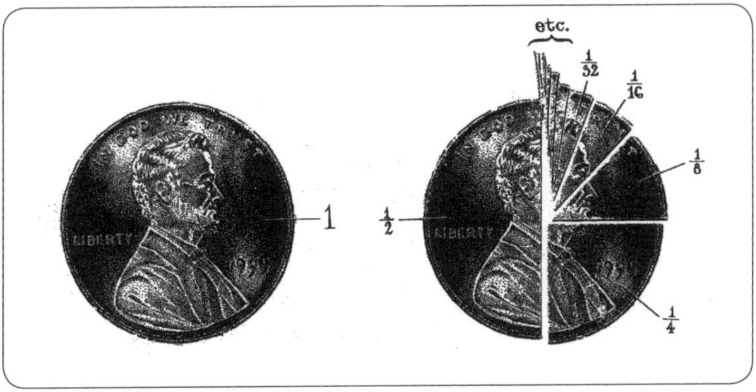

은 0을 믿지 않았으므로 극한의 개념도 가질 수 없었다. 무한급수의 항들은 극한값, 즉 목적지를 갖지 못한다. 이것들은 갈수록 작아질 수는 있어도 그 끝은 보이지 않는다. 그 결과 그리스인은 무한을 다룰 수 없었다. 그들은 진공의 개념에 대해 숙고했지만 수로서의 0은 거부했고, 무한의 개념을 갖고 놀았지만 무한대는 허용하지 않았다. 무한히 작은 수와 무한히 큰 수는 수의 세계 근처에 얼씬대지 못하게 했다. 이는 그리스 수학의 가장 큰 실수였으며, 그들이 미적분을 발견할 수 없었던 유일한 이유였다.

무한대, 0 그리고 극한의 개념은 모두 함께 묶여 있다. 그리스 철학자들은 이 묶음을 풀 수 없어서 제논의 역설을 해결할 방법이 없었다. 이 문제는 엄청났기 때문에 그리스인은 무한대를 설명해 보려고 노력을 거듭했다. 그러나 적절한 개념을 갖추지 못했기에 실패할 수밖에 없었다.

제논 자신조차도 이 역설의 답을 알지 못했으며 심지어 답을 찾으려 하지도 않았다. 사실 이 역설은 그의 철학에 완벽히 부합했다. 그는 엘레아 학파의 일원이었는데, 창시자인 파르메니데스 Parmenides는 우주의 근본은 불변과 부동에 있다고 주장했다. 제논의 역설은 파르메니데스의 주장을 뒷받침하는 것으로 보인다. 그는 변화와 운동이 역설적임을 보여줌으로써 사람들이 만물은 하나이고 불변임을 믿게 하려고 했다. 제논은 운동이 불가능함을 진심으로 믿었고 그의 역설은 이 이론의 주된 근거였다.

한편 이와 다른 주장을 가진 학파도 있었다. 예를 들어 원자론자는 우주가 나눌 수 없으며 영구적인 원자라는 작은 입자들로 이루어져 있다고 믿었다. 원자론에 따르면 운동은 이 작은 입자들의 움직임이다. 물론 원자들이 움직이려면 그것들이 옮겨갈 빈 공간이 있어야 한다. 이 작은 원자들은 어떻게든 움직여야 하는데 진공과 같은 공간이 없다면 서로 끊임없이 압력을 가하게 되며 만물은 한곳에 영원히 갇혀 움직일 수 없다. 원자론에 기반한 우주는 무한히 크지만 텅 빈 진공으로 충만해야 한다. 그래서 원자론자는 무한대와 0이 한데 묶인 '무한 진공'의 개념을 받아들였다. 이러한 결과는 충격적이었지만 어찌 됐든 원자론은 물질의 근본이 불가분이라는 논리를 통해 제논의 역설을 해결했다. 원자는 불가분이므로 만물에는 더는 나눌 수 없는 한계가 있다. 따라서 제논의 절반으로 쪼개기는 무한히 계속될 수 없다. 그러므로 아킬레스는 어느 정도 달리면 길이가 더는 작아질 수 없는 단계에 이르며 이때부터는 원자들을 건너뛰면서 달려야 한다. 그 결과 아킬레스는 따라가는 것이 불가능해 보이던 거북이를 따라잡게 된다.

원자론과 경쟁하던 다른 이론도 있었다. 이 이론은 무한 진공이라는 기이한 개념을 내세우는 대신 우주를 아담한 호두 껍데기로 바꾸어버렸다. 세상에는 진공도 무한대도 없고 지구를 둘러싼 아름다운 천구만 있을 뿐이며, 지구는 자연발생적으로 우주의 중심에 자리 잡았다. 이것이 바로 아리스토텔레스 체계인데, 훗날 알렉산드리아의 천문학자 프톨레마이오스에 의해 가다듬어졌고 이 체계는 서양 세계의 지배적인 철학이 되었다. 이처럼 0과 무한대를 물리침으로써 아리스토텔레스는 제논의 역설을 피해갔다.

아리스토텔레스는 수학자들에게 무한이 필요하지도 않고, 사용해서도 안 된다고 선언했다. 선분의 무한 분할과 같은 잠재적 무한potential infinity은 수학자들의 마음속에 존재할 수 있지만 실제로는 아무도 그렇게 할 수 없으므로 현실에서 무한은 존재하지 않는다. 무한개의 점은 현실 세계에서 구현될 수 있는 것이 아니라 제논이 한 상상의 산물이므로 아킬레스는 거북이를 수월하게 추월한다. 이처럼 아리스토텔레스는 무한을 인간 상상의 산물일 뿐이라고 선언함으로써 간단히 정리해버리려 했다.

이런 생각으로부터 놀라운 결론이 도출된다. 피타고라스의 우주를 토대로 훗날 프톨레마이오스가 재정립한 아리스토텔레스의 우주에서 행성들은 투명한 천구에 박혀 움직인다. 하지만 무한대는 없으므로 천구의 수도 유한하며, 따라서 맨 바깥쪽 천구가 존재한다. 이 맨 바깥쪽 천구는 짙푸른 색이며 별들이 점점이 박혀서 빛나고 있다. 이 천구를 넘어선 곳에는 저승 같은 것도 없고, 우주는 이 천구를 마지막으로 갑자기 끝난다. 우주는 항성들의 천구라는 호두 껍데기에 아늑하게 감싸져 있으므로 그 크기는 유한하고 온통 물질로 채워져 있다. 요컨대 아리스토텔레스의 우주에는 무한도 없고 진공도 없으며, 무한대도 없고 0도 없다.

이 추론 과정으로부터 또 다른 결론이 도출된다. 그것은 신의 존재에 대한 증명으로, 아리스토텔레스의 철학이 그토록 오랫동안 유지될 수 있었던 비결이다.

천구들은 각자의 자리에서 천천히 회전하며 온 우주에 퍼지는 천상의 음악을 만들어낸다. 하지만 이 운동에는 뭔가 원인이 있어야 한다. 정지한 지구는 원동력이 될 수 없으므로 맨 안쪽 천구는 그다음 바깥쪽 천구에 의해 움직여야 하고, 그 바깥쪽 천구는 다시 그다음 바깥쪽 천구에 의해 움직여야 하며, 이런 과정은 되풀이된다. 하지만 무한대는 없으니 천구의 수는 유한하고, 따라서 맨 바깥의 천구를 움직여줄 천구는 없다. 그렇다면 이 모든 운동에는 뭔가 궁극의 원인이 있어야 한다. 무엇인가 맨 바깥의 별들이 박힌 천구를 움직여야 한다. 이 무엇인가가 바로 궁극의 움직임을 만들어내는 '신'이다. 기독교가 서양을 휩쓸었을 때 이러한 결론은 아리스토텔레스의 우주관 및 신에 대한 증명과 긴밀히 연계했다. 반면 원자론은 무신론과 결합했다. 당시 아리스토텔레스의 교리를 의심하는 것은 신의 존재를 의심하는 것과 같았다.

아리스토텔레스의 체계는 매우 성공적이었다. 그의 유명한 제자 알렉산드로스 대왕Alexander the Great은 BC 323년에 갑작스러운 죽음을 맞을 때까지 멀리 인도에 이르도록 그의 가르침을 널리 전파했다. 이후 아리스토텔레스의 체계는 알렉산드로스의 제국보다 오래 살아남아 16세기의 엘리자베스 1세Elizabeth I 시대까지 유지되었다. 아리스토텔레스의 체계가 이처럼 오랫동안 받아들여졌던 탓에 무한에 대한 거부도 지속되었는데, 진공은 무한의 존재를 암시했으므로 진공에 대한 거부도 지속되었다. 진공의 존재에 대한 논리적 가능성은 단지 두 가지밖에 없으며 두 가지 모두 무한의 존재를 암시한다. 첫째는 무한한 진공이 존재할 가능성이다. 만약 존재한다면 무한대는 당연히 존재한다. 둘째는 유한한 진공이 존재할 가능성이다. 진공은 물질이 없는 것을 가리키므로 그 밖의 모든 곳은 무한한 물질로 채워져야만 유한한 진공이 보장된다. 따라서 역시 무한대는 존재한다. 이처럼 두 경우 모두에서 진공의 존재는 무한대의 존재를 암시한다. 진공과 0은 아리스토텔레스의 정연한 논증은 물론 제논의 역설에 대한 반론과 신의 존재에 대한 증명도 파괴한다. 따라서 아리스토텔레스의 논증을 받아들이는 한 그리스인은 0과 진공, 무한과 무한대를 거부해야 했다.

하지만 문제가 있었다. 0과 무한대를 모두 무시하기란 쉬운 일이 아니다. 시간을 거슬러 올라가보자. 역사를 통해 수많은 사건이 일어나는데 무한대라는 것이 없다면 사건들이 무한히 많을 수도 없다. 그렇다면 최초의 사건, 곧 창조가 있어야 한다. 하지만 창조 이전에는 무엇이 있었을까? 진공? 아리스토텔레스는 이를 받아들일 수 없었다. 반대로 최초의 사건이 없다면 우주는 언제나 존재했어야 했고 앞으로도 그래야 한다. 따라서 0이나 무한대를 인정해야 한다. 두 가지 모두가 없는 우주는 논리에 맞지 않는다.

아리스토텔레스는 진공의 개념을 끔찍하게 싫어했으므로 진공이 있고 유한한 우주가 아닌, 진공이 없고 영원하고 무한한 우주를 택했다. 그는 영원하고 무한한 시간은 제논의 무한한 분할과 같은 잠재적 무한이라고 말했다. (이는 무리한 시도였지만, 많은 학자가 이 주장을 받아들였다. 심지어 어떤 학자는 창조설을 신의 존재에 대한 또 다른 증명으로 봤으며, 이 때문에 중세의 철학자와 신학자는 수백 년 동안 이 수수께끼를 두고 논쟁을 벌였다.)

자연법칙에 대한 아리스토텔레스의 견해는 오류였지만 엄청난 영향력 때문에 이와 반대되는 견해는 더욱 사실적인 것까지 포함하여 1,000년이 넘도록 모조리 무시되었다. 자연법칙에 대한 아리스토텔레스의 견해와 제논의 무한대에 대한 그의 거부가 폐기될 때까지 과학은 결코 전진할 수 없었다.

제논은 뛰어난 지혜에도 불구하고 스스로 화를 불러왔다. BC 435년 무렵 그는 엘레아의 폭군, 네아르코스Nearchus를 몰아내려고 공모했으며, 이를 돕기 위해 무기를 밀수했다. 불운하게도 계획은 탄로 나고 제논은 체포되었다. 네아르코스는 공모자들을 알아내기 위해 제논을 고문했으며, 이를 견디지 못한 제논은 멈추라고 사정하면서 동지들의 이름을 말하겠다고 약속했다. 네아르코스가 다가서자 제논은 그들의 이름을 비밀로 하는 게 좋으니 더 가까이 오라고 말했다. 네아르코스가 몸을 구부리고 머리를 숙여 그에게 가까이 온 순간에 제논은 그의 귀를 세게 물었다. 네아르코스는 비명을 질렀지만, 제논은 끝까지 물고 늘어졌다. 결국 고문하던 사람들이 제논을 찔러 죽인 다음에야 네아르코스는 풀려날 수 있었으며, 무한의 달인은 이렇게 삶을 마쳤다.

마침내 고대 그리스에서 무한과 관련된 문제에 있어서 제논을 뛰어넘는 자가 나타났다. 시라쿠사의 괴짜 수학자 아르키메데스Archimedes였다. 그는 당시 무한의 그림자를 감지한 유일한 사상가였다. 시라쿠사는 시칠리아섬에서 가장 부유한 도시로 아르키메데스는 그곳의 대단한 유명 인사였다. 그의 어린 시절에 대해서는 별로 알려진 게 없지만, 아르키메데스는 피타고라스의 고향인 사모스섬에서 BC 287년 무렵 태어난 것으로 추정된다. 이후 시라쿠사로 이주했고 왕을 위해 여러 기술적 문제를 해결했다. 어느 날 왕이 그의 왕관이 순금인지 납이 섞여 있는지 가려내라고 지시했는데, 이는 당시 어느 과학자도 해결하기 어려운 문제였다. 한참을 고민 속에 지내던 아르키메데스가 욕조에 몸을 담갔을 때 물이 넘치는 것에서 해법을 발견한다. 왕관을 물이 가득 찬 그릇에 담갔을 때 넘치는 물의 양을 측정함으로써 그 밀도와 순도를 알아낼 수 있다는 것이었다. 이 발견에 들뜬 아르키메데스가 욕조에서 뛰쳐나와 자기가 발가벗고 있다는 사실도 잊은 채 "유레카! 유레카!"라고 외치며 시라쿠사의 거리를 내달렸다는 일화는 유명하다.

아르키메데스의 재능은 시라쿠사의 군대에도 유용했다. BC 3세기 무렵에는 알렉산드로스 대왕의 제국이 분열되어 서로 다투는 바람에 그리스의 패권이 저물었다. 서쪽에서 로마라는 새로운 세력이 일어나 힘을 과시했으며 시라쿠사를 호시탐탐 노렸다. 전설에 따르면 아르키메데스는 로마로부터 시라쿠사를 지키기 위해 투석기, 로마의 전함을 들어 올려 침몰시키는 대형 기중기, 멀리서 빛을 반사해 배를 불태우는 거울 등과 같은 놀라운 무기들을 발명하여 군대를 무장시켰다. 이런 신무기에 잔뜩 겁을 집어먹은 로마군은 성벽에 밧줄이나 나무 조각만 내걸어도 아르키메데스가 또 신무기로 자신들을 공격하는 것이 아닌가 싶어 도망가곤 했다고 전해진다.

아르키메데스는 자신이 만든 전쟁용 거울의 광택에서 무한을 처음 감지했다. 수백 년 동안 그리스인은 원뿔이 잘리며 만들어지는 곡선에 매료되었다. 원뿔을 자르면 방향에 따라 그 단면에서 원, 타원, 포물선, 쌍곡선과 같은 네 종류의 곡선이 나온다. 그중 포물선은 태양이나 먼 거리에 있는 광원에서 나오는 빛을 초점으로 모으는 특징이 있는데, 이에 따라 빛의 에너지는 그 작은 영역으로 집중된다. 따라서 배를 불태울 수 있는 거울은 반드시 포물선의 형태가 되어야 한다. 아르키메데스는 포물선의 특성을 연구했으며 그것을 계기로 무한에 대해서도 처음으로 다루기 시작했다.

포물선을 이해하려면 넓이 등의 측정이 필요했는데 당시 그 방법을 아는 사람이 없었기 때문에 아르키메데스는 스스로 알아내야 했다. 삼각형이나 원의 경우는 측정이 쉽지만, 포물선처럼 모양이 조금이라도 변형된 곡선이 있는 물체의 측정은 당시 그리스 수학자들의 지식을 넘어서는 난제였다. 하지만 아르키메데스는 무한을 활용하여 포물선의 넓이를 알아냈다. 그 첫 단계는 포물선의 안쪽에 내접하는 삼각형을 그려 넣는 것이었다. 그리고 아르키메데스는 남은 두 곳에 더 작은 내접 삼각형을 그려 넣었다. 그리고 네 군데의 빈 곳이 나오면 거기에도 더 작은 삼각형들을 그려 넣고,

이런 과정을 계속 되풀이했다(그림 12). 이는 계속해서 작아지는 단계를 무한히 계속한다는 점에서 아킬레스와 거북이의 경주와 비슷한데, 포물선에 채워 넣는 작은 삼각형들의 넓이는 빠르게 0에 접근한다. 아르키메데스는 오랜 시간에 걸쳐 복잡한 계산을 한 끝에 이 작은 삼각형들의 넓이를 모두 더함으로써 포물선의 넓이를 계산해냈다. 아마도 당시 수학자라면 누구나 이런 추론의 단계를 비웃었을 것이다. 아르키메데스가 그 당시 수학계에서 그토록 명백히 허용하지 않았던 무한이라는 수단을 썼기 때문이다. 그들을 만족시키기 위해 아르키메데스는 당시의 수학으로도 받아들일 수 있는 증명을 덧붙였다. 이른바 아르키메데스의 공리에 근거했는데, 아르키메데스는 이 공리를 이전 수학자들의 업적이라고 했다. 아마 기억하겠지만, 이 공리는 어떤 수에 그 자신을 충분히 여러 번 더하면 다른 어떤 수보다 더

그림 12. 아르키메데스의 포물선

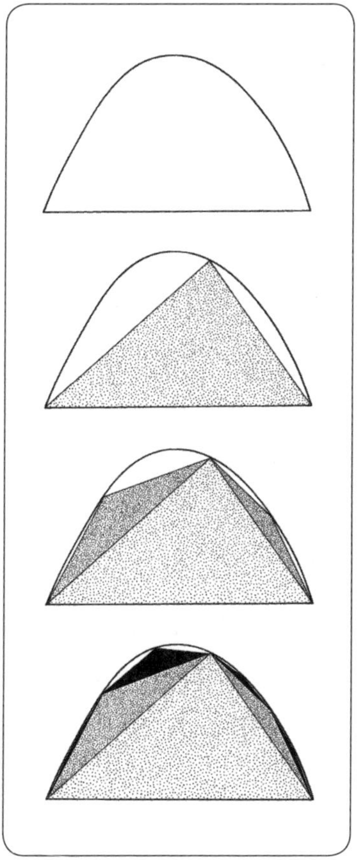

커진다는 것이며, 물론 이때 어떤 수에서 0은 제외된다.

삼각형들을 이용한 아르키메데스의 증명은 극한과 미적분을 실제로 발견한 건 아니지만, 그 개념에 매우 근접한 것이었다. 훗날 그는 어떤 직선을 중심으로 회전하는 원과 포물선이 만드는 입체의 부피를 계산해냈는데 이는 오늘날 미적분을 배우는 학생들에게 기초과정의 숙제로 제시되는 문제이다. 그런데 아르키메데스의 공리에서는 유한과 무한의 영역을 이어주며 미적분과 고등수학에 있어 절대적으로 필요한 0을 배제하고 말았다.

이처럼 뛰어난 아르키메데스조차 때때로 당시 사람들과 마찬가지로 무한을 비웃었다. 그는 우주가 거대한 천구 속에 들어 있다고 보는 아리스토텔레스의 우주관을 믿었다. 그리하여 하루는 충동적으로 구형의 우주에 얼마나 많은 모래알이 들어갈 수 있는지 계산해보았다. 그가 쓴 『모래 계산자Sand Reckoner』에 따르면 그는 먼저 양귀비 씨에 몇 개의 모래가 들어가는지 계산한 다음, 손가락 하나의 길이에 몇 개의 양귀비 씨가 들어가는지 계산했다. 이어서 한 스타디움Stadium(당시 그리스의 긴 길이에 대한 표준단위로 약 200미터)이 손가락 몇 개의 길이에 해당하는지 계산하고, 끝으로 우주가 몇 스타디움인지 계산했다. 그 결과 그는 맨 바깥에 있는 천구까지 온 우주를 모래로 가득 채우면 모두 10^{51}개의 모래 알갱이가 들어간다는 답을 얻어냈다. 이는 엄청나게 큰 수인데, 예를 들어 '10^{51}개 분자'만큼의 물을 모두 마시려면 남녀노소를 불문하고 오늘날 지구상의 모든 사람이 1초에 1톤의 물을 마셨을 때 15만 년 이상의 세월이 필요하다. 이 수는 워낙 커서 당시 그리스의 기수법으로는 표기할 수 없었다. 따라서 아르키메데스는 이처럼 큰 수를 표기할 완전히 새로운 기수법을 개발해야 했다.

그리스 기수법에서 최대의 단위는 만myriad(10,000)이었는데, 그들은 만의 만까지 헤아려 1억 남짓까지 표시할 수 있었다. 그런데 아르키메데스는 리셋 버튼을 눌러 이 한계를 넘어섰다. 그는 단순히 만의 만, 곧 1억(100,000,000)을 1로 놓고 다시 세기 시작했으며, 이 새로운 수들은 이차수numbers of second order라고 불렀다. (오늘날의 수학자라면 100,000,000을 0으로 놓고 100,000,001을 1로 놓겠지만 아르키메데스는 그러지 않았다. 그는 0부터 다시 세는 것이 더 합당하다고 생각할 수 없었다.)

이렇게 만든 이차수는 만의 만에서 시작하여 만의 만의 만의 만인 1,000,000,000,000,000,000까지, 그 뒤의 삼차수는 만의 만의 만의 만의 만의 만인 1,000,000,000,000,000,000,000,000까지 나아간다. 이 과정은 계속할 수 있는데, 아르키메데스는 만의 만차(1억차)까지 반복해서 얻은 수, 즉 만의 만차 수를 일기수numbers of first period라고 불렀다(10의 8억승). 우리가 보기에는 번거로운 방법이지만 아무튼 아르키메데스는 이 방법 덕분에 그의 사고 실험을 해결하는 데 필요한 것보다 훨씬 더 큰 수까지 나아갈 수 있었다. 그러나 우주를 가득 채우고도 넘치도록 많은 모래알을 모두 셀 수 있을 정도로 큰 수, 그리고 그보다 훨씬 더 크다고 해도 이 수들 역시 유한하기는 마찬가지다. 그리스의 우주에서는 무한이 필요하지 않았다.

아마 시간이 좀 더 주어졌다면 아르키메데스는 0과 무한의 매력을 보게 되었을지 모른다. 하지만 이 모래 계산자는 모래를 세다가 최후를 맞을 운명에 있었다. 로마군은 시라쿠사군에 비해 너무나 막강했다. 망대의 감시가 소홀한 틈을 타, 오르기 쉬운 성벽을 통해 로마군은 몇 명의 군사들을 성안으로 잠입시켰다. 로마군이 이미 성안으로 들어온 것을 본 시라쿠사인은 두려움으로 제대로 방어하지 못했다. 로마군은 물밀듯 들이닥쳤는데, 이때 아르키메데스는 모래 위에 도형을 그리면서 어떤 정리를 증명하는 데에 몰두하여 그 주위에 발생한 사태를 전혀 알아채지 못했다. 이 광경을 본 한 로마 병사는 누추한 모습의 일흔다섯 살 노인에게 따라오라고 명령했다. 하지만 아르키메데스는 진행 중인 수학적 증명이 아직 끝나지 않았다며 이를 거부했고 분노한 병사는 그 자리에서 그를 베어버렸다. 이리하여 고대의 위대한 지성은 로마인에 의해 허무하게 죽임을 당하고 말았다.

아르키메데스를 죽인 것은 수학에 대한 로마인의 커다란 기여 중 하나였다. 고대 로마는 7세기나 계속되었지만, 그 기간 수학사에서 이렇다 할 발전은 없었다. 아무튼 역사는 계속되었고, 기독교가 유럽을 휩쓸었고 로마는 무너졌으며 알렉산드리아의 도서관이 불타고 암흑시대가 시작되었다. 서양에 0이 다시 나타날 때까지 7세기를 더 기다려야 했다. 그사이에 두 수도승이 0이 없는 달력을 만들었으며, 이에 따라 우리는 영원한 혼란에 빠지게 되었다.

숨은 날짜

이는 어리석고 유치한 논의로서, 앞서 이야기한 것과 반대되는 견해를 갖는 사람이 필요하다는 사실을 드러내줄 뿐이다.

—「더 타임스(런던)」, 1799년 12월 26일

새 세기가 00년에 시작되는지 01년에 시작되는지에 대한 어리석고 유치한 논의는 마치 시계처럼 100년마다 주기적으로 나타난다. 만일 중세의 수도승이 0을 알기만 했다면 우리가 이런 혼란에 빠지지 않았을 것이다.

하지만 수도승이 무지하다고 비난할 수는 없다. 중세시대 서양에서는 기독교 수도승만이 수학을 공부했다. 유일하게 남은 지식인인 수도승은 기도와 돈이라는 두 가지 이유 때문에 수학을 필요로 했다. 돈을 세려면 잘 세는 법을 알아야 한다. 이를 위하여 그들은 주판이나 셈판을 이용했는데, 셈판은 주판 비슷한 것으로 책상 위에서 돌 같은 것을 움직여 계산을 했다. 이는 몹시 어려운 일은 아니었지만, 당시의 기준에 비춰본다면 첨단기술에 해당했다. 한편 기도를 하려면 수도승은 날짜와 시간을 알아야 했다. 하루를 시작할 때와 마칠 때, 또한 시간에 따라 드리는 기도가 달랐으므로 시간을 정확하게 아는 일은 수도승의 의례에서 매우 중요했다. 정오를 뜻하는 'noon'이라는 단어는 중세의 성직자가 정오에 드리는 기도를 일컫는 'nones'에서 유래했다. 만일 시간을 정확하게 알지 못한다면 불침번이 어떻게 아늑한 밀짚 침대에 누워 잠든 동료들을 깨워 아침 기도를 드리게 할 수 있었겠는가? 또한 정확한 달력이 없었다면 언제 부활절 예배를 드려야 할지 알 수 없었을 것이다. 따라서 이들에게 시간과 날짜를 정확하게 아는 일은 아주 중요한 문제였다.

당시에는 여러 달력이 각각 달랐으므로 부활절의 날짜를 계산하기란 결코 쉬운 일이 아니었다. 교회의 중심은 로마였고 기독교도는 1년이 365일인(바뀔 때도 있다) 로마의 양력을 사용했다. 하지만 예수는 유대인이었고, 유대인은 1년이 354일인(바뀔 때도 있다) 유대의 음력을 사용했다. 사람들은 평소에는 양력에 따라 살았지만, 예수의 생애와 관련된 중요한 날은 음력을 기준으로 정했다. 하지만 두 달력의 날짜들이 서로 왔다 갔다 했으므로 기념일이 언제 오는지 예측하기가 아주 어려웠다. 부활절도 그런 왔다 갔다 하는 기념일 중 하나였으므로, 교회는 몇 세대마다 수도승을 선발하여 다음 몇백 년 동안 부활절이 어느 날에 오는지를 계산하게 했다.

디오니시우스 엑시구스Dionysius Exiguus는 그런 수도승 가운데 한 사람이었다. 6세기에 교황 요한 1세Pope John I는 그에게 부활절 표를 확장하도록 지시했다. 기존의 표를 번역하고 다시 계산하면서 디오니시우스는 부수적인 연구를 했는데, 이 과정에서 예수가 태어난 해를 알아낼 수 있다는 사실을 발견했다. 빠른 계산을 통해 그는 그해가 예수의 탄생으로부터 525년째가 된다는 결론을 내렸다. 그래서 디오니시우스는 예수가 태어난 해를 '우리 주anno Domini' 1년, 즉 AD 1년으로 정했다. 좀 더 기술적으로 살펴보면,

디오니시우스는 예수가 그 전해의 12월 25일에 태어났다고 보았으나 자신의 새 달력은 로마의 역법에 맞추어 1월 1일에 시작하도록 했다. 그리하여 이듬해는 AD 2년, 그 이듬해는 AD 3년이 되는 달력이 당시에 가장 흔히 쓰이던 로마 달력과 유대인 달력의 두 가지 날짜 체계를 대체하게 되었다.* 하지만 여기에는 한 가지, 아니 두 가지 문제가 있었다.

첫째는 디오니시우스가 예수의 탄생을 잘못 계산한 것이었다. 헤롯왕King Herod이 메시아의 탄생에 대한 예언을 듣고 분노했기 때문에 요셉과 마리아가 그를 피해 달아났다는 사실에 대해서는 자료들이 일치한다. 하지만 헤롯왕은 예수가 탄생했다고 추정되는 해보다 몇 해 앞선 BC 3년에 이미 죽었다. 따라서 디오니시우스의 계산은 분명 잘못되었다. 오늘날 대다수 학자는 예수가 BC 4년에 태어났다고 믿고 있으므로 디오니시우스의 계산은 몇 년 정도를 틀린 셈이다.

사실 이 실수는 그다지 심각하지 않다. 달력의 첫해로 어느 해를 택하든 이후의 모든 게 일관되기만 하면 별문제가 없기 때문이다. 4년의 오류는 모든 사람이 같은 오류를 만들기로 동의하면 문제될 게 없으며 우리는 실제로 그렇게 했다. 하지만 디오니시우스의 달력

* 한 체계는 로마가 세워진 해, 다른 체계는 디오클레티아누스Diocletian 황제가 즉위한 해를 기원 연도인 1년으로 삼았다. 기독교 수도승에게는 반달족과 고트족에게 여러 번 침략당했던 도시의 창건이나 기독교인을 먹이로 하여 진기한 동물들을 길렀던 황제의 통치가 시작된 시점보다 자기네 구세주의 탄생이 훨씬 더 중요한 사건이었다.

에는 더욱 심각한 문제가 있었는데, 바로 0과 관련되어 있다.

디오니시우스의 달력에는 0년이 없다. 하지만 당시의 달력은 대부분 0년이 아니라 1년부터 시작했으므로 통상적으로 이는 별 문제가 아니었다. 더욱이 디오니시우스는 0을 몰랐으므로 선택의 여지도 없었다. 그는 로마제국이 쇠락하기 시작한 뒤에 자라났는데, 로마의 전성기 때도 로마인은 수학에 능통하지 못했다. 암흑시대의 초기인 525년에 모든 서양인은 0이 없는 옹색한 로마숫자를 사용했다. 따라서 디오니시우스에게 우리 주의 첫해는 자연히 I년이었고, 이듬해는 II년이어야 했으며, 그는 DXXV년(525년)에 이런 결론을 내렸다. 대부분의 경우 이는 아무런 문제가 되지 않았다. 특히 디오니시우스의 달력이 곧바로 널리 사용되지 않았기에 더욱 그랬다. 525년에 로마의 법정에서 지식인들에게 큰 재앙이 될 결정이 내려졌다. 교황 요한 1세가 죽자 뒤이어 권력을 잡은 자들이 디오니시우스와 같은 철학자와 수학자를 모두 자리에서 몰아냈다. 많은 이들은 운이 좋게 목숨을 부지하고 탈출했지만, 그렇지 못한 사람도 있었다. 아니시우스 보에티우스Anicius Boethius는 권력의 요직에 있었으며 중세의 가장 뛰어난 수학자 중 한 사람이었으나, 디오니시우스가 쫓겨날 무렵에 그 역시 권력을 잃고 수감되었으며 곧 몽둥이세례를 받고 죽었다. 그는 수학자로서 명성보다 자신을 위로하기 위해 아리스토텔레스의 철학을 바탕으로 기술한 『철학의 위안』으로 더 많이 회자되고 있다. 아무튼 이런저런 이유로 새 달력은 여러 해 동안 빛을 보지 못하고 방치되었다.

0년의 결여는 2세기가 더 지나서야 문제를 일으킨다. 디오니시우스의 부활절 표가 끝나갈 무렵인 731년 영국 북부 출신으로 곧 부주교가 될 수도승 비드Bede가 이 표를 다시 연장하게 되었다. 아마도 이를 통해 그는 비로소 디오니시우스의 업적을 알게 되었을 것이다. 비드는 『영국 교회사Ecclesiastical History of the English People』를 쓸 때 이 새 달력을 사용했다.

이 책은 큰 성공을 거두었지만 한 가지 중대한 오류가 있었다. 비드는 그의 역사책을 디오니시우스의 기준 연도보다 60년 앞선 BC 60년부터 시작했다. 비드는 디오니시우스의 새 달력을 버리고 싶지 않았으므로 그의 달력을 60년 확장했다. 그런데 비드 역시 0을 알지 못했으므로 AD 1년보다 1년 앞선 해는 BC 1년이 되었다. 비드에게 있어서 0은 없었기에 0년 역시 없었다.

언뜻 보기에 이런 계수법은 그리 나빠 보이지 않지만, 문제를 일으킬 수밖에 없었다. BC와 AD의 연도를 각각 음수와 양수라고 생각해보자. 비드의 방법에 따르면 연도는 … -3, -2, -1, 1, 2, 3, …으로 진행한다. 따라서 -1과 1 사이에 있어야 할 0이 보이지 않았고, 사람들은 모두 혼란에 빠졌다. 1996년 「워싱턴포스트」 지에 실린 달력에 대한 칼럼은 밀레니엄 논쟁을 어떻게 이해해야 하는지에 대해 언급하면서 불쑥 예수가 BC 4년에 태어났으므로 1996년은 예수가 태어난 지 2,000번째가 되는 해라고 설명했다. 이는 1996-(-4)=2,000이라는 계산에 따르면 완벽히 타당해 보인다. 하지만 이는 오류다. 실제로는 1999번째 되는 해이다.

BC 4년의 1월 1일에 태어난 아이를 생각해보자. 이 아이는 BC

3년이면 한 살, BC 2년이면 두 살, BC 1년이면 세 살, AD 1년이면 네 살, AD 2년이면 다섯 살이 된다. 그렇다면 AD 2년의 1월 1일에 이 아이는 태어난 지 몇 년째가 될까? 분명 5년이다. 하지만 이것은 2−(−4)=6으로 계산한 여섯 살과 맞지 않는다. 이처럼 잘못된 답이 나오는 이유는 0년이 없기 때문이다. 당연히 이 아이는 AD 0년과 1년과 2년 1월 1일에 각각 네 살과 다섯 살과 여섯 살이 되어야 한다. 그러면 모든 숫자가 맞아떨어져서 이 아이의 나이를 알아내는 일은 2에서 −4를 빼는 것과 같은 간단한 문제가 된다. 하지만 실제는 이와 달라 옳은 답을 얻으려면 1년을 더 빼야 한다. 따라서 예수는 1996년에 2,000살이 아니라 1,999살이다. 혼란은 점점 더 심각해진다.

AD 1년 1월 1일 1초에 태어난 아이를 생각해보자. 그러면 AD 2년에 이 아이는 한 살, 3년에 두 살이므로, 99년에는 98살, 100년에는 99살이 될 것이다. 이제 이 아이의 이름이 세기Century라고 해보자. AD 100년에 세기는 99살이므로 100번째의 생일은 101년 1월 1일에 축하해줘야 한다. 다시 말해서 두 번째의 세기는 AD 101년에 시작된다. 마찬가지로 세 번째의 세기는 201년에 시작되고, 20번째의 세기는 1901년에 시작된다. 이는 세 번째 천 년 세월의 시작인 21세기가 2001년에 시작됨을 뜻하는데, 실제로 우리가 목격한 바와는 다르다.

전 세계 호텔과 식당에서는 2000년 12월 31일이 아니라 1999년 12월 31일의 예약이 당일 훨씬 전에 모두 마감되었다. 모든 사람은 새천년의 시작을 잘못된 날에 축하했다. 심지어 세계시간의 공식

수호 기관이자 시간에 관한 모든 것을 관할하는 영국의 왕립 그리니치 천문대조차 이날을 기념하며 즐기려는 계획을 세웠다. 언덕 위의 천문대에서 초정밀 원자시계가 째깍거리는 동안 그 아래의 군중은 국가의 지원으로 진행되는 휘황찬란한 개막식과 함께 '천년의 경험'이라는 행사를 기다리고 있었다. 행사 날은 쉽게 추측할 수 있게도 1999년 12월 31일로 예정되었다. 이 행사의 전시회는 2000년 12월 31일에 폐막하는데, 이는 바로 언덕 위의 천문학자들이 새천년의 시작을 기념하면서 샴페인을 터뜨려야 할 날이었다. 물론 이 천문학자들이 이날에 주의를 기울인다고 가정했을 때의 이야기이다.

천문학자들은 다른 모든 사람처럼 시간을 쉽게 다룰 수 없다. 그들은 하늘의 시계를 관찰하는데, 이 하늘의 시계는 윤년이라고 딸꾹질을 하며 리듬을 깨뜨리거나 사람들이 달력을 바꾸기로 할 때마다 스스로 리셋하지 않는다. 따라서 천문학자들은 인간의 달력을 완전히 무시하기로 했다. 이들은 예수의 탄생이 아니라 BC 4713년 1월 1일을 기준으로 연도를 헤아린다. 이 기준은 임의적인 것으로 네덜란드의 역사가 요셉 스칼리게르Joseph Scaliger가 1583년에 정했다. 그가 만든 율리우스 일력Julian Date은 율리우스 카이사르Julius Caesar가 제정한 율리우스력과는 다른 것으로 이름도 그의 아버지의 이름에서 따왔다. 율리우스 일력은 끊임없이 만들어지는 다른 달력들의 여러 문제를 피할 수 있으므로 천문학적 사건을 기록하는 데 기준이 되었다. 나중에 조금 수정되어 만들어진 율리우스 일력 수정본은 단순히 율리우스 일력에서

2,400,000일과 열두 시간을 빼고 1858년 11월 17일의 자정에 0시를 추가한 것이며, 이 날짜도 다분히 임의적이다. 아마 천문학자들은 율리우스력 수정본 51,542일을 기념하려 들지 않을 것이며, 유대인은 창세후anno Mundi 5760년 10월Tevet 23일을 무시할 것이고, 이슬람교도는 성천후anno Hejirae 1420년 9월Ramadan 23일을 기억하지 못할 것이다. 분명 다시 생각해봐도 그럴 것이다. 하지만 이들 모두는 이날이 서기anno Domini 1999년 12월 31일이며, 2000년이라는 해에는 뭔가 아주 특별한 게 있다는 점을 알고 있을 것이다.

왜 그런지 그 이유를 꼭 집어 말하기는 어렵지만, 사람들은 0이 많이 들어간 깔끔히 떨어지는 수를 좋아한다. 어렸을 때 아버지 차를 타고 가다 계기판에 나타나는 주행거리계가 2만 킬로를 막 넘어서는 순간을 보았던 기억이 있는가? 그때 차 안의 모든 사람은 숨죽여 계기판의 숫자가 19,999.9에서 기어 올라가는 광경을 지켜보는데, 이윽고 딸깍 소리와 함께 주행거리계가 20,000.0을 가리키면 아이들은 환호성을 지른다!

1999년 12월 31일의 밤은 바로 하늘에 있는 거대한 주행거리계 숫자가 딸깍거리며 올라갔던 시간인 것이다.

0번째 수

폴란드의 위대한 수학자 바츠와프 시에르핀스키Waclaw Sierpinski는 가방들 가운데 하나를 잃어버린 것 같아 걱정하고 있었다. 하지만 그의 아내는 "아니에요, 여보! 여섯 개 모두 있어요"라고 말했다. 시에로핀스키는 "그럴 리가 없어. 내가 몇 번이나 세어봤는데. 영, 하나. 둘. 셋, 넷, 다섯."

— 존 콘웨이John Conway & 리처드 가이Richard Guy, 『수의 바이블The Book of Numbers』

디오니시우스나 비드가 그들의 달력에 0을 빠뜨린 게 잘못이었다고 주장하면 오히려 이상하게 들릴지 모른다. 어린이들은 모두 하나, 둘, 셋으로 셈하지 영, 하나, 둘로 세지 않는다. 마야인을 빼고 아무도 한 달을 0일부터 시작하지 않는다. 어딘지 부자연스럽게 여겨지기 때문이다. 하지만 거꾸로 세어 내려갈 때는 이야기가 달라진다.

10, 9, 8, 7, 6, 5, 4, 3, 2, 1, 발사(0).

우주왕복선은 하늘로 치솟기 전에 언제나 0을 기다린다. 중요한 사건은 1시가 아니라 0시에 일어난다. 폭탄이 떨어진 곳으로 차를 몰아갈 때 우리는 그라운드 제로ground zero에 접근한다고 이야기한다.

그런데 주의 깊게 살펴보면 사람들이 많은 경우에 0부터 세기 시작한다는 것을 발견할 수 있다. 스톱워치는 00:00.00부터 재깍거리기 시작해서 1초가 지나야 0:01이 된다. 차의 주행거리계는 판매와 배송 과정에서 거리가 약간 올라가기는 하겠지만 애초에 공장에서 나올 때는 00000으로 맞춰져 있다. 군대의 하루는 공식적으로 00:00시에 시작된다. 하지만 소리 내어 셀 때는 수학자나 컴퓨터 프로그래머가 아닌 이상 언제나 1부터 시작한다.* 이때는 순서가 중요하기 때문이다.

1, 2, 3과 같은 셈수(자연수)counting number를 다룰 때는 순서대로 나열하면 편하다. 1은 첫 번째, 2는 두 번째, 3은 세 번째 셈수이다. 애초에 사람들은 수의 값을 나타내는 기수성과 수의 순서를 나타내는 서수성이 서로 섞이는 것을 걱정할 필요가 없었는데, 그 이유는 이 두 가지가 원칙적으로 같았기 때문이었다. 하지만 0이 나타나자 기수와 서수 사이의 깔끔한 관계는 허물어졌다. 수는 이제 0이 앞서면서 0, 1, 2, 3으로 진행하므로 0이 첫째, 1이 둘째, 2가 셋째 자리를 차지하게 되었다. 수의 기수성과 서수성은 이제 더는 혼용되지 않는데 이것이 바로 달력 문제의 원인이었다.

하루의 첫째 시간은 자정의 0초부터 시작하고, 둘째 시간은 오전 1시부터 시작하며, 셋째 시간은 오전 2시부터 시작한다. 곧 우리는 첫째, 둘째, 셋째라는 방식으로 서수를 이용하여 세면서, 시간은 0, 1, 2라는 기수를 이용하여 나타낸다. 이것이 맞는 방법이건 잘못된 방법이건 우리 현대인은 이런 식의 사고방식이 익숙하다.

* 컴퓨터 프로그래머가 어떤 작업을 반복해서 수행하도록 프로그램을 만들 경우, 예를 들어 열 단계를 반복하고자 한다면 컴퓨터가 0부터 9까지 세도록 만들 가능성이 높다. 부주의한 프로그래머는 1부터 9까지 세도록 함으로써 열 단계가 아니라 아홉 단계를 실행토록 할 수 있다. 실제로 이런 실수가 1998년 애리조나의 복권에서 일어났다. 아무리 추첨해도 9가 나오지 않자 대변인은 어색한 표정으로 "프로그래머가 빠뜨렸습니다"라고 발표했다.

아이가 태어난 뒤 열두 달을 보내면 한 살이라고 말하는데, 이처럼 1년을 살고 난 후에야 한 살이라고 한다면, 아직 이 시점에 이르지 못한 아이들은 0살이라고 하는 게 일관성 있는 선택이지 않을까? 하지만 우리는 이런 아이들을 6주가 되었다거나 아홉 달이 되었다고 말하며, 0살이라는 어색한 표현을 피하면서 현명하게 대처해왔다.

디오니시우스가 살던 시대에는 0이 없었으므로 그의 달력은 이전의 조상들이 그랬던 것처럼 1년부터 시작했다. 당시 사람들은 고대인과 마찬가지로 기수성과 서수성이 일치하는 방식으로 생각했다. 그들은 그것만으로도 충분했다. 그들의 머리에 0이 떠오르지 않았다면 이는 전혀 문제가 되지 않았을 것이다.

무의 크레바스

그것은 완벽한 무가 아니었다. 그것은 정의할 수도 없고 형체도 없다. 진정한 추론을 통해 나는 이 완벽하게 형체가 없는 것을 파악하려면 모든 종류의 형체를 남김없이 제거해야 한다는 사실을 깨달았다. 하지만 나는 그것을 이룰 수 없었다.

— 성 아우구스티누스Saint Augustinus, 『고백록confessions』

수도승이 무지하다고 비난하기는 어렵다. 디오니시우스와 보에티우스 그리고 비드가 살았던 세상은 정말 암흑이었다. 로마는 무너졌고 서구 문명은 영화로웠던 로마의 그림자에 불과했다. 따라서 미래는 과거보다 참혹해 보였다. 중세 학자들이 지혜를 찾으면서 동시대 사람들의 생각을 살펴보지 않은 것은 놀라운 일이 아니다. 대신 그들은 아리스토텔레스나 신플라톤주의자와 같은 고대의 지성에 눈길을 돌렸다. 하지만 중세의 사상가는 고대의 과학과 철학을 받아들이면서 무한에 대한 두려움과 무에 대한 공포 같은 고대의 편견도 물려받았다.

중세 학자들은 무는 악이고 악은 무라고 칭했다. 그런 의미에서 사탄은 무 그 자체였다. 보에티우스는 다음과 같이 논증했다. 신은 전능하다. 신이 할 수 없는 일은 '없다'. 하지만 신은 궁극의 선이므로 악을 저지를 수 '없다'. 그러므로 악은 '없음', 곧 무이다. 중세의 관점에서 보자면 이는 완벽한 논증이었다.

중세 철학의 베일 뒤에는 갈등이 숨어 있었다. 아리스토텔레스 체계는 그리스로부터 시작되었지만, 창조에 관한 유대교와 기독교의 이야기는 셈족의 것이었는데, 셈족은 무를 두려워하지 않았다. 창조 자체는 혼돈의 무로부터 이루어졌지만 4세기 무렵의 성 아우구스티누스와 같은 신학자들은 창조 이전의 상태를 아무것도 없는 완전한 무라고 하기에는 무리가 있어 비어 있는 상태라는 정도로 설명하려고 했다. 무에 대한 공포가 너무 커서 기독교 학자들은 아리스토텔레스를 성경에 맞추기보다 성경을 아리스토텔레스에게 맞추려고 했다.

하지만 다행히도 모든 문명이 0을 두려워한 것은 아니었다.

Chapter **3**
Nothing Ventured

험난한 여정 끝에 거둔 승리

[동양으로 간 제로]

무한이 있는 곳에 기쁨이 있다. 유한에는 기쁨이 없다.

—「찬도기아 우파니샤드The Chandogya Upanishad」

서양은 무를 두려워했지만 동양은 이를 환영했다. 0은 유럽에서 쫓겨났으나, 인도와 아라비아를 거치면서 점차 꽃을 피웠다.

우리가 마지막으로 살펴본 0은 자리 기호였고, 바빌로니아 기수법에서 빈자리를 나타내는 데에 쓰였다. 0이 유용하기는 했지만, 값이 없으므로 그 자체로 진짜 수는 아니었다. 그것은 왼쪽에 있는 어떤 수를 통해서 의미를 가지며 이를 나타내는 기호는 사실상 그 자체로는 아무것도 의미하지 않았다. 하지만 인도에서는 모든 것이 변했다.

BC 4세기에 알렉산드로스 대왕은 페르시아 군대를 이끌고 바빌론에서 인도로 향했다. 인도의 수학자들이 바빌로니아의 기수법과 0을 처음으로 접해 알게 된 것도 이 침략을 통해서였다. BC

323년에 대왕이 죽자 휘하의 장수들은 서로 영토를 나눠 가졌다. BC 2세기에 강성해진 로마는 그리스를 삼켰지만 알렉산드로스 대왕만큼 동쪽으로 멀리 나아가지는 못했다. 그 결과 4세기와 5세기에 기독교가 융성하고 로마가 쇠망하는 과정으로부터 인도는 단절되었다.

인도는 아리스토텔레스의 철학과도 단절되어 있었다. 알렉산드로스 대왕은 아리스토텔레스에게 교육받았으므로 그의 사상을 인도로 들여왔지만, 아리스토텔레스의 철학은 인도 사람을 사로잡지 못했다. 그리스와 달리 인도는 무와 무한에 대한 두려움이 없었고, 오히려 이를 포용했다.

무는 힌두교에서 중요한 자리를 차지한다. 힌두교는 그리스 신화와 여러 측면에서 비슷하게 싸움의 신과 전쟁에 대한 여러 설화로 구성된 다신교로 시작되었다. 하지만 알렉산드로스 대왕이 침입하기 몇 세기 전부터 여러 신은 오랜 시간에 걸쳐 통합되었다. 대중적인 의례와 신전에서의 예배는 유지되었지만, 핵심적 측면에서 보자면 힌두교는 유일신을 모시는 내면화된 종교가 되었다. 모든 신은 만물을 포용하는 '브라마Brahma'라는 신의 여러 측면으로 여겨지게 되었다. 서양에서 그리스가 번영하기 시작할 무렵, 힌두교는 서양의 신화와 다른 방향으로 발전하였다. 각 신의 특징은 점차 희미해졌고 힌두교는 갈수록 신비화되었다. 이 신비주의는 명백히 동양적인 것이었다.

다른 많은 동양의 종교처럼 힌두교도 이원론二元論의 상징성이 뚜렷하다. 서양에서도 이런 생각이 종종 등장했지만 그러면 곧바로 이단으로 간주하곤 했다. 한 예로 마니교는 이 세상이 선과 악이라는 대등하고도 반대되는 힘의 영향 아래 있다고 보았다. 동아시아 지역의 음양이나 서아시아 지역의 조로아스터교가 내세운 선과 악의 이원론처럼 힌두교에서는 창조와 파괴가 한데 얽혀 있었다. 힌두교의 시바신Shiva은 세계의 창조자이자 파괴자로 한 손에는 창조의 북, 다른 손에는 파괴의 불을 들고 있는 모습으로 그려진다(그림 13). 하지만 시바는 무로 표현되기도 한다. 그 신성의 한 측면인 '니시카라Nishkala 시바'는 '부분이 없는 시바'를 의미한다. 그는 궁극의 공허이고 최고의 무이며 무생명의 화신이다. 우주는 공허에서 태어났고 무한도 마찬가지이다. 서양의 우주와 달리 힌두교의 우주는 크기가 무한하며, 따라서 우리 우주를 넘어선 곳에 다른 우주들이 무수히 많이 있다.

하지만 이 우주는 근본인 무를 결코 완전히 버리지 않는다. 무는 세상의 근원이었지만 다시 무를 성취하는 것은 인류의 궁극적 목표가 되었다. 이야기에 따르면 죽음의 신은 한 제자에게 영혼에 대해 다음과 같이 말한다. "모든 존재의 중심에는 영혼이자 자아인 아트만Atman이 숨어 있다. 아트만은 가장 작은 원자보다 더 작고 광대한 공간보다 더 크다. 모든 만물에 존재하는 아트만은 우주의 본질 가운데 한 부분이며 영원불멸이다. 사람이 죽으면 아트만은 몸으로부터 분리돼 곧 다른 존재로 들어가며, 영혼이 전이되고 사람은 환생한다." 힌두교는 아트만을 윤회로부터 완전히 해방시켜 죽음과 죽음 사이를 헤매지 않도록 하는 것을 목표로 삼는다. 무생명의 과정에서 궁극의 해방을 이루는 길은 실체의 환상을 좇는

그림 13. 시바의 춤

것을 멈추는 데 있다. 어떤 신은 "영혼의 집인 육신은 환락과 고통의 지배 아래 있다. 사람이 육신의 지배를 받으면 결코 해방될 수 없다"라고 말한다. 하지만 덧없는 육신에서 벗어나 우리 영혼의 공허와 침묵을 받아들이게 된다면 비로소 우리는 해방된다. 이때 우리의 아트만은 인간 욕망의 거미줄을 벗어나 모든 곳에 존재하며 또한 어느 곳에도 존재하지 않는 온 우주에 가득 찬 무한의 영혼인 집단 의식과 결합하는데, 이것이 곧 무한이자 무라고 할 수 있다.

이처럼 인도는 무와 무한을 적극적으로 탐구하는 사회였기에 0을 받아들였다.

0의 환생

태초에 존재가 비존재로부터 태어났다.

—『리그베다』

인도 수학자들은 0을 단순히 받아들이는 데서 더 나아가, 0을 변환시켜 단순한 자리 기호를 넘어 수의 역할을 하도록 했다. 이 '환생'은 0에 힘을 부여했다. 인도 수학의 뿌리는 시간 속에 묻혀 있다. 로마가 멸망했던 476년에 쓰인 인도의 문헌을 보면 알렉산드로스 대왕이 인도를 침입했을 때 그리스와 이집트, 바빌로니아 수학이 전해졌다는 것을 알 수 있다. 이집트인처럼 인도인도 밧줄을 이용하여 땅을 측량하고 사원을 설계했다. 또한 인도인은 정교한 천문학 체계를 갖추어 그리스인처럼 태양까지의 거리를 측정하고자 했다. 그러려면 삼각법이 필요한데, 인도의 삼각법은 그리스인이 개발한 것에서 유래한 것으로 보인다.

5세기 무렵 인도의 수학자들은 그들의 기수법을 그리스식에서 바빌로니아식으로 바꾸었다. 그런데 인도의 기수법은 10진법이고 바빌로니아의 기수법은 60진법이라는 큰 차이점이 있었다. 오늘날 우리가 쓰는 숫자는 인도인들이 쓰던 기호에서 유래했으므로 아라비아숫자라기보다 인도숫자라고 불러야 올바르다고 할 것이다(그림 14).

인도인이 언제 바빌로니아식의 위치 기수법으로 전환했는지는 아무도 모른다. 힌두 숫자에 대한 최초의 기록은 시리아의 한 대주교가 남긴 662년의 문헌인데, 거기서는 인도인이 (열 개가 아닌) 아홉 개의 기호로 어떻게 계산했는지를 보여준다. 0은 거기에 분명히 없었다. 하지만 그렇다고 해서 0이 존재하지 않았다고 확실하게 말할 수는 없다. 힌두 숫자는 이 대주교의 글이 나오기 전에 이미 널리 쓰였고, 그때쯤 인도의 변형된 기수법에 0이 들어 있었다는 증거도 있으므로, 그가 0에 대해 듣지 못했던 것일지도 모른다. 아무튼 9세기 무렵에는 확실히 10진법의 자리 기호로 0에 해당하는 기호를 사용했고, 인도의 수학은 이미 비약적으로 발전하고 있었다.

인도인은 그리스의 기하를 거의 받아들이지 않았다. 그들은 그리스인이 그토록 사랑했던 평면 도형에 깊은 흥미를 느끼지 못했던 것 같다. 인도인은 정사각형의 변과 대각선의 길이의 비가 유리수인지 무리수인지에 대해 전혀 관심이 없었고 아르키메데스처럼 원뿔곡선에 관해 연구하지도 않았다. 하지만 그들은 수를 다루는 방법을 깊이 연구했다.

인도인은 이 기수법 덕분에 주판을 활용하지 않고도 사칙연산을 자유롭게 하는 환상적인 기술을 구사할 수 있었다. 그들은 자릿수

그림 14. 숫자의 발전 과정

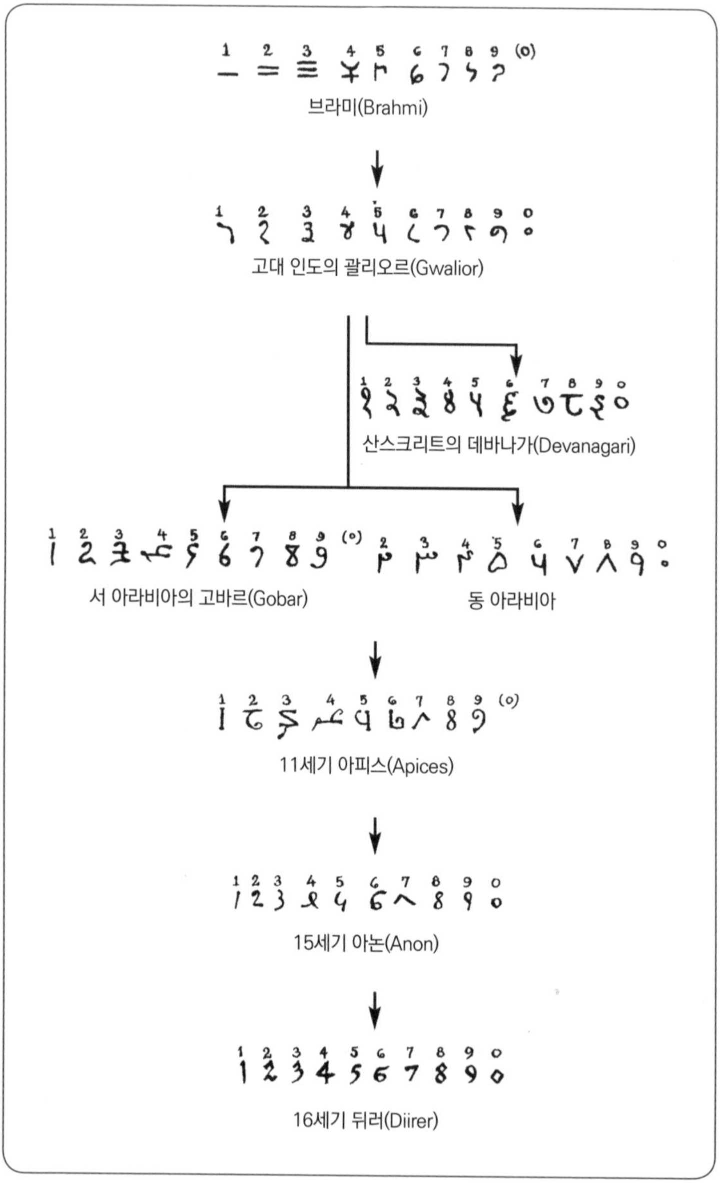

법을 이용하여 오늘날 우리가 하는 것과 별 다름없이 큰 수를 더하거나 뺄 수 있었다. 훈련을 통해 곱셈도 주판가보다 더 빠르게 할 수 있었다. 중세에 주판가와 인도 기수법을 활용한 산수가 사이에 벌어진 주판셈과 숫자셈의 대결은 러시아의 세계적인 체스 챔피언 카스파로브Kasparov와 슈퍼컴퓨터 딥블루Deep Blue의 대결과 맞먹었다고 할 수 있다. 아마도 딥 블루처럼 이 대결에서 산수가가 이겼을 것이다(그림 15).

인도 기수법은 덧셈과 곱셈 같은 일상적 용도에도 유용했지만, 그 진정한 의미에 대한 파장은 실로 엄청났다. 이로 인하여 수는 마침내 기하와 구분되었고, 단순히 물체를 측정하는 것 이상의 일을 할 수 있게 되었다. 그리스인과 달리 인도인은 제곱수를 정사각형의 넓이로, 두 수의 곱을 직사각형의 넓이로 보지 않았다. 그들은 수들의 상호작용을 보았고, 이로써 수들은 기하학적 의미를 벗어나게 되었다. 이로부터 우리가 알고 있는 대수algebra가 태어났다. 물론 이런 사고방식 때문에 인도인은 기하에 큰 기여를 못 했지만, 여기에는 또 다른 예기치 못한 영향이 있었다. 이 기수법 덕분에 인도인은 그리스식 사고의 단점과 0에 대한 거부에서 벗어날 수 있었다.

수가 기하학적 의미를 벗게 되니 수학자들은 더는 수학적 연산이 기하학적으로 의미 있는지를 걱정할 필요가 없었다. 2에이커의 땅에서 3에이커 넓이의 제초 작업을 할 수는 없지만 2에서 3을 빼지 못할 이유는 없다. 오늘날 우리는 2−3=−1임을 알고 있다. 그러나 고대인에게 그 결과는 정확하게 받아들일 수 있는 것이 아니었다. 방정식을 풀면 많은 경우 음수의 근이 나오는데, 이런 답은 무의미하다고 보았다. 기하학적 관점에서 볼 때 음의 넓이가 무슨 의미가 있을까? 이런 것들은 그리스인이 타당하다 받아들일 수 있는 것이 아니었다.

그림 15. '주판셈'과 '숫자셈'의 대결

하지만 인도인에게 음수는 완벽히 의미를 지닌 존재였다. 사실 음수는 인도와 중국에서 처음 나타났다. 7세기 인도의 수학자 브라마굽타Brahmagupta는 한 수를 다른 수로 나눌 때의 규칙을 제시하면서 음수도 포함했다. 그는 "양수 나누기 양수와 음수 나누기 음수는 양수이고, 양수 나누기 음수와 음수 나누기 양수는 음수이다"라고 썼다. 이는 오늘날 우리가 알고 있는 규칙, 곧 어떤 수를 다른 수로 나눌 때 두 수의 부호가 같으면 답은 양수라는 규칙이다.

이제 2−3이 수이듯, 2−2도 수이다. 그 답은 0이며, 이는 주판의 빈자리를 나타내는 자리 기호로서의 0일 뿐 아니라 수로서의 0이다. 이처럼 0은 특정한 값을 가지므로 수직선에서도 특정한 자리를 가진다. 0은 2−2와 같으므로 2−1의 답인 1과 2−3의 답인 -1 사이에 놓여야 한다. 다른 어떤 것도 논리에 맞지 않는다. 0은 컴퓨터 키보드의 위쪽에 있는 숫자키처럼 9의 오른쪽이 아니라 수직선 위에서 그 자신만의 고유한 자리를 갖는다. 0이 없는 수직선은 2가 없는 수 체계와 마찬가지이며, 이로써 0은 마침내 제자리를 찾게 된 것이다.

하지만 심지어 인도인도 0의 일반적인 특징 때문에 0을 아주 괴이한 수로 여겼다. 0은 무엇을 곱하든 0이 되어 모든 것을 자신 속으로 빨아들인다. 또한 0으로 나누면 지옥문이 열린 것 같은 혼란이 온다. 브라마굽타는 0÷0과 1÷0이 무엇인지 밝혀내려 했지만 실패했다. 그는 0÷0은 0이라고 썼으며, 이어서 양수나 음수를 0으로 나누면 0을 분모로 가진 분수가 된다고 썼다. 다시 말해서 그는 0÷0을 0이라고 보았는데, 나중에 설명하겠지만 이는 잘못이다. 1÷0은 무슨 뜻인지 명확하게 설명해놓지 않아서 그 의도를 알 수 없다. 기본적으로 그는 손을 내저으며 이 문제가 그냥 비켜가기를 바랐던 것 같다. 브라마굽타의 실수는 그다지 오래가지 않았으며, 얼마 지나지 않아 인도인은 1÷0이 무한대임을 깨달았다. 12세기의 인도 수학자 바스카라Bhaskara는 "분모가 0인 분수는 무한한 양이라고 일컫는다"라고 하면서 1÷0에 어떤 수를 더하면 어찌 되는지에 대해 다음과 같이 말했다. "여기에 어떤 수를 더하든 빼든 아무런 변화도 없다. 영원불변의 무한한 신에게 어떤 변화가 없는 것과 마찬가지이다."

이처럼 신은 0과 무한대에서 발견되었다.

아라비아숫자

사람들은 우리가 그들을 무로부터 창조했다는 사실을 잊었는가?

—『코란』

7세기가 되자 서양은 로마의 멸망과 함께 쇠퇴했지만, 동양은 번성하고 있었다. 인도의 성장은 또 다른 동양 문명에 의해 가려졌다. 서양의 별이 지평선 아래로 저물자 이슬람이라는 또 다른 별이 떠올랐다. 0은 인도로부터 이슬람에 전해졌고 서양은 결국 이슬람으로부터 0을 받아들인다. 이처럼 0의 발전은 동양에서 이루어졌다.

610년의 어느 날 저녁, 30세의 메카 출신 무함마드Mohammed는 히라산에서 무아지경에 빠져들었다. 전설에 따르면 가브리엘 천사가 내려와 '암송하라!'고 하자 무함마드가 이를 따랐고, 그가 받은 성스러운 계시는 들불처럼 타올랐다고 한다. 632년 무함마드가 죽은 뒤 10여 년 후에 그의 추종자들은 이집트, 시리아, 메소포타미아, 페르시아를 휩쓸었으며, 유대인과 기독교인의 성지인 예루살렘도 함락했다. 700년이 되던 해 이슬람은 동으로는 인더스강, 서로는 알제리까지 영향력을 넓혔다. 이슬람 세력은 711년에는 지금의 스페인 지역을 정복하고 프랑스까지 진출했으며, 동쪽으로는 751년 중국과의 전쟁에서도 승리했다. 이처럼 이슬람 제국은 알렉산드로스 대왕이 꿈꾸었던 영역보다 더 멀리 뻗어 나갔다. 중국과 전쟁하러 가면서 그들은 인도를 정복했는데, 이슬람인은 이때 인도숫자를 배웠다.

이슬람인은 정복지 주민들의 지혜를 빠르게 흡수했다. 학자들은 책을 아랍어로 옮겼고 9세기에 칼리프(이슬람 제국에서 최고 종교 지도자를 겸하는 보편 군주-옮긴이) 알마문al-Mamun은 바그다드에 지혜의 전당이라는 거대한 도서관을 지었다. 이는 훗날 동양의 연구 중심지가 되었는데, 이곳의 초창기 학자들 가운데 한 사람으로 수학자 무함마드 이븐무사 알콰리즈미Mohammed ibn-Musa al-Khowarizmi가 있었다.

알콰리즈미는 기초적인 방정식의 해법에 대해 『알자브르 왈 무카발라Al-jabr wa'l muqablala』를 비롯한 중요한 여러 책을 썼는데, 이 책의 제목에 쓰인 '완성'을 뜻하는 단어인 알자브르가 algebra(대수)

의 어원이 되었다. 그는 인도숫자를 다룬 책도 썼으며, 사칙연산의 기법과 함께 이 새로운 숫자는 이슬람 사회에 빠르게 퍼져나갔다. 알고리듬algorithm이라는 말도 알콰리즈미의 이름에서 유래했다. 이처럼 이슬람인은 인도숫자를 전해 받았을 뿐이지만 세계의 많은 나라에서 이 새 숫자를 아라비아숫자라고 불렀다.

제로zero라는 말에서도 인도와 이슬람의 뿌리가 감지된다. 이슬람인은 인도숫자와 함께 0도 받아들였다. 0의 인도 이름은 공空을 뜻하는 수냐sunya였는데, 아랍으로 건너와 시프르sifr가 되었다. 서양의 몇몇 학자는 새로운 이 수를 동료 학자에 소개하면서 라틴어 발음과 유사하게 시프르를 제피루스zephirus라 썼고 이것이 오늘날 제로zero의 어원이 되었다. 다른 서양의 학자들은 그다지 심하게 바꾸지 않고 시프라cifra라고 불렀으며 여기서 사이퍼cipher(암호)라는 말이 나왔다. 이 새 숫자 표기법에서 0은 워낙 중요했기에 사람들은 다른 숫자들까지 모두 사이퍼라고 부르기도 했으며, 숫자를 뜻하는 프랑스어 시프르chiffre는 여기서 유래했다.

하지만 알콰리즈미가 인도숫자에 관한 책을 쓸 무렵 서양은 여전히 0을 받아들일 수 없는 상황이었다. 동양의 전통을 가지고 있는 이슬람 세계도 알렉산드로스 대왕의 침략으로 인해 아리스토텔레스 사상의 영향을 강하게 받았었다. 인도의 수학자들이 분명히 했듯 0은 무의 화신이었다. 따라서 이슬람인이 0을 받아들이려면 아리스토텔레스를 거부해야 했는데, 실제로 그들은 그렇게 했다.

12세기에 유대인 학자 모세스 마이모니데스Moses Maimonides는 공포에 사로잡혀 이슬람 신학자의 신념인 칼람Kalam에 대해 다음과 같이 썼다. "이슬람 학자들은 신에 대한 아리스토텔레스의 증명을 받아들이지 않고 그 대신 아리스토텔레스의 오랜 적이었던 원자론자들의 주장을 받아들였다." 원자론은 널리 받아들여지지 않았지만 호된 시련을 겪었음에도 끈질기게 살아남았다. 기억하겠지만 원자론은 물질이 원자라고 부르는 개개의 입자들로 이루어졌다고 주장하는데, 원자들이 움직이려면 그것들 사이에 진공이 있어야 한다. 그렇지 않으면 원자들은 서로 부딪혀 꼼짝할 수 없기 때문이다.

이슬람인은 원자론을 받아들였다. 이제 0이 받아들여졌고 진공은 다시 존중할 만한 개념이 되었다. 아리스토텔레스는 진공을 혐오했지만, 원자론자는 이를 필요로 한다. 성경은 무에서의 창조를 이야기하지만, 그리스인은 그 가능성을 부정했다. 그런데도 기독교인은 그리스 철학의 위력에 압도되어 아리스토텔레스를 성경 위에 놓았다. 하지만 이슬람인은 반대의 선택을 했다.

나는 나 자신이다: 무

없는 것은 있는 것이고, 있는 것은 없는 것이다. 우리의 유한한 능력으로는 이를 이해하거나 가늠할 수 없다. 왜냐하면 이는 무한으로 연결되기 때문이다.

— 헤로나의 아즈리엘 Azriel of Gerona

0은 아리스토텔레스를 거부하고 무와 무한을 받아들이는 새로운 가르침의 상징이었다. 이슬람 세계가 확장됨에 따라 0도 아리스토텔레스의 교리와 계속 충돌하면서 이슬람이 지배하는 세계로 퍼져나갔다. 초기에 이슬람 학자들 역시 0에 대해 오락가락했으나, 11세기에 아부 하미드 알가잘리Abu Hamid al-Ghazali라는 이슬람 철학자는 아리스토텔레스의 교리를 고집하면 사형에 처할 수 있다고 선포했다. 이후 0에 대한 논쟁은 곧 끝났다.

0이 그토록 분란을 일으킨 것은 놀라운 일이 아니다. 셈족의 동양적인 배경을 지닌 이슬람인은 신이 무에서 우주를 창조했다고 믿었는데, 이는 진공과 무한을 혐오하는 아리스토텔레스에게 동조하는 사람은 받아들일 수 없는 주장이었다. 하지만 0이 점차 이슬람 세계에 퍼지자 이슬람인은 아리스토텔레스를 버리고 이를 받아들였으며, 유대인도 뒤를 이었다. 수천 년 동안 유대인은 삶의 뿌리를 중동 지역에 굳게 내리고 있었지만 10세기 무렵 스페인 지역에서 이들의 세력을 넓힐 기회가 찾아왔다. 압드 알 라만 3세Abd al-Rahman III 칼리프의 시대에 바빌로니아에서 많은 지식인을 데려온 유대인 재상이 있었는데, 이후 이슬람이 다스리는 스페인 지역에서 유대인 사회가 크게 번성했다.

바빌로니아와 스페인에 살고 있던 중세 초기의 유대인들은 아리스토텔레스의 교리를 굳게 믿었다. 그에 따라 기독교인과 마찬가지로 진공과 무한을 거부했다. 하지만 아리스토텔레스 철학이 이슬람교의 가르침과 충돌한 것과 마찬가지로 유대교의 신학 체계와도 충돌했다. 12세기의 랍비 마이모니데스Maimonides는 동양의 셈족에서 나온 성경과 그리스에서 나와 유럽에 널리 퍼진 서양의 철학을 조화시키는 책을 펴냈다.

마이모니데스는 아리스토텔레스로부터 무한을 부정하여 신의 존재를 증명하는 법을 배웠다. 그는 그리스의 논증을 충실히 따라 지구를 선회하는 텅 빈 천구들이 무엇인가에 의해, 예를 들어 각각 그다음에 있는 천구에 의해 움직여야 한다고 주장했다. 그런데 무한대라는 것은 불가능하므로 이처럼 그다음 천구들로 이어지는 과정은 무한히 계속될 수 없다. 따라서 맨 바깥 천구를 움직이는 궁극적 존재가 있어야 하는데 그것이 바로 제1 운동자인 신인 것이다.

마이모니데스의 논증은 어느 신학에서도 극히 가치 있는 신의 존재에 대한 증명이라 하겠다. 하지만 성경과 셈족의 여러 전통에는 이슬람인이 이미 받아들인 진공과 무한의 개념이 넘쳐난다. 대략 800년 전의 성 아우구스티누스처럼 마이모니데스도 셈족의 성경을 진공에 대해 불합리한 공포를 가진 그리스의 철학에 짜 맞추려고 했다. 하지만 구약 일부를 비유적이라 해석함으로 자신을 스스로 해방시켰던 초기 기독교인과 달리 마이모니데스는 자신의 신앙을 완전히 그리스화하려고는 하지 않았다. 랍비의 전통은 그에게 우주가 무에서 창조되었다는 성경 구절을 받아들이도록 강요했는데, 이는 아리스토텔레스에 반하는 것이었다.

마이모니데스는 태초에 우주가 이미 존재하고 있었다는 아리스토텔레스의 증명에 오류가 있다고 주장했다. 아무튼 아리스토텔레스의 증명은 성경과 충돌하는데, 이는 당연히 아리스토텔레스가 물러나야 한다는 뜻이었다. 마이모니데스는 아리스토텔레스가 진공을 금지했음에도 불구하고 신의 창조는 무에서의 창조

creatio ex nibilo라고 말했다. 그리고 이 한마디로 진공은 신성 모독에서 신성한 것으로 바뀌었다.

유대인들에게 마이모니데스의 사후 얼마 동안은 무의 시대였다. 그러다 13세기가 되자 유대교의 신비주의인 카발라주의Kabbalism가 유행했다. 카발라주의의 핵심 사상 가운데 하나는 성경 속에 암호화되어 숨겨진 메시지를 찾는 게마트리아Gematria이다. 그리스인처럼 유대인도 그들 글자를 수를 나타내는 데 사용했다. 따라서 모든 단어는 나름의 수치를 가지며, 이를 이용하여 그 단어 속에 숨겨진 뜻을 풀어낸다. 예를 들어 걸프전에 참전한 사람들은 사담Saddam Hussein의 이름이 다음과 같은 수치를 갖는다는 이야기를 들어봤을 것이다. 사메크samech(60)+알레프aleph(1)+달레드daled(4)+알레프aleph(1)+멤mem(600)=666. 기독교인은 666을 『요한계시록』에 묘사된 세상의 종말에 등장하는 사악한 짐승과 관련된 수로 여긴다. 카발라를 믿는 사람들은 단어의 철자를 여러모로 보면서 최종적으로 맞는 답을 끌어내기도 하므로 사담에 달레드가 하나가 있는지 둘이 있는지는 크게 문젯거리가 되지 않는다. 그들은 같은 수치를 가진 단어들이 신비롭게 얽혀 있다고 여긴다. 예를 들어 『창세기』 49장 10절에는 "규가 유다를 떠나지 아니하며…… 실로가 오시기까지"라는 구절이 나오는데, '실로가 오시기까지'라는 히브리어 문구는 수치로 나타내면 358로 구세주, 즉 메시아messiah의 히브리어 단어인 메시악meshiach의 수치와 일치하므로, 이 구절은 구세주의 강림을 예언하는 것이다. 카발라를 믿는 사람들에 따르면 성스러운 수와 사악한

수가 있으며, 이에 따라 이들은 성경을 다양한 방법으로 검색하여 그런 수와 거기에 숨겨진 메시지를 찾아낸다. 1997년 출간된 베스트셀러 『바이블 코드The Bible code』는 이런 방법으로 예언을 찾았다고 주장한다.

카발라는 단순한 숫자 놀이보다 훨씬 심오하다. 이 전통은 너무나 신비로워 힌두교와 놀랍도록 닮았다고 말하는 학자도 있다. 예를 들어 카발라는 신의 이중적 속성을 굳게 믿는다. 무한을 뜻하는 히브리어 에인 소프ein sof는 창조주로서의 신, 곧 우주를 만들고 그 구석구석에 스며들어 있는 신성의 한 측면을 나타낸다. 반면 신은 다른 이름도 갖고 있는데 그것은 바로 무를 뜻하는 아인ayin 이다. 이처럼 무와 무한은 함께 손잡고 성스러운 창조주의 두 측면을 드러낸다. 나아가 아인은 히브리어로 '나'를 뜻하는 아니aniy와 철자의 순서만 다르며 가치는 같다. 따라서 신은 암호 속에서 '나는 무이다'라고 말하면서 동시에 '무한이다'라고 말하고 있다는 사실이 무섭도록 뚜렷이 드러난다.

유대인이 동양적 성경과 서양적 지성 사이에서 씨름을 하는 동안 같은 싸움이 기독교 세계에서도 벌어지고 있었다. 샤를마뉴Charlemagne 왕이 통치하던 9세기와 십자군 원정이 있었던 11세기에서 13세기 기간처럼 기독교와 이슬람교가 서로 싸우는 동안 전사로 참가한 수도승과 학자, 상인은 이슬람의 지식을 서양 세계로 들여왔다. 수도승은 이슬람에서 발명된 아스트롤라베astrolabe가 밤에 시간을 재는 데 아주 편리하다는 사실을 발견하고 기도 시간을 재는 데에 사용했다. 아스트롤라베의 눈금은 대개 아라비아숫자로 새겨져 있었다.

10세기 교황 실베스테르 2세Sylvester II가 새 숫자들을 높이 평가했지만 널리 전파되지는 않았다. 그는 스페인을 방문하던 중에 이를 배워 이탈리아로 돌아왔던 것 같다. 하지만 그가 배운 것에는 0이 빠져 있었는데, 포함되었다면 인기를 얻기가 더욱 어려웠을 것이다. 아리스토텔레스는 여전히 교회를 장악하고 있었으며 교회의 뛰어난 사상가들은 무한히 큰 것과 무한히 작은 것 그리고 무를 계속 거부했다. 심지어 13세기에 십자군 전쟁이 끝날 즈음에도 성 토마스 아퀴나스Saint Thomas Aquinas는 신이 학식 있는 말馬을 만들 수 없듯이 무한한 것도 만들 수 없다고 선언할 정도였다. 하지만 이는 신이 전능하지 않다는 것을 의미하므로 기독교 신학에서는 금지된 생각이었다.

1277년에 파리의 대주교 에티엔 탕피에르Étienne Tempier는 아리스토텔레스주의를 공격하기 위하여 학자들의 회의를 소집했다. 거기서 탕피에르는 신의 전능과 충돌하는 아리스토텔레스의 여러 교리를 폐기했는데, 한 예로는 천구가 직선으로 움직이면 뒤에 진공이 생기므로 신은 천구를 직선으로 움직이게 할 수 없다는 것이다. 회전하는 천구는 언제나 같은 공간을 차지하므로 문제가 없다. 반면 천구가 직선으로 움직이면 천구가 나아갈 곳과 지나간 곳에 모두 공간이 필요하므로 문제가 일어난다. 신은 원한다면 진공도 만들 수 있다. 이에 따라 갑자기 진공이 허용되었다. 신은 전능하므로 스스로 원한다면 아리스토텔레스의 원리를 따를 필요가 없기 때문이다.

탕피에르의 선언은 아리스토텔레스 철학에 대한 최후의 통첩은 아니었지만, 그 기반이 흔들리고 있음을 확실히 알려주는 신호였다. 이후에도 교회는 몇 세기 동안 아리스토텔레스에게 매달렸다. 그러나 분명히 아리스토텔레스는 저무는 반면 무와 무한은 뚜렷이 부각되기 시작했다. 이제 0은 서양에 순조롭게 안착할 수 있었으며, 12세기 중반에는 알콰리즈미의 알자브르가 스페인과 영국을 거쳐 전 유럽으로 퍼져나갔다. 0의 험난한 여정은 교회가 아리스토텔레스주의의 족쇄를 벗자 마침내 도착점에 이르렀다.

제로의 승리

이 심오하고도 중대한 개념은 너무 단순해 보여 그것의 진정한 장점을 간과하기 쉽다. 하지만 모든 계산을 쉽게 해주는 바로 그 단순성과 편리함 덕분에 '산술'은 가장 탁월하고 유용한 발명의 반열에 오르게 되었다.

— 피에르-시몽 라플라스Pierre-Simon Laplace

기독교는 처음에 0을 거부했지만, 교역으로 인해 곧 이를 필요로 하게 되었다. 서양에 0을 다시 소개한 사람은 피사 출신 레오나르도Leonardo였다. 이탈리아 상인의 아들인 그는 북아프리카로 여행을 떠났다가 거기서 이슬람인으로부터 수학을 배우고 훗날 피보나치Fibonacci로 더욱 잘 알려진 훌륭한 수학자가 되었다.

피보나치는 1202년에 펴낸 『주판서Liber Abaci, 珠板書』에 기록한 엉뚱하고 사소한 듯 보이는 문제로 유명하다. 어떤 농부가 한 쌍의 토끼를 키운다. 토끼 새끼는 두 달이면 다 자라 다시 한 쌍의 새끼를 낳는다. 첫 한 쌍의 새끼가 자라서 새끼를 낳고 또 그 새끼들이 자라 새끼를 낳고 하는 과정이 되풀이되면 임의의 달에는 몇 마리의 토끼가 있을까?

첫째 달에는 아직 다 자라지 않아 새끼를 낳을 수 없으므로 한 쌍밖에 없다.

둘째 달에도 아직 한 쌍밖에 없다.

셋째 달에는 한 쌍의 새끼가 태어나므로 두 쌍의 토끼가 있다.

넷째 달에는 첫째 쌍은 새끼를 낳지만 둘째 쌍은 아직 다 자라지 않았으므로 낳지 못한다. 세 쌍의 토끼가 있다.

그다음 달에는 첫째 쌍과 둘째 쌍은 새끼를 낳지만 세 번째 쌍은 다 자리지 않았으므로 낳지 못한다. 따라서 모두 다섯 쌍의 토끼가 있다. 이처럼 계속해보면 쌍을 단위로 한 토끼의 수는 다음과 같은 수열이 된다. 1, 1, 2, 3, 5, 8, 13, 21, 34, 55, … 여기서 보듯 어떤 달의 토끼 수는 앞서 두 달에 있는 토끼의 수를 더한 것과 같다. 수학자들은 이 수열의 중요성을 곧바로 알아차렸다. 어떤 항을 그 바로 앞의 항으로 나눈 값을 생각해보자. 예를 들어보면 8/5=1.6, 13/8=1.625, 21/13=1.61538 등이 된다. 그런데 이 비는 아주 흥미로운 수로 수렴하는데, 곧 1.61803인 황금비이다.

피타고라스는 자연이 황금비에 의해 지배된다는 사실을 알아차렸고, 피보나치는 그 근원이 되는 수열을 발견했다. 앵무조개 집의 크기나 파인애플의 시계방향 홈과 반시계방향 홈의 수는 이 수열의 형태를 띠는데, 그 때문에 이들이 황금비로 수렴하는 것이다.

피보나치는 이 수열 덕분에 유명해졌지만, 그의 『주판서』는 축산업보다 훨씬 중요한 목적을 가졌다. 그는 이슬람인으로부터 수학을 배웠으므로 0을 포함한 아라비아숫자를 알고 있었다. 그는 『주판서』에 새 숫자들의 내용을 포함했고 마침내 유럽에 0을 전한다. 이 책은 아라비아숫자가 복잡한 계산에 얼마나 유용한지 잘 보여주었으며, 덕분에 이탈리아의 상인과 은행가는 0이 포함된 새 숫자를 재빠르게 받아들였다.

아라비아숫자가 널리 사용되기 이전의 금융업자들은 주판이나 셈판을 써야 했다. 독일인들은 셈판을 레헨방크Rechenbank라고 불렀는데 오늘날 은행을 뜻하는 뱅크bank는 여기서 유래했다. 당시의 금융업은 원시적이었다. 그들은 셈판뿐 아니라 대출금을 기록하기 위해 계산목tally stick도 썼는데, 계산목은 막대의 한 면에 금액을 쓰고 이것을 둘로 쪼갠 것이었다(그림 16). 이때 빌려준 사람이 스톡stock이라 부르는 큰 토막을 가졌으며, 스톡을 가진 사람

그림 16. 계산목

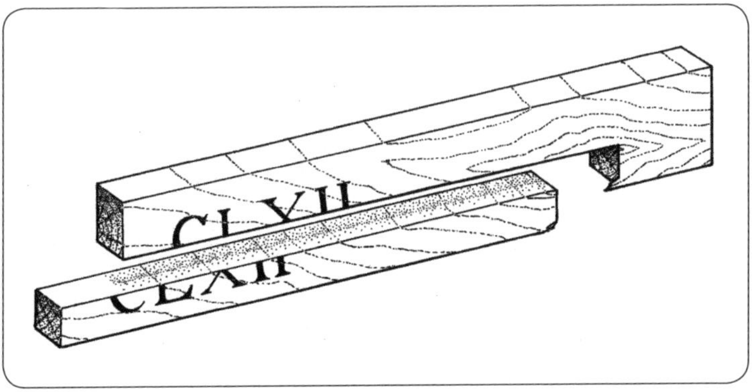

stockholder(주주)이라고 불렸다.* 이탈리아 상인들은 아라비아숫자를 사랑했다. 아라비아숫자는 은행가에게서 셈판을 없애버렸다. 기업가들이 그 유용성을 알아차렸지만 지방 정부는 아라비아숫자를 싫어했다. 1299년 피렌체는 아라비아숫자의 사용을 금지했다. 표면상의 이유는 위조와 변조가 쉽다는 것이었다. 예를 들어 0에 작은 선만 그어도 쉽게 6으로 변한다는 이유를 들었다. 하지만 0을 포함한 아라비아숫자의 이점은 쉽게 버릴 수 없었으므로 이탈리아 상인은 이를 계속 사용했다. 그들은 심지어 이를 암호화된 메시지를 보내는 데 사용하기도 했는데, 이 때문에 0을 뜻하는 사이퍼라는 단어는 '암호문'이라는 뜻도 갖게 되었다.

결국 여러 정부는 상인들의 압력에 밀려 태도를 누그러뜨릴 수밖에 없었다. 그리하여 이탈리아에서 아라비아숫자가 허락되었고, 전 유럽으로 퍼져나갔다. 0과 함께 진공도 도래했다. 인도와

---

* 계산목은 끊임없이 문제를 일으켰다. 영국의 재무성은 1826년까지도 다양한 계산목을 이용하여 회계를 관리했다. 영국의 소설가 찰스 디킨스Charles Dickens는 이 뒤처진 관행의 결과에 대해 다음과 같이 썼다. "1834년 엄청나게 쌓여 있는 계산목이 발견되었고, 이에 따라 닳고 벌레 먹고 썩은 낡은 나무토막들을 어떻게 처리할 것인가 하는 문제가 제기되었다. 이 나무토막들은 국회의사당에 보관되어 있었는데, 생각 있는 사람이라면 누구나 근처에 사는 가난한 사람들이 가져가 땔감으로 쓰도록 하는 게 가장 쉬운 방법이라는 사실을 자연스레 떠올렸을 것이다. 하지만 그런 식으로 유용하게 쓰인 적이 없었고, 공식절차상 그렇게 처리해서도 안 되었다. 이에 따라 비공식적으로 은밀히 태워버리라는 지시가 내려졌으며, 결국 상원의 난로에서 태우기로 했다. 그런데 엄청난 나무토막들 때문에 난로가 과열되어 창틀에 불이 붙었고 이 불은 다시 하원 건물까지 번졌다. 두 건물은 잿더미가 되었고 새 건물을 짓기 위해 건축가들이 고용되었으며 우리는 지금까지도 그 비용을 부담하고 있다."

이슬람의 영향으로 아리스토텔레스의 장벽은 서서히 허물어졌고, 1400년대에는 유럽에서 아리스토텔레스주의를 가장 굳건히 지키던 사람들조차 스스로 의구심을 품었다. 당시 영국 캔터베리의 대주교가 될 토머스 브래드워딘Thomas Bradwardine은 아리스토텔레스의 오랜 숙적인 원자론을 반박하려 했다. 그는 자신의 논리에 결함은 없는지 점검했다. 왜냐하면 그의 주장은 선을 무한히 나눌 수 있는 기하에 근거를 두고 있었으므로 원자론을 자동으로 배척해왔기 때문이다. 그러나 아리스토텔레스와의 싸움은 여기가 끝이 아니었다. 아리스토텔레스가 무너지면 교회의 보루였던 신의 존재에 대한 증명도 더는 유효하지 않고, 새로운 증명이 필요해진다.

설상가상으로 우주가 무한하다면 중심이 있을 수 없다. 그렇다면 지구라 한들 어찌 우주의 중심이 되겠는가? 그런데 그 답은 0에서 발견되었다.

Chapter **4**
The Infinite God of Nothing

무한, 무, 진공 그리고 신의 존재

[제로의 신학]

그리고 새 철학은 모든 것을 의심하고,

불의 원소는 거의 꺼졌다.

태양과 지구는 사라졌고 사람의 지혜로는

어디서 찾을지 알려줄 수 없다.

모두 조각 나버려, 일관성은 사라졌다.

모든 것은 주어질 뿐 왕자, 백성, 아버지, 아들 등 모든 관계는 잊혔다.

— 존 던John Donne, 『세계의 해부An anatomy of the World』

0과 무한은 르네상스 시대의 중심에 자리 잡았다. 유럽이 서서히 암흑시대로부터 깨어나자 0과 무한, 즉 무와 만물은 교회의 아리스토텔레스 기반을 파괴하고 과학혁명으로 가는 길을 열었다.

처음에 교황은 그 위험을 알지 못했다. 교회의 고위 성직자들은 무와 무한의 개념이 교회가 그토록 소중히 여기는 고대 그리스 철학의 핵심을 강타하는데도 이 위험한 개념을 탐구했다. 0은 모든 르네상스 그림의 중앙에 나타났고, 어떤 추기경은 우주가 경계가 없이 무한하다고 선언하기까지 했다. 그러나 0이나 무한과의 짧은 사랑은 오래가지 못했다.

교회가 위협을 받게 되자 그들은 오랫동안 버팀목 역할을 해온 예전의 철학, 아리스토텔레스 교리로 후퇴했다. 하지만 이미 때는 늦었다. 교황의 반대에도 불구하고 0은 서양에 굳게 뿌리를 내렸고, 다시 추방하기에는 너무나 강해졌다. 아리스토텔레스 철학은 물론 신의 존재에 대한 증명도 무와 무한의 나락으로 떨어졌다.

교회가 택할 수 있는 대안은 하나밖에 없었다. 무와 무한을 받아들이는 것이다. 다행스럽게도 독실한 신자들은 무와 무한 속에 숨어 존재하는 신을 발견할 수 있었다.

금이 간 호두 껍데기

> 맙소사, 나는 호두 껍데기 속에 갇혀서도 나 자신을 무한한 왕국의 왕으로 여길 수 있네. 악몽만 꾸지 않는다면.
>
> — 윌리엄 셰익스피어William Shakespeare, 『햄릿』

르네상스 초기에 0이 교회에 위협을 가할 것이라는 점은 분명하지 않았다. 예술적 도구로서의 0은 무한대의 무로서, 회화 분야의 위대한 르네상스를 열었다.

15세기 이전의 그림과 도면은 대개 평면적이고 생기가 없었다. 그림은 왜곡되고 2차원적이었다. 오늘날 관점으로 본다면 평면적이고 거인 같은 기사들과 작고 엉성한 성이 대조적으로 보일 것이다(그림 17). 당시 최고의 화가조차도 사실적인 장면을 그릴 수 없었다. 0의 위력을 사용하는 방법을 몰랐기 때문이다.

무한한 0의 힘을 처음으로 보여준 사람은 이탈리아 건축가 필리포 브루넬레스키Filippo Brunelleschi였다. 그는 소실점을 이용해 사실적인 그림을 그리는 데 성공했다.

그림 17. 납작한 기사들과 기형적인 성

차원의 개념에 따르면 점은 0으로 정의된다. 일상생활에서 우리는 3차원의 물체를 다룬다. (아인슈타인Albert Einstein이 우리의 세계는 4차원이라는 사실을 밝혀냈는데, 이는 책의 후반부에서 다루도록 하겠다.) 화장대 위의 시계, 아침에 마시는 커피, 지금 읽고 있는 책 등 모든 것이 3차원 공간의 물체이다. 거인이 나타나 손으로 책을 납작하게 눌렀다고 상상해보자. 이제 책은 3차원 물체가 아니고 납작한 평면인 직사각형이 되었다. 높이라는 한 개의 차원을 잃어버려 길이와 너비만 존재하는 2차원이 된 것이다. 이제 거인의 손이 다시 한번 책의 옆을 눌렀다고 상상해보자. 이제 책은 더는 직사각형이 아니고 선분이 되었다. 다시 나타난 거인으로 인해 한 개의 차원을 잃어버렸다. 높이와 너비를 잃어버렸고, 길이만 남았다. 1차원 물체가 된 것이다. 우리는 남은 한 개의 차원마저 없앨 수 있다. 이 선분을 길이 방향으로 누르면 선분은 점이 되는데, 점은 길이도 너비도 높이도 없는 0차원의 물체이다.

1425년, 브루넬레스키는 피렌체의 유명한 세례당 건물을 그린 그림의 중앙에 그러한 점을 놓았다. 이 화폭 위의 미세한 0차원 물체가 바로 관찰자로부터 무한히 먼 곳을 나타내는 점인 소실점이다(그림 18). 그림 속 물체들은 관찰자로부터 멀리 있을수록 소실점에 더욱 가까워지면서 계속 작아진다. 그리하여 관찰자로부터 충분히 멀어지면 사람이든 나무든 건물이든 상관없이 모든 물체는 0차원의 점이 되어 사라진다. 그림 중앙의 0은 무한한 공간을 담고 있다.

이 명백하게 모순적인 물체인 소실점 덕분에 브루넬리스키의 그림 속 세례당은 마술에 걸린 듯 생생하게 살아나 3차원인 실물 세례당과 흡사하게 재현되었다. 실제로 브루넬레스키는 그림 속 건물과 거울에 비친 건물을 비교해봤는데 두 이미지의 기하학적 구조는 정확히 일치했다. 소실점은 2차원 그림으로 3차원의 건물을 완벽하게 묘사하게 해주었다.

0과 무한대가 소실점으로 연결되는 것은 우연의 일치가 아니다. 0을 곱하면 수직선number line이 점으로 붕괴하는 것처럼, 소실점은 대부분의 우주가 작은 점에 모이게 한다. 이것은 후에 과학사에 있어 매우 중요한 개념인 일종의 특이점singularity인데, 초기 시기에는 수학자보다 화가들이 0의 속성에 대해 조금 더 많이 알고 있었다. 15세기 화가들은 아마추어 수학자였다. 레오나르도 다 빈치Leonardo da Vinci는 원근법에 대한 안내서를 썼다. 그가 그림에

그림 18. 소실점

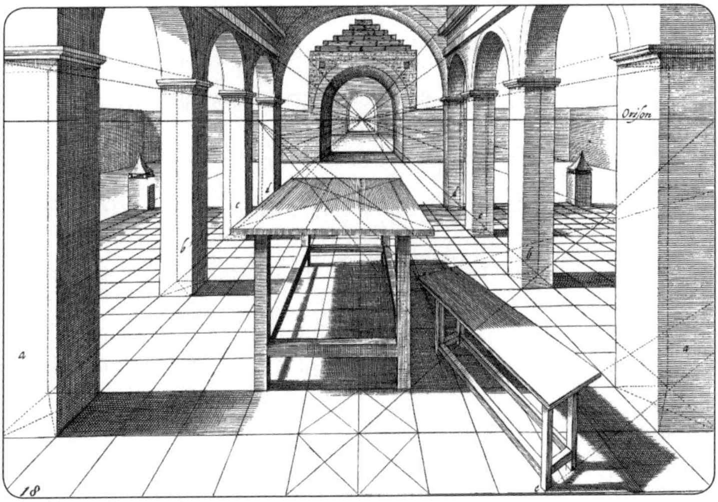

관해 쓴 다른 책에는 "수학자가 아닌 사람은 이 책을 읽지 말라"며 경고문을 써놓기도 했다. 수학자이자 화가인 이들은 원근법을 완성했으며 곧 모든 3차원 물체를 묘사할 수 있었다. 이제 화가들은 평면적인 세상에 갇혀 있지 않게 되었다. 0은 미술계를 변화시켰다.

0은 말 그대로 브루넬레스키 그림의 중심에 있었다. 교회의 교리는 여전히 아리스토텔레스 사상에 의존하고 있었지만, 교회 역시 0과 무한에 관심을 두기 시작했다. 브루넬레스키와 동시대에 살았던 니콜라우스 쿠사누스Nicholas of Cusa라는 독일의 추기경은 무한대를 연구하고 "지구는 우주의 중심이 아니다"라고 선언했다. 교회는 그 생각이 얼마나 위험한지, 얼마나 혁명적인지 미처 깨닫지 못했다.

진공에 대한 금지만큼 강력한 중세 아리스토텔레스 교리의 오래된 선언 중 하나는 지구가 특별하다는 서술이었다. 이에 따르면 지구는 우주의 중심에 위치한다. 아리스토텔레스는 모든 물체에 적합한 위치가 있다고 주장하면서 우주의 중심에 있는 지구는 그 위치가 특별하기에 생명체를 담을 수 있는 유일한 곳이라고 했다. 돌이나 사람 같은 무거운 물체는 땅에 속하고, 공기와 같이 가벼운 물체는 하늘에 속한다. 이는 하늘에 있는 행성은 가볍고 공기 같은 물질로 만들어졌고, 하늘에 있는 사람은 반드시 땅으로 떨어진다는 의미이다. 따라서 생명은 호두 껍데기 같은 우주의 한가운데에 있는 호두알 같은 지구에서만 살 수 있다. 다른 행성에 생명체가 있다는 생각은 동그라미에 두 개의 중심이 있다고 보는 것과 마찬가지로 어리석다.

탕피에르는 전능하신 신이 원한다면 진공을 만들 수 있다고 선언하면서, 신이 원한다면 아리스토텔레스의 어떤 법칙도 깨뜨릴 수 있다고 주장했다. 따라서 신이 원한다면 다른 세계에서도 생명을 창조하실 수 있다. 많은 생물로 가득 찬 수천 개의 다른 지구가 있을 수 있으며, 이는 아리스토텔레스가 동의하든 동의하지 않든 신의 능력으로 가능하다.

니콜라우스 쿠사누스는 대담하게도 신이 분명 그렇게 했을 것이라고 이야기했다. 그는 이렇게 말했다. "우리는 다른 별들이 있는 곳도 여기와 비슷하며, 그곳에도 생명체가 있을 것이라고 믿는다." 하늘에는 수많은 별이 반짝인다. 태양과 달과 행성들도 밝게 빛나고 있다. 그렇다면 별들이라고 태양이나 달이나 행성이 아니라는 법이 있는가? 별들이 우리의 하늘에서 빛나고 있는 것과 같이, 지구도 그 별들의 하늘에서 빛나고 있을지도 모른다. 니콜라우스는 하나님이 실제로 수많은 다른 세계를 창조했다고 확신했다. 지구는 더는 우주의 중심에 있지 않았다. 교회는 이 새로운 생각에 반응하지 않았고, 니콜라우스도 이단으로 몰리지 않았다.

한편 또 한 명의 니콜라스가 니콜라우스 쿠사누스의 철학을 과학 이론으로 바꾸었다. 그는 니콜라스 코페르니쿠스Nicolaus Copernicus로 지구가 우주의 중심이 아니고 태양을 중심으로 돈다는 사실을 증명했다. 폴란드의 수도사이자 의사인 코페르니쿠스는 수학을 배웠기 때문에 환자 치료에 도움이 되는 점성술 표를 만들 수 있었다. 그런데 이를 위해 행성과 별들의 자료를 정리하는 과정에서 행성을 추적하는 옛 그리스의 체계가 너무 복잡하다는 것을 발견했다. 고대 그리스의 천문학자 프톨레마이오스의 지구를 중심으로 한 우주 체계는 꽤 정확했지만, 터무니없이 복잡했다. 행성은 1년 내내 하늘을 돌지만 자주 멈추고, 뒤로 움직였다가 다시 앞으로 빠르게 전진하는 등의 움직임을 보였다. 이런 행성의 기괴한 움직임을 설명하기 위해, 프톨레마이오스는 자신의 우주 체계에 주전원epicycle, 周轉圓을 도입했다. 원 안의 작은 원들을 이용해 그는 행성들의 역행을 설명할 수 있었다(그림 19).

코페르니쿠스의 아이디어의 힘은 단순함에 있었다. 그는 주전원으로 가득 찬 복잡한 우주 체계의 중심에 지구를 배치하는 대신 태양을 중심으로 행성들이 단순한 원 모양의 궤도를 돈다고 생각했다. 안쪽 궤도의 지구가 바깥쪽 궤도를 도는 행성을 앞질러 움직이는 과정에서 행성은 뒤로 가는 듯 보이므로 행성의 역행을 설명하기 위해 주전원이 필요하지 않았다. 원형 궤도를 가정한 코페르니쿠스의 시스템이 실제 타원형 궤도를 돌고 있는 행성 데이터와 완벽히 일치하지는 않았지만, 태양 중심적인 생각은 옳았고 무엇보다 프톨레마이오스 시스템보다 훨씬 간단했다. 지구가 태양 주위를 공전한다. 지구는 우주의 중심이 아니다.

니콜라우스 코사누스와 니콜라스 코페르니쿠스는 아리스토텔레스와 프톨레마이오스의 호두 껍데기 우주관을 깨뜨렸다. 이제 지구는 편안하게 우주의 중심에 자리 잡고 있지 않게 되었다. 우주를 담고 있는 껍데기가 없어진 것이다. 우주는 무한대로 펼쳐졌고 각각 신비한 생물이 사는 무수한 세계가 존재할 수 있게 된다.

그림 19. 역행에 대한 천동설과 지동설의 설명

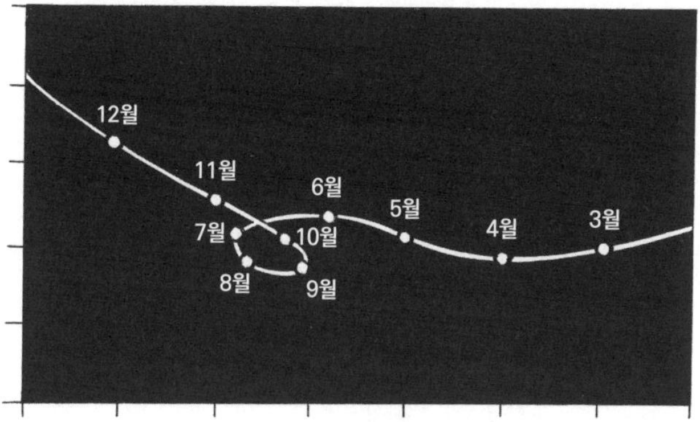

화성의 역행(실제 궤도)

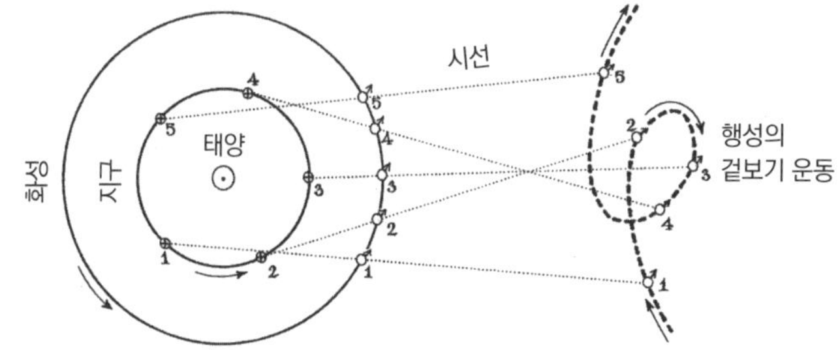

역행에 대한 코페르니쿠스의 설명

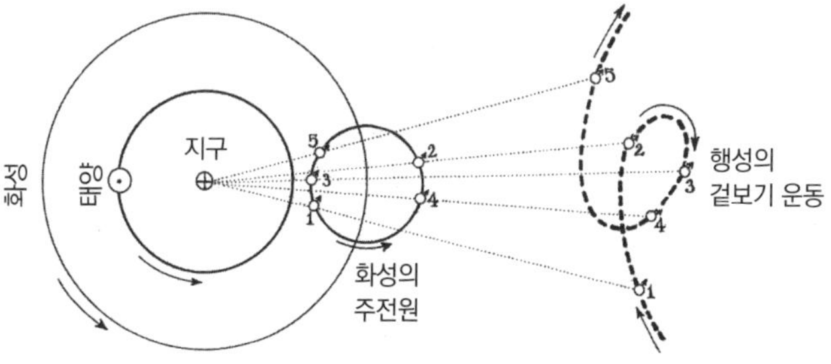

역행에 대한 프톨레마이오스의 설명

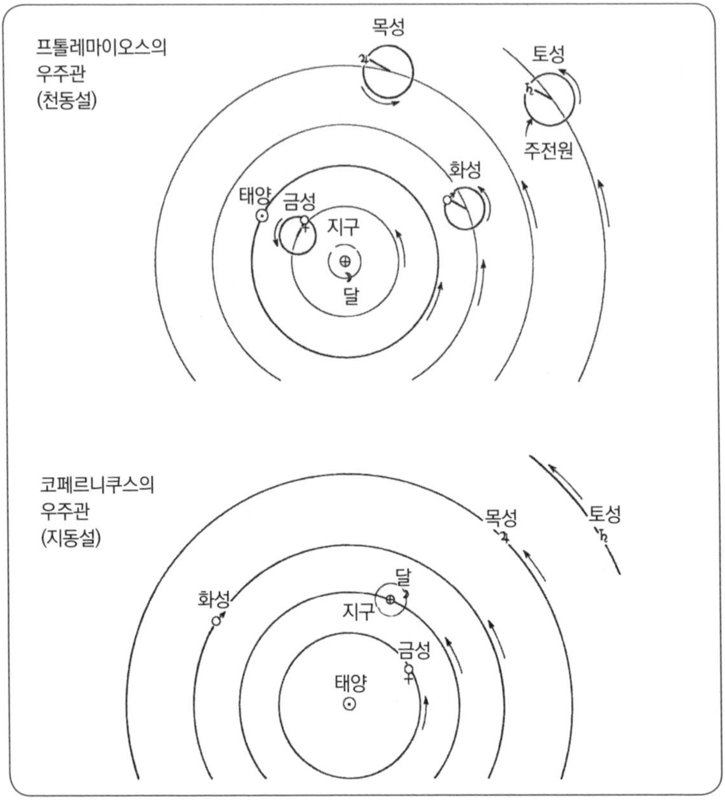

로마의 권위가 다른 태양계로 확장될 수 없다면, 어떻게 로마가 진정한 교회의 중심이라고 주장할 수 있을까? 다른 행성들에는 다른 교황이 있을까? 이는 가톨릭 교회로서는 참으로 달갑지 않은 상상이었으며, 특히 교회 자체 내에서도 갈등을 겪기 시작하면서 상황은 더욱 암울해졌다.

코페르니쿠스는 1545년 임종에 가까워 대작을 출간했는데 교회가 새로운 사상에 대한 탄압을 시작하기 직전이었다. 코페르니쿠스의 책 『천구의 회전에 대하여De Revolutionibus』는 교황 바오로 3세Paul III에게 헌정하기도 했다. 하지만 교회는 공격받고 있었고, 그로 인해 아리스토텔레스에게 의문을 제기하는 새로운 사상을 용납하기 힘들었다.

교회에 대한 공격은 변비로 고생하던 독일의 수도사 마르틴 루터Martin Luther가 비텐베르크의 교회 정문에 불만 사항 목록을 내건 1517년에 본격적으로 시작되었다. 루터의 변비는 전설적이었다. 그가 믿음에 대한 위대한 계시를 화장실에 쭈그려 앉아 있는 동안 받았다고 믿는 학자도 있었는데, 이런 내용을 쓴 자료에는 루터가 죄어드는 공포의 굴레로부터 해방되는 것은 시원한 배변으로 얻는 장의 해방과 같았다는 구절도 나온다. 종교개혁은 이렇게 시작되었고, 각지의 지식인은 교황의 권위에 반기를 들기 시작했다. 1530년대가 되자, 영국의 헨리 8세Henry VIII는 왕위 계승을 확고히 하기 위해, 교황의 권위를 무시하고 자신을 스스로 영국 교회의 수장이라 선언했다.

이제 가톨릭교회는 반격해야 했다. 수 세기에 걸쳐 다른 철학을 실험해왔지만, 분열의 위협을 받게 되자 전통적 입장으로 돌아갔다. 그리하여 신에 대한 아리스토텔레스의 증명과 아리스토텔레스에 근거한 성 아우구스티누스나 보에티우스와 같은 철학자의 전통적인 교리로 회귀하였다. 더는 추기경과 성직자는 고대의 교리에 의문을 제기하면 안 되었다. 0은 이단이었다. 호두 껍데기 우주가 받아들여져야 하므로, 무와 무한은 거부되어야 했다. 이런 가르침을 확산시키기 위한 핵심 단체 중 하나인 예수회가 1530년대에

설립되었다. 예수회는 프로테스탄트를 공격하기 위한 고도로 훈련된 지식인들의 모임이다. 교회는 이단에 맞서 싸울 다른 도구도 가지고 있었다. 코페르니쿠스가 죽은 해인 1543년, 교황 바오로 3세는 금서 목록을 발표했고 스페인 종교재판소는 프로테스탄트들에 대한 화형을 시작했다. 이러한 반종교개혁은 새로운 사상을 분쇄함으로써 구질서를 재건하려는 교회의 시도였다. 13세기의 에티엔 탕피에르 주교나 15세기의 니콜라우스 쿠사누스 추기경의 생각은 16세기에는 사형감이었다.

바로 그러한 불행이 조르다노 브루노Giordano Bruno에게 닥쳤다. 도미니크 수도회의 성직자인 브루노는 1580년대에 『무한한 우주와 세계들에 대해On the Infinite Universe and Worlds』라는 책을 출판하며 니콜라우스 쿠사누스와 같이 지구는 우주의 중심이 아니고 우주에는 지구와 같은 곳이 무수히 많다고 주장했다. 이로 인해 그는 1600년에 화형에 처해졌다. 1616년에 또 한 명의 유명한 코페르니쿠스주의자인 갈릴레오 갈릴레이Galileo Galilei는 교회로부터 연구를 중지하라는 명령을 받았고, 같은 해 코페르니쿠스의 책 『천구의 회전에 대하여』는 금서 목록에 추가되었다. 아리스토텔레스에 대한 공격은 교회에 대한 공격으로 간주되었다.

교회의 반종교개혁 노력에도 불구하고 새 철학은 쉽게 수그러들지 않았고 오히려 시간이 흐를수록 코페르니쿠스 계승자들의 계속된 연구로 더욱 강해졌다. 17세기 초, 수도사이자 점성가인 요하네스 케플러Johannes Kepler가 코페르니쿠스의 이론을 가다듬어 프톨레마이오스의 체계보다 훨씬 정확하게 만들었다. 그는 지구를 포함한 모든 행성이 태양 주변을 원이 아닌 타원 궤도를 따라 공전한다고 설명했다. 이로써 모든 행성의 운동은 놀랍도록 정확하게 설명되었고 더는 천문학자들이 지동설이 천동설보다 덜 정확하다고 주장할 수 없게 되었다. 케플러의 모형은 프톨레마이오스의 모형보다 훨씬 간단하고 더욱 정확했다. 교회의 저항에도 불구하고, 케플러의 지동설이 결국 우세한 상황이 되었다. 이는 케플러가 옳고 아리스토텔레스가 틀렸기 때문이다.

교회는 지구 중심의 낡은 사고방식에 뚫린 구멍을 어떻게든 메꿔보려 했지만 아리스토텔레스, 천동설 그리고 봉건적 생활방식은 심각한 상처를 입었다. 철학자들이 수천 년 동안 당연히 받아들였던 모든 것에 대해 의문이 제기됐다. 아리스토텔레스 시스템은 믿을 수 없었지만 그렇다고 완전히 거부할 수도 없었다. 그러면 이제 무엇을 당연하게 여겨야 할까?

제로와 무

나는 어떤 의미에서 신과 무의 중간적인 존재이다.

— 르네 데카르트René Descartes, 『방법서설Discourse on Method』

0과 무한은 16세기에서 17세기까지 일어난 철학적 전쟁의 중심에 있었다. 무는 아리스토텔레스의 철학을 약화했고, 무한한 우주에 대한 개념은 호두 껍데기 우주를 깨뜨리는 데 이바지했다. 지구는 신의 창조한 한가운데에 있을 수 없었다. 교황이 백성에 대한 지배력을 잃어버리자, 가톨릭교회는 과거보다 훨씬 강하게 0과 무를 물리치려고 했지만 0은 이미 깊이 뿌리를 내리고 있었다. 심지어 가장 독실한 지식인 모임인 예수회조차도 아리스토텔레스 방식을 지지하는 구철학파와 0과 진공, 무, 무한을 포함한 새로운 철학을 지지하는 신철학파로 갈라졌다.

예수회의 교육을 받은 르네 데카르트도 옛 철학과 새 철학 사이에서 갈등했다. 그는 무를 거부하면서도 무를 자기 세계의 중심에 놓았다. 1596년 프랑스 중부에서 태어난 데카르트는 0을 수직선의 중심에 놓고, 무와 무한대에서 신에 대한 증명을 찾으려 노력했다. 하지만 데카르트는 아리스토텔레스 방식을 완전히 거부할 수 없었다. 그는 진공이 너무 두려운 나머지 그 존재를 거부했다. 피타고라스처럼 데카르트 역시 수학자이자 철학자였다. 아마도 그의 유산 중 가장 오래 남아 있는 것은 우리가 데카르트 좌표라 부르는 X축과 Y축으로 이뤄진 좌표일 것이다. 학교에서 기하를 배운 사람은 누구나 기억하겠지만 이것은 공간 안에서 점의 위치를 괄호 안에 숫자를 써서 나타낸다. 예를 들면 (4, 2)는 오른쪽으로 4단위, 위쪽으로 2단위에 있는 점을 나타낸다. 그런데 어디로부터 오른쪽이고 어디로부터 위쪽인가? 바로 원점, (0, 0)으로부터다(그림 20).

데카르트는 자신이 만든 두 기준선, 즉 좌표축을 1부터 시작할 수 없다는 점을 깨달았다. 1부터 시작했다면 비드가 그의 달력을 개정할 때 마주쳤던 오류를 데카르트도 초래했을 것이다. 하지만 비드와 다르게 데카르트는 아라비아숫자가 널리 사용되는 유럽에서

그림 20. 데카르트 좌표

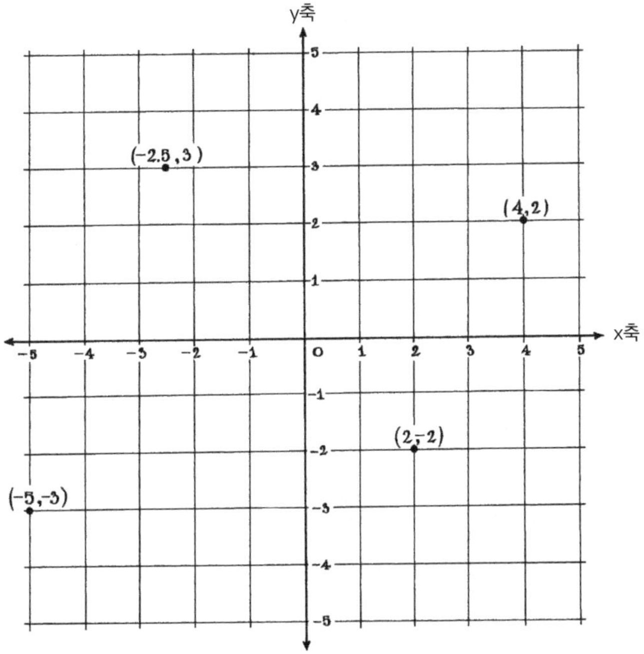

살았기 때문에 0에서 시작했다. 따라서 두 개의 축이 교차하는 좌표 체계의 중심에 0이 위치하게 되었다. (0, 0)의 좌표를 가지는 원점은 데카르트 좌표의 기초가 되었다. 참고로 데카르트의 표기는 오늘날 우리가 쓰는 것과 조금 다르다. 그는 좌표 체계를 음수의 영역까지 확장하지 않았다. 하지만 얼마 지나지 않아 그의 동료들이 대신 그렇게 해주었다.

데카르트는 그의 좌표 시스템이 얼마나 대단한지 곧 깨달았다.

그는 좌표 시스템을 통해 그림과 도형을 수와 방정식으로 표시할 수 있었다. 데카르트 좌표를 통해 사각형, 삼각형, 물결 모양 곡선과 같은 모든 기하학적 대상을 수학적 관계를 나타내는 방정식으로 표현할 수 있다. 예를 들어 원점에 중점을 둔 반지름이 1인 원은 $x^2+y^2-1=0$을 만족하는 모든 점의 집합으로 나타낼 수 있다. 포물선은 $y-x^2=0$과 같은 식으로 나타내진다. 데카르트는 숫자와 도형을 통합했다. 이제 더는 서양의 기하학적 연구와 동양의 대수적 연구가 서로 다른 영역에서 존재하지 않게 된 것이다. 모든 도형을 $f(x, y)=0$이라는 간단한 방정식의 형태로 표기할 수 있기 때문에 기하와 대수는 같은 체계였다(그림 21). 그리고 0은 좌표 시스템의 중심에 있었고 모든 기하학적 도형에 숨어 있는 셈이다.

데카르트에게 0은 무한과 마찬가지로 신의 영역을 의미했다. 예수회 교육에 충실했던 데카르트는 옛 아리스토텔레스의 교리가 무너지고 있는 상황에서 0과 무한을 이용해 신의 존재에 대한 예전 증명 방식을 대체하려고 노력했다. 고대인과 마찬가지로, 데카르트는 지식을 포함한 모든 것이 무에서부터 창조될 수 없다고 생각했다. 그것은 모든 생각, 철학, 관념 및 발견이 태어날 때부터 사람의 뇌에 담겨 있다는 것을 의미한다. 배움은 단지 머릿속에 새겨져 있는 우주 운행의 법칙을 해독해가는 과정에 불과하다. 우리 마음속에 무한한 완전 존재에 대한 개념이 있으므로, 데카르트는 이 무한하고 완전한 존재인 신이 반드시 존재해야 한다고 주장했다. 다른 모든 존재는 신보다 못하고 유한하며, 신과 무 사이 어딘가에 놓여 있다고 생각했다. 그들은 무한대와 0의 조합인 것이다.

그림 21. 포물선, 원, 타원

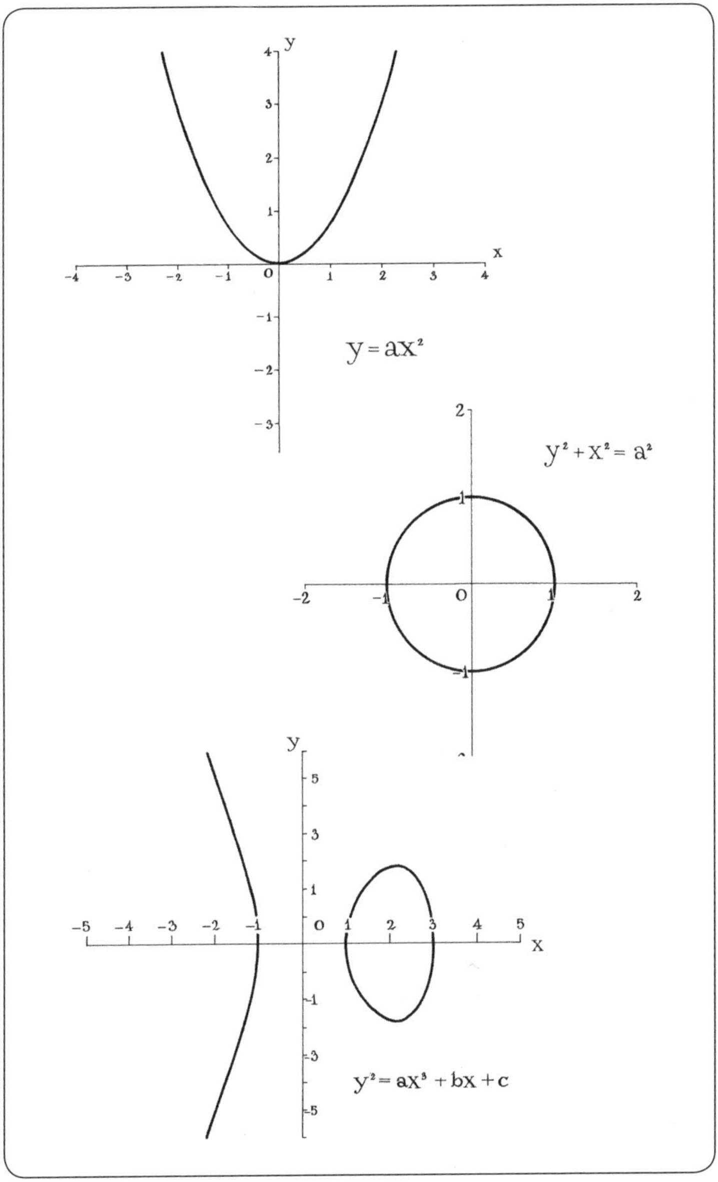

데카르트는 자신의 철학 전반에 걸쳐 0이 계속해서 나타남에도 불구하고, 죽을 때까지 무, 즉 궁극의 0이 존재하지 않는다고 고집했다. 반종교개혁의 자식이라 할 수 있는 데카르트는 교회가 아리스토텔레스의 교의에 가장 의지하고 있을 때 아리스토텔레스에 대해 배웠다. 그 결과 아리스토텔레스 철학을 강하게 주입받은 데카르트는 진공 상태의 존재를 부정했다.

이는 매우 어려운 상황을 뜻했는데, 아무튼 데카르트는 진공 상태를 완전히 거부할 경우와 관련된 형이상학적 문제를 염두에 두고 있었음이 틀림없다. 후에 그는 원자와 진공 상태에 대해 다음과 같이 썼다. "이는 모순을 동반하고 있으므로 절대로 존재할 수 없다고 말할 수 있다. 하지만 신에 의해서라면, 곧 신이 자연의 법칙을 바꾸려 한다면 가능하다는 것을 부정해서는 안 된다." 앞선 중세 학자들과 마찬가지로 데카르트는 움직인 뒤에 진공이 남기 때문에 그 어떤 것도 진정한 직선 운동을 할 수 없다고 믿었다. 대신 우주 모든 것은 원운동을 한다고 믿었다. 이는 아리스토텔레스식 사고였다. 하지만 얼마 안 가 진공은 아리스토텔레스를 일순간에 완전히 물리치고 만다.

오늘날까지도, 어린 학생들이 "자연은 진공 상태를 싫어한다"라고 배우는 경우가 있는데 정작 교사들은 그 구절이 어디서 나왔는지도 잘 모른다. 이는 진공은 존재하지 않는다고 믿는 아리스토텔레스 철학의 확장이다. 만약 누군가 진공을 만들려고 한다면, 자연은 모든 수단을 동원해 그것을 막을 것이라는 뜻이다. 하지만 갈릴레오의 조수인 에반젤리스타 토리첼리Evangelista Torricelli가 처음으로 진공을 만들어 그것이 사실이 아님을 증명했다.

당시 이탈리아에서 일꾼들은 우물과 운하에서 물을 끌어올리기 위해 거대한 주사기와 비슷한 일종의 펌프를 사용했다. 이 펌프는 튜브와 거기에 꼭 맞는 피스톤으로 이루어져 있으며 튜브의 한 끝을 물에 넣고 피스톤을 당기면 물이 따라 올라왔다.

갈릴레오는 한 인부로부터 이 펌프에 문제가 있다는 이야기를 들었는데, 바로 이 펌프가 10미터까지만 물을 끌어올릴 수 있다는 것이었다. 이 높이를 넘어서면 피스톤을 당겨도 수면의 높이는 변하지 않았다. 이 현상에 호기심을 느낀 갈릴레오는 그의 조수 토리첼리에게 문제를 넘겼고, 토리첼리는 여러 실험을 통해 펌프의 기이한 한계를 밝혀내려 했다. 1643년, 토리첼리는 한쪽이 막힌 긴 시험관에 수은을 가득 채웠다. 그런 다음 열린 쪽을 막고 수은이 담긴 그릇 속에 수직으로 뒤집어 세워 넣었다. 만약 그가 손가락으로 막은 입구를 공기 중에서 열면 수은이 쏟아져나오고, 그렇게 생긴 시험관의 빈 곳에는 공기가 채워져서 진공은 만들어지지 않는다. 하지만 수은이 담긴 그릇에 시험관의 일부를 잠기게 하고 수직으로 세운 상태에서 입구를 열 때는 시험관 속에서 빠져나온 수은을 대체할 공기가 없다. 만일 자연이 진공을 싫어한다면 시험관 안의 수은은 그대로 있고 진공은 만들어지지 않을 것이다. 그런데 실제 실험에서 수은은 그대로 있지 않았다. 수은은 조금 아래쪽으로 내려왔고, 시험관 위쪽에 빈 공간이 생겼다. 거기에는 무엇이 있을까? 아무것도 없다. 바로 그 순간 인간에 의해 처음으로 지속적인 진공이 만들어졌다.

시험관의 길이에 상관없이 수은은 그릇에 담긴 수은 면에서 76센티미터 높이까지만 내려왔다. 다른 관점으로 표현하면 수은은 진공과 싸우기 위해 수은 면에서 76센티미터까지밖에 올라가지 못했다. 이 경우 자연은 고작 76센티미터까지 올라갈 정도로만 진공을 거부했던 것인데, 이에 관해 설명하려면 우선 반데카르트주의에 대한 설명이 필요하다.

데카르트가 스물일곱이던 1623년에 훗날 데카르트의 적이 될 블레즈 파스칼Blaise Pascal이 태어났다. 그의 아버지 에티엔Etienne Pascal은 성공한 과학자이며 수학자였고 어린 파스칼은 아버지 못지않은 천재였다. 젊은 시절 파스칼은 파스칼린Pascaline이라고 이름을 붙인 기계식 계산기를 발명했는데, 이는 전자계산기가 발명되기 전 기술자들이 사용했던 몇몇 기계식 계산기와 비슷했다.

파스칼이 스물세 살이었을 때 그의 아버지가 빙판에서 미끄러져 다리가 부러졌다. 이때 얀센주의자들이 그를 돌봐주었는데 이들은 대체로 예수회에 대해 반감으로 조직된 가톨릭의 한 분파였다. 파스칼 가족은 이내 그들에게 영향을 받았고, 블레이즈 파스칼은 반예수회, 즉 반종교개혁에 반대하는 견해를 갖게 되었다. 하지만 이 새로운 종교는 젊은 과학자 파스칼에게 잘 맞지 않았다. 이 조직의 창시자인 얀세니우스Jansenius 주교가 자연에 대한 호기심은 욕망과 같은 것이므로 과학은 사악하다고 선언했기 때문이다. 파스칼의 욕망은 종교적 열정보다 강했고 그는 과학을 이용해 진공의 비밀을 밝히려 시도했다.

파스칼의 가족이 개종할 무렵, 아버지 에티엔 파스칼의 친구인

군 기술자가 가족을 방문해, 파스칼 가족을 위해 토리첼리의 수은 실험을 재현해 보였다. 이에 매료된 블레즈 파스칼은 물과 포도주를 비롯한 다른 액체를 이용해 그 나름의 실험을 시행했고 그 결과를 바탕으로 1647년 『진공에 대한 새로운 실험New experiments concerning the vacuum』을 출간했다. 이 책에서도 왜 수은은 76센티미터, 물은 10미터 정도밖에 올라가지 않는가 등 주요 의문에 대한 대답은 나오지 않는다. 당시 이론들은 자연이 진공을 '제한된' 정도만 싫어한다고 함으로써 부분적으로나마 아리스토텔레스의 철학을 구제하려고 했다. 자연은 진공을 일부밖에 파괴할 수 없다는 뜻이었는데, 파스칼의 생각은 달랐다.

1648년 가을, 파스칼은 직감을 바탕으로 매형을 설득해 수은이 채워진 시험관 등 실험 도구를 가지고 산으로 올라가도록 했다. 산의 정상에서 수은 기둥의 높이는 76센티미터보다 상당히 낮았다(그림 22). 자연이 계곡에서보다 산 정상에서 진공을 덜 싫어하는 것일까?

파스칼은 기괴해 보이는 이 현상이 자연이 진공을 혐오하기 때문에 관 속의 수은을 위로 밀어 올린 게 아니라는 점을 증명한다고 판단했다. 시험관 속 수은은 그릇에 노출된 수은을 누르는 대기의 무게 때문에 위로 올라간다. 수은, 물, 포도주 등 그릇에 담긴 액체와 상관없이 가해지는 기압은 치약 튜브의 바닥을 부드럽게 짜내면 내용물이 상단으로 튀어나오는 것처럼 시험관 내부의 수위를 상승시킨다. 공기는 무한히 세게 밀어낼 수 없으므로 시험관 위로 약 76센티미터 정도만 수은을 밀어 올릴 수 있다. 산 정상에서는 내리누르는 기압이 낮으므로 수은을 76센티미터까지 밀어 올리지 못하는 것이다.

진공이 빨아들이는 것이 아니라, 대기가 밀어 올린다는 관점은 미묘하지만 매우 중요하다. 파스칼의 간단한 실험은 자연이 진공을 싫어한다는 아리스토텔레스의 선언을 완전히 무너뜨려버렸다. 파스칼은 다음과 같이 기록했다. "지금까지 누구도 다음과 같은 견해를 갖지 않았다. 자연이 진공에 대한 어떤 반감도 없으며, 진공을

그림 22. 파스칼의 실험

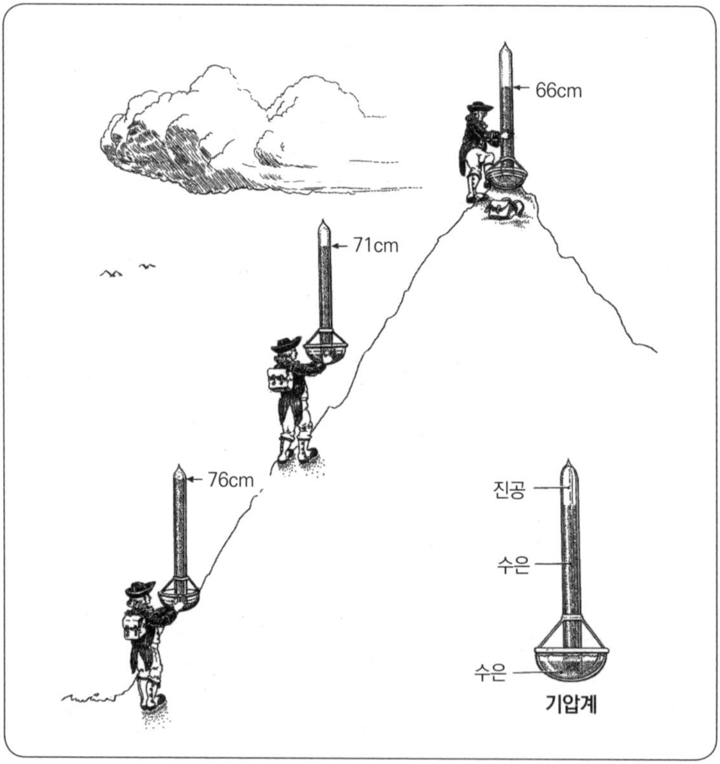

피하기 위한 노력을 하지 않았고, 진공 상태를 받아들이는 데 어려움이나 저항이 없다는 사실이다." 아리스토텔레스는 패배했고, 과학자들은 진공을 두려움 없이 연구하기 시작했다.

독실한 얀센주의자인 파스칼은 신의 존재도 제로와 무한대 속에서 증명하고자 했는데, 그는 아주 세속적인 방법을 이용했다.

신성한 도박

자연 속에서 인간은 무엇인가? 무한에 비하면 아무것도 아니고, 무에 비하면 모든 것을 의미한다. 즉, 무와 무한의 사이에 있는 존재이다.

— 블레즈 파스칼, 『팡세Pensées』

파스칼은 과학자이자 수학자였다. 과학 분야에서 파스칼은 무의 근본인 진공을 연구했고, 수학 분야에서 파스칼은 전혀 새로운 분야인 확률이론을 개척하는 데 도움을 주었다. 그는 확률이론을 0 그리고 무한과 결합함으로써 신을 발견했다.

확률론은 부유한 귀족들이 도박으로 많은 돈을 벌 수 있도록 돕기 위해 고안되었다. 파스칼의 이론은 성공적이었지만 수학자로서의 경력은 오래가지 못했다. 1654년 11월 23일 파스칼은 강렬한 영적 체험을 했다. 아마도 그의 마음속에 쌓여 있던 옛 얀센주의자들의 반과학적 신조 때문일지도 모르지만, 그 이유가 무엇이든 파스칼은 새로 찾은 신앙심으로 인해 수학과 과학을 완전히 포기했다. (4년 뒤 잠시 동안의 예외는 있었다. 그는 몸이 아파 잠을 제대로 잘 수 없었는데, 수학 연구를 하면 통증이 완화되었다. 파스칼은 이것이 하나님이 자신의 학문을 불쾌하게 여기지 않는다는 징표로 믿었다.) 그는 신학자가 되었지만 세속적인 과거로부터 완전히 벗어나지 못했으며, 신의 존재에 대해 논쟁할 때도 그는 계속 도박을 이용했다. 파스칼은 신을 믿는 것이 가장 좋다고 주장했는데, 그 이유는 이길 확률이 높은 내기이기 때문이라고 했다.

도박에서 기댓값을 분석하듯이 파스칼은 그리스도를 구세주로 받아들이는 것의 기대 가치를 분석했다. 파스칼은 0과 무한에 대한 수학적 분석을 바탕으로 신이 존재한다고 가정해야 한다는 결론을 내렸다.

파스칼의 도박에 대해 본격적으로 설명하기에 앞서 조금 간단한 게임을 생각해보면 이해가 쉬울 것이다. A와 B로 표시된 두 개의 봉투가 있다고 상상해보자. 당신이 봉투를 선택하기 전에, 주관자가 동전을 던져 각각의 봉투에 돈을 넣을지 말지를 결정한다. 동전의 앞면이 나오면 100달러를 봉투 A에 넣고, 동전의 뒷면이 나오면 100만 달러를 봉투 B에 넣는다. 당신은 어떤 봉투를 선택할 것인가? 당연히 봉투 B일 것이다. 왜냐하면 봉투 B를 선택했을 때 기대 수익이 훨씬 크기 때문이다. 확률론의 방법을 이용하여 우리가 각각의 선택에서 얼마의 가치를 기대할 수 있는지를 나타내는 기댓값을 계산하는 것은 어렵지 않다.

봉투 A에는 100달러 지폐가 있을 수도 있고 없을 수도 있다. 봉투 A에 돈이 있을 수 있으므로 봉투 A는 확실히 가치가 있지만 그 가치가 100달러만큼은 아니다. 왜냐하면 지폐가 들어 있을지

100퍼센트 확실하지 않기 때문이다. 수학자는 봉투 A의 가능한 모든 경우의 수를 조사하고, 각 경우의 확률과 그때의 가치를 곱한 다음에 이 값을 모두 더해서 기댓값을 구한다.

0달러를 얻을 가능성 1/2	1/2×0달러=0달러
100달러를 얻을 가능성 1/2	1/2×100달러=50달러
	기댓값=50달러

수학자는 위와 같이 봉투 A의 예상 가치가 50달러라고 결론 내릴 것이다. 동시에 봉투 B의 예상값은 다음과 같다.

0달러를 얻을 가능성 1/2	1/2×0달러=0달러
100만 달러를 얻을 가능성 1/2	1/2×100만 달러=50만 달러
	기댓값=50만 달러

봉투 B의 기댓값은 50만 달러로 봉투 A의 기댓값의 1만 배이다. 그러므로 두 봉투 중 하나를 선택할 수 있다면 B를 선택하는 것이 현명하다.

파스칼의 도박은 이 게임과 아주 유사하다. 파스칼은 기독교인과 무신론자라는 봉투 세트를 사용했다. (파스칼은 사실 기독교인의 경우만 분석했는데, 무신론자의 경우는 논리적 확장으로 보면 된다.) 논의를 위해 신이 존재할 확률과 존재하지 않을 확률이 모두 50퍼센트라고 가정하자. (파스칼의 분석에서 나오는 신은 기독교의 하나님을 의미한다.) 이제 기독교인 봉투를 선택하는 것은 독실한 기독교인이 되는 것을 선택하는 것과 같다. 이 길을 선택하면 두 가지의 가능성이 있다. 만약 당신이 충실한 기독교인이며 신이 없다면, 당신은 죽을 때 무로 사라질 뿐이다. 그러나 신이 있다면 천국에 가서 영원한 행복, 즉 무한을 사는 것이다. 따라서 기독교인이 되는 것의 기대 가치는 다음과 같다.

무로 사라질 가능성 1/2	$1/2 \times 0 = 0$
천국으로 갈 가능성 1/2	$1/2 \times \infty = \infty$
	기댓값 $= \infty$

무한의 절반은 여전히 무한이다. 그러므로 기독교인이라는 가치는 무궁무진하다. 만약 당신이 무신론자라면? 만약 당신이 옳다면, 즉 신이 없는 경우 당신이 옳은 선택을 했다고 해서 얻을 수 있는 것은 없다. 결국 신이 없으면 천국은 없다. 그러나 만약 당신이 틀렸고 신이 있다면 당신은 영원히 지옥에 간다. 음의 무한이다. 그래서 무신론자가 되는 것의 기대 가치는 다음과 같다.

무로 사라질 가능성 1/2	$1/2 \times 0 = 0$
지옥에 갈 가능성 1/2	$1/2 \times -\infty = -\infty$
	기댓값 $= -\infty$

무신론자를 선택할 경우의 기댓값은 음의 무한대로, 얻을 수

있는 가장 나쁜 값이다. 현명한 사람은 분명히 무신론자 대신 기독교인을 택할 것이다.

그런데 여기서 우리는 신이 존재할 확률을 50퍼센트로 가정했다. 만약 그 확률이 1/1,000밖에 안 된다면 어떤 결과가 나올까? 그 경우 기독교인의 가치는 다음과 같다.

무로 사라질 가능성 999/1,000	$999/1{,}000 \times 0 = 0$
천국에 갈 가능성 1/1,000	$1/1{,}000 \times \infty = \infty$
	기댓값 $= \infty$

결과는 여전히 같다. 기독교인의 기댓값은 여전히 양의 무한이고, 무신론자의 기댓값은 여전히 음의 무한이다. 유신론자가 되는 것이 훨씬 유리하다. 확률이 10만분의 1이거나 100만분의 1이거나 1억분의 1이더라도 결과는 똑같다. 유일한 예외는 신이 존재할 확률이 0일 경우이다. 신이 존재할 가능성이 없다면 '파스칼의 도박'으로 알려진 이 도박은 무의미하다. 그렇다면 기독교인이 되는 것의 기댓값은 $0 \times \infty$이 될 것이고, 이는 횡설수설에 불과하다. 또한 신이 존재할 가능성이 전혀 없다고 말할 사람은 없을 것이다. 어떤 전망이라도 0과 무한의 마법 덕택에 유신론을 택하는 것이 언제나 이기는 선택이다. 확실히 파스칼은 자기 인생의 내기에서 이기기 위해 수학을 포기했지만 어떤 방식으로 내기를 해야 할지는 알았음이 분명하다.

Chapter **5**
Infinite Zeros and Infidel Mathematicians

무한개의 0과 신앙심 없는 수학자들

[0과 과학혁명]

> 무한소와 무한대의 도입으로 윤리적으로 매우 엄격했던 수학은 타락해버렸다. 수학적인 것들이 지녔던 반박할 수 없는 절대적 타당성이라는 순결한 상태는 이제 영원히 사라졌다. 논쟁의 왕국이 세워졌고, 사람들 대부분은 자신이 하는 일을 이해하기 때문이 아니라 단지 지금까지 언제나 옳은 답이 나왔다는 사실에 근거하는 순수한 믿음 때문에 미분과 적분을 하는 상황에 이르렀다.
>
> — 프리드리히 엥겔스Friedrich Engels, 『반 뒤링론Anti-Duhring』

0과 무한대는 아리스토텔레스 철학을 파괴했다. 무와 무한한 우주는 호두 껍데기 우주와 진공에 대한 자연의 혐오라는 관념을 제거했다. 고대의 지혜는 버려졌고 과학자들은 자연의 운행을 지배하는 법칙들을 신성시하기 시작했다. 하지만 과학혁명에는 한 가지 문제가 있었는데, 그것은 바로 0이었다.

과학 세계의 강력한 새 도구인 미적분의 깊은 곳에는 역설이 존재하고 있었다. 미적분의 창시자인 아이작 뉴턴Isaac Newton과 고트프리트 빌헬름 라이프니츠Gottfried Wilhelm Leibniz는 0으로 나누고 무한개의 0을 더함으로써 가장 강력한 수학적 방법을 만들어냈다. 이 두 연산은 1에 1을 더하면 3이 된다는 것과 마찬가지로 비논리적이었다. 미적분은 그 핵심에서는 수학의 논리를 거역했다. 이를 받아들이는 것은 일종의 믿음의 도약이었다. 과학자들은 미적분이 자연의 언어이기에 이 도약을 받아들였다. 하지만 이 언어를 완벽히 이해하기 위해 과학은 무한개의 0을 정복해야 했다.

무한개의 0

> 유럽의 사상이 천년 동안의 혼수상태를 지나 기독교 사제들이 교묘히 투여해왔던 수면제의 효과를 떨쳐버리려 했을 때, 무한대의 문제는 가장 먼저 되살려야 할 것들 가운데 하나였다.
>
> — 토비아스 단치히Tobias Dantzig, 『수, 과학의 언어Number : The Language of Science』

제논의 저주는 2,000년 동안이나 수학계를 뒤덮었다. 아킬레스는 거북이를 따라잡지 못한 채 영원토록 뒤쫓을 운명인 듯싶었다. 제논의 간단한 수수께끼 속에는 무한대가 숨어 있었다. 아킬레스가 통과해야 할 무한히 많은 단계는 그리스인의 발목을 잡았다. 아킬레스의 단계들은 갈수록 0에 접근했지만 0의 개념이 없던 그리스인은 크기가 거의 0인 그 단계들을 더할 방법이 없었다. 하지만 서양이 일단 0을 받아들이자 수학자들은 무한을 길들이고 아킬레스의 경주를 마침내 끝냈다.

제논의 수열에는 무한히 많은 항이 있지만 우리는 이것들을 모두 더할 수 있고 그 합이 유한하다는 사실을 알고 있다. 1+1/2+1/4+1/8+1/16+⋯=2. 이처럼 무한개의 항을 더하여 유한한 값을 얻는 방법은 14세기 영국의 논리학자 리처드 쉬세스Richard Suiseth가 처음 알아냈다. 그는 1/2, 2/4, 3/8, 4/16 ⋯ $n/2^n$, ⋯으로 계속되는 무한수열을 모두 더하여 2라는 값을 얻었다. 이 수열의 항들은 점점 0에 접근하므로 언뜻 생각하면 그 합이 반드시 유한하다는 것은 당연한 듯싶다. 하지만 무한은 그렇게 단순하지 않다.

쉬세스가 『계산에 관한 책Book of Calculations』을 쓰고 있을 무렵, 프랑스의 수학자 니콜 오렘Nicholas Oresme은 조화급수라고 부르는 또 다른 무한수열의 합을 구하고 있었다.

$$1+1/2+1/3+1/4+1/5+1/6+\cdots$$

제논과 쉬세스의 수열과 마찬가지로 이 조화급수의 항들도 0에 점점 가까워진다. 하지만 오렘은 이 급수의 항들을 더할수록 그 결과값이 계속 커진다는 것을 발견했다. 각각의 항들은 0에 수렴하더라도, 그 합은 무한대로 발산했다. 오렘은 항들을 다음과 같은 다발로 묶어서 이를 증명했다.

1/2+(1/3+1/4)+(1/5+1/6+1/7+1/8)+⋯ 첫 항은 분명 1/2이다. 그런데 둘째 다발인 (1/3+1/4)은 (1/4+1/4) 곧 1/2보다 크다. 또한 셋째 다발인 (1/5+1/6+1/7+1/8)은

(1/8+1/8+1/8+1/8), 곧 1/2보다 크며 이 뒤로도 계속해서 1/2보다 크게 다발을 묶을 수 있다. 따라서 이는 1/2을 무한히 많이 더하는 것과 같으며 결국 조화급수의 값은 갈수록 커져서 무한대로 발산한다. 각 항이 0에 수렴하면서도 충분히 빠르게 수렴하지는 않기 때문이다. 이처럼 각 수는 0에 수렴하는 경우라도 그 합이 무한대가 되는 예도 있다. 그런데 무한대의 합에 가장 이상한 점은 따로 있다. 0 자체도 무한대의 기괴한 속성에서 벗어날 수 없다는 점이다.

다음과 같은 급수를 생각해보자 1−1+1−1+1−1+1−1+1−… 이 급수의 값이 0이란 점을 증명하기는 어렵지 않다. 곧 이 급수를 아래와 같이 묶어서 배열하면

$$(1-1)+(1-1)+(1-1)+(1-1)+\cdots$$

이는 다음과 같고

$$0+0+0+0+0+\cdots$$

그 합은 분명 0이다. 하지만 속단하기에는 이르다! 이 급수를 다음과 같이 묶는 방법을 약간 달리해 배열하면

$$1+(-1+1)+(-1+1)+(-1+1)+(-1+1)+\cdots$$

이는 다음과 같고

$$1+0+0+0+0+0+ \cdots$$

그 합은 분명 1이다. 이처럼 똑같은 무한수열의 합이 합산하는 방법에 따라 0일 수도 있고 1일 수도 있다. 심지어 이탈리아의 성직자 구이도 그란디Guido Grandi 신부는 이 급수를 이용하여 신이 무(0)에서 우주(1)를 창조할 수 있다고 증명하기까지 했다. 사실 이 급수를 활용하면 어떤 값도 만들어낼 수 있다. 예를 들어 그 합을 5로 만들려면 1과 -1 대신 5와 -5를 쓰면 된다. 그러면 0+0+0+0+…이 5와 같음을 보일 수 있다.

이처럼 무한한 것들을 더할 때는 이상하고 모순적인 결과가 나올 수 있다. 항들이 0에 수렴하면 그 합은 2나 53과 같은 정상적이고 깔끔한 수가 되는 때도 있고, 어떤 때는 무한대로 발산하기도 한다. 나아가 0을 무한히 더하면 아무것도 아닐 수도 있고 동시에 모든 것일 수도 있다. 무엇인가 기괴한 일이 벌어지고 있는데 아무도 무한대를 어떻게 다뤄야 할지 몰랐다.

다행히 현실 세계는 수학의 세계보다 좀 더 낫다. 현실 세계에서는 무한히 많이 더하면 대부분은 제대로 된 결과가 나오는 듯하다. 포도주 통의 부피를 구하는 것이 그 예가 될 수 있다. 1612년은 포도주에 있어서 기념할 만한 해였다.

행성들이 타원 궤도로 공전한다는 사실을 밝혀냈던 요하네스 케플러의 이야기이다. 케플러는 포도주 통 제조업자와 포도주 상인들이 통의 부피를 구하는 방법이 너무 조잡하다는 사실을 알고 이를 해결하려고 포도주 통을 들여다보며 한 해를 보냈다. 포도주 상인들을 돕기 위해 케플러는 머릿속에서 통을 무한히 작은 조각으로 나누고 각각의 부피를 계산한 후 다시 모두 더하여 전체 부피를 구했다. 언뜻 보기에 통의 부피를 구하는 퇴보한 방법 같지만 실제로는 탁월한 발상이었다.

문제를 더 단순화하여 포도주 통이라는 3차원 물체 대신 삼각형이라는 2차원 도형을 생각해보자. 〈그림 23〉의 삼각형은 밑변과 높이가 모두 8이며, 넓이는 밑변과 높이를 곱한 값의 절반이므로 32이다. 이제 이 삼각형의 넓이를 내접하는 작은 직사각형들을 이용하여 대략 추정해보자. 한 개의 직사각형을 사용한 첫째 시도를 보면 넓이가 16이어서 실제 넓이 32에 많이 모자란다. 세 개의 직사각형을 사용한 둘째 시도에서는 조금 더 나은 24가 나온다. 가까워졌지만 아직 멀었다. 셋째 시도에서는 28이 나와서 조금 더 가깝다. 이처럼 직사각형의 크기가 점점 작아질수록, 즉 Δx로 표현되는 직사각형의 밑변의 길이가 0에 근접할수록, 그 넓이의 합은 삼각형의 실제 넓이인 32에 점점 더 가까워진다. 이 작은 직사각형들의 넓이를 합한 것은 $\sum f(x)\Delta x$와 같이 표현될 수 있는데, 여기서 그리스 문자 $\sum$는 적당한 범위에서 모두 더한다는 뜻을 나타내고, $f(x)$는 직사각형의 오른쪽 위의 점과 닿아 있는 직선의 방정식으로부터 얻은 함숫값으로 직사각형의 높이이며, Δx는 작은 직사각형의 밑변의 길이이다. 현대 수학에서 Δx의 값이 0에 수렴하면 $\sum$를 $\int$로 바꾸고 Δx는 dx로 바꾸어서 $\int f(x)dx$로 쓰며 이것이

그림 23. 삼각형의 넓이를 어림으로 계산하기

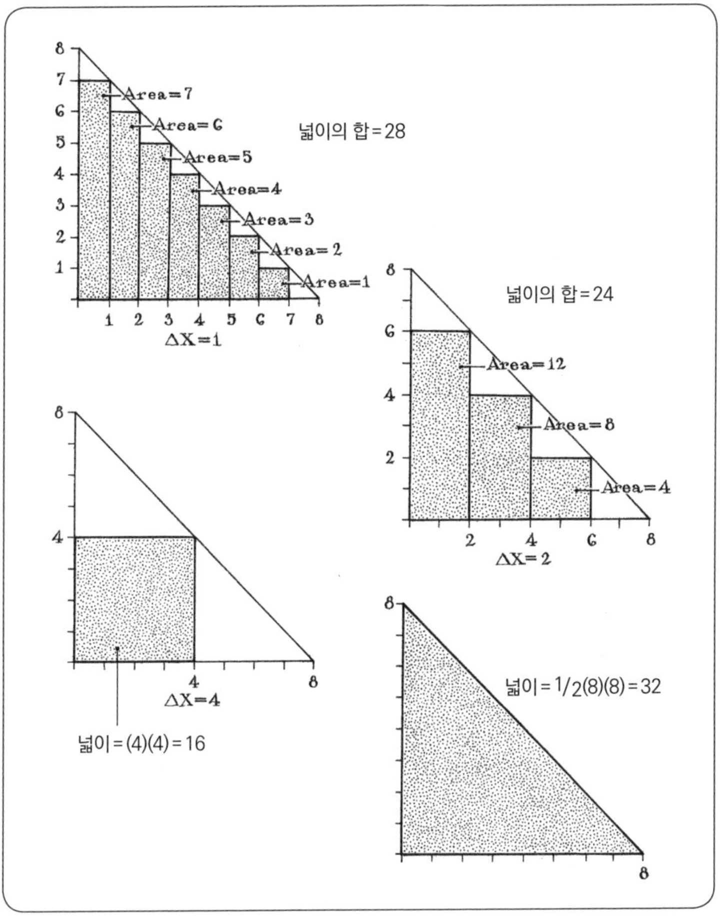

바로 적분이다.

케플러는 조금 덜 알려진 『통의 부피 측정Volume-Measurement of Barrels』이라는 책에서 이 방법을 3차원에 적용했는데, 통을 얇은 면으로 자르고 더하는 과정을 거쳐 통의 부피를 구했다. 적어도 케플러는 눈에 띄게 두드러지는 문제, 즉 Δx가 0에 수렴할 경우의 합을 구하는 것은 무한개의 0을 더하는 것과 같아 어이없는 결과가 나온다는 문제를 두려워하지 않았다. 논리적으로 보면 무한개의 0을 더한다는 것은 어이없는 일이지만 답이 옳게 나왔으므로 그는 이 문제를 무시해버렸다.

저명한 과학자 가운데 케플러만 물체를 무한히 얇게 자른 것은 아니었다. 갈릴레오도 무한대와 무한히 작은 조각들의 넓이에 대해 숙고한 뒤 다음과 같이 썼다. "이 두 개념은 무한대는 큰 정도에서, 무한히 작은 조각은 작은 정도에서 우리의 유한한 이해력을 넘어선다." 무한한 0의 깊은 신비에도 불구하고 갈릴레오는 그 위력을 감지했다. 그는 이 둘이 결합하면 어찌 될지 궁금해했는데, 그의 제자인 보나벤투라 카발리에리Bonaventura Cavalieri가 부분적인 답을 내놓았다.

카발리에리는 통 대신 기하학적 대상을 잘랐다. 그는 앞서 살펴본 삼각형의 넓이와 같은 모든 넓이는 폭이 0인 무한히 많은 선으로 이루어져 있고 부피는 높이가 0인 무한히 많은 면으로 이루어져 있다고 보았다. 더는 나눌 수 없는 선들과 면들은 마치 넓이와 부피의 원자와 같다. 케플러가 얇은 조각들을 더해서 통의 부피를 구했듯 카발리에리는 이 더 나눌 수 없는 무한개의 0을 더해서 기하학적 대상들의 넓이와 부피를 구했다.

기하학자에게 카발리에리의 주장은 정말 골칫거리였다. 넓이가 0인 선들을 무수히 더해도 2차원의 삼각형은 나오지 않았고, 부피가 0인 면들을 무한히 더해도 3차원의 도형이 나오지 않았기 때문이다. 이는 무한개의 0이 논리적으로 무의미하다는 것과 같은 문제였다. 하지만 카발리에리의 방법은 언제나 옳은 답을 도출했다. 그래서 수학자들은 무한개의 0을 더할 때 논리적·철학적 문제는 무시해버렸는데, 특히 나중에 '무한소'라고 불리게 된 분할 불가능한 것을 통해 마침내 접선의 문제를 풀었기 때문에 더욱 그랬다.

접선은 곡선에 정확하게 접하는 직선이다. 공간을 따라 흐르는 부드러운 곡선의 모든 점에는 정확히 이 점 하나에만 닿으면서 이 곡선에 접촉하는 직선이 하나씩 존재한다. 이것이 접선인데 수학자들은 접선이 운동을 연구하는 데 매우 중요하다는 사실을 깨달았다. 예를 들어 줄에 공을 매달아 빙빙 돌리면 원 궤도를 그리며 움직이는데, 갑자기 줄이 끊어지면 공은 접선을 따라 날아간다. 마찬가지로 공을 던질 때 야구 투수의 손은 호弧를 그리지만 공에서 손을 놓는 순간 공은 그 점에서의 접선을 따라 날아간다(그림 24). 다른 예로 언덕 아래 어디에서 공이 멈출 것인지 알고자 한다면 언덕이 그리는 곡선의 접선이 수평선이 되는 곳을 찾으면 된다. 접선의 가파른 정도, 곧 기울기는 물리학에서 중요한 성질이다. 예를 들어 움직이는 자전거의 위치를 나타내는 곡선을 그렸다고 가정할 때 이 곡선 위의 어떤 점에서 그린 접선의 기울기는 자전거가 그 점에 왔을 때 얼마나 빨리 움직일 것인지를 알려준다.

이런 이유로 에반젤리스타 토리첼리, 르네 데카르트, '마지막 정리'로 유명한 프랑스의 피에르 드 페르마Pierre de Fermat, 영국의 아이작 배로Isaac Barrow와 같은 17세기의 수학자들은 곡선의 한 점을 지나는 접선의 기울기를 계산하는 다양한 방법을 개발했다.

그림 24. 접선을 따라 날아가는 공

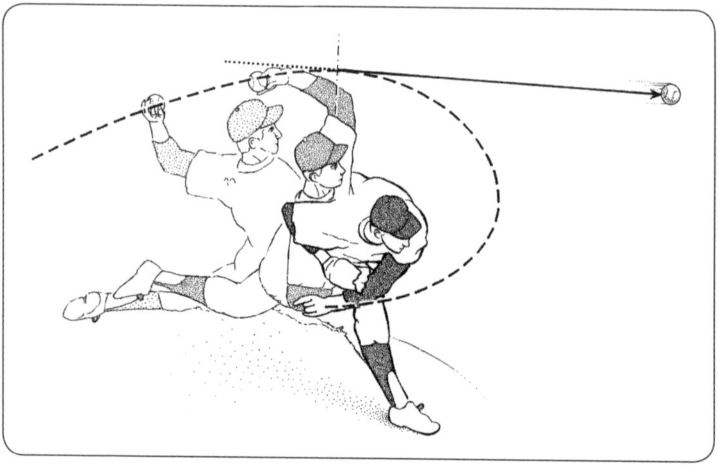

하지만 카발리에리처럼 이들 모두 무한소의 문제에 부딪혔다.

곡선의 어느 한 점에서 접선을 그리기 위해 다음을 생각해보자. 먼저 선택한 점 주위의 다른 점을 고르고 이 두 점을 잇는 직선을 그린다. 이 직선은 정확히 접선은 아니지만, 곡선이 너무 울퉁불퉁하지 않다면 이 직선과 찾고자 하는 접선은 매우 가까울 것이다. 다음으로 두 점 사이의 거리를 줄이면 가상의 직선은 접선에 점점 가까워진다(그림 25). 마침내 두 점 사이의 거리가 0이 되면 이 어림법은 완성되고 접선을 얻게 된다. 하지만 여기에는 문제가 있다.

직선의 가장 중요한 특징은 기울기를 갖는다는 점이다. 이것을 측정하기 위해 수학자들은 어느 정도의 거리를 가는 동안 직선이 얼마나 높아졌는지 살펴본다. 예를 들자면, 동쪽으로 차를 운전해

언덕을 오른다고 생각해보자. 동쪽으로 1킬로미터 갈 때마다 500미터씩 올라간다면 이 언덕의 기울기는 간단히 올라간 높이(500m)를 움직인 거리(1킬로미터)로 나누면 된다. 수학자들은 이런 경우에 언덕의 기울기를 1/2이라고 말한다. 직선의 경우에도 마찬가지이다. 직선의 기울기를 측정하려면 수평으로 움직인 거리 Δx와 그동안 올라간 높이 Δy를 비교하며 기울기를 측정하는데, 그 값은 $\Delta y/\Delta x$로 구한다.

수학자들은 0이나 무한대를 다루려고 할 때면 언제나 비논리

그림 25. 접선의 어림

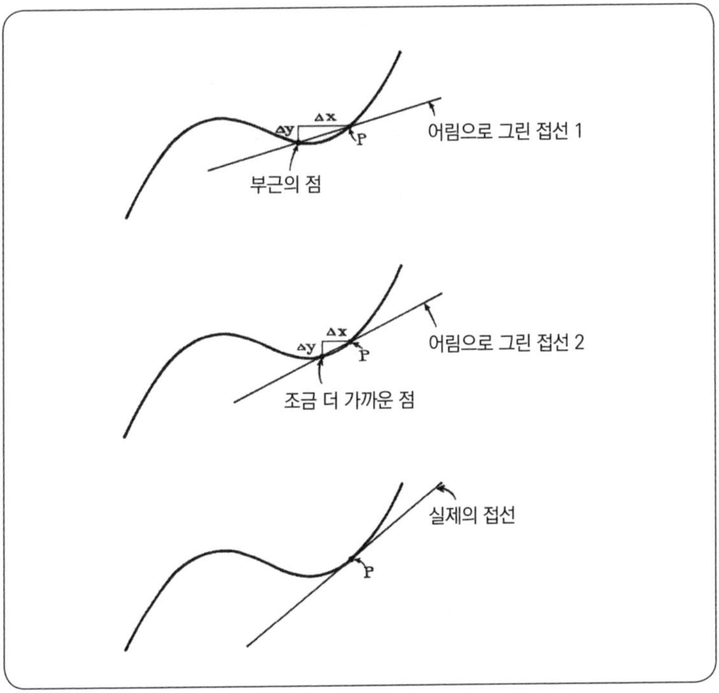

적인 문제에 부딪혔다. 통의 부피나 포물선 아래의 넓이를 계산하기 위해 수학자들은 무한개의 0을 더했으며, 곡선에 닿는 접선의 기울기를 구하기 위해 0을 그 자신으로 나누었다. 그러나 0과 무한대로 인해 넓이나 접선의 기울기를 구하는 것과 같은 간단한 일도 자기 모순적인 듯 보였다. 0과 무한대가 자연을 이해하는 열쇠라는 점만 아니었더라면 이런 문제들은 그저 흥미로운 참고사항 정도로 취급되었을 것이다.

0과 신비로운 미적분

> 베일을 걷고 그 안을 들여다보면 우리는 많은 공허, 어둠 그리고 혼란을 보게 된다. 아마 내가 틀리지 않았다면 직접적인 불가능과 모순이라 할 것이다. 그것들은 유한한 양도 아니고, 무한히 작은 양도 아니고, 그렇다고 무도 아니다. 그렇다면 죽은 양量들의 유령이라고 불러야 하지 않을까?
>
> — 조지 버클리George Berkeley, 『해석학자The Analyst』

접선과 넓이의 문제는 모두 0과 무한대에 관련해 어려움을 겪고 있었다. 접선과 넓이의 문제는 사실상 같은 것이므로 이는 놀라운 일이 아니다. 이것들은 모두 지금까지 본 것들과는 비교할 수 없을 정도로 강력한 과학적 도구인 미적분의 다른 모습들이다. 예를 들어 망원경 덕분에 과학자들은 이전까지 볼 수 없었던 별과 달을 찾아낼 수 있게 되었다. 미적분 덕분에 과학자들은 천체의 운동을 지배하는 법칙은 물론 궁극적으로 별과 달이 어떻게 만들어졌는지를 밝혀줄 법칙들을 표현할 수 있게 되었다. 미적분은 바로 자연의 언어였다. 하지만 그 구성 자체는 이 도구를 망치려고 위협하는 0과 무한대로 오염되어 있었다.

미적분을 처음 발견한 사람은 첫 숨을 쉬기도 전에 죽을 뻔했다. 1642년 크리스마스에 꼼지락대며 세상에 나온 아이작 뉴턴은 너무 작아서 1리터 정도의 냄비에 들어갈 정도였다. 농부였던 아버지는 뉴턴이 태어나기 두 달 전에 세상을 떠났다. 어린 시절에 트라우마를 경험했고* 어머니는 농부가 되기를 바랐음에도 뉴턴은 1660년경에 케임브리지대학교에 입학하여 성공을 거두었다. 불과 몇 년 사이에 그는 접선 문제를 해결할 체계적인 방법을 개발하여 부드러운 곡선의 어느 점에서든 그곳에서 그어지는 접선을 도출할 수 있었다. 미적분의 전반부에 해당하는 이 과정을 '미분'이라고 부른다. 하지만 뉴턴의 미분법은 오늘날 쓰이는 것과는 사뭇 달랐다.

뉴턴의 미분 방법은 '흐르는 양, 유량(플루언트, fluents)'의 변화율(플럭션, fluxions)에 근거를 두고 있어 유율법이라고 부른다. 뉴턴의 유율법을 아래 식을 예로 들어 살펴보자.

$$y = x^2 + x + 1$$

* 뉴턴이 세 살 때, 그의 어머니는 재혼해서 새로운 남편의 집으로 이사를 했다. 하지만 뉴턴은 데려가지 않아 외할머니가 키웠다. 훗날 뉴턴이 그들의 집으로 찾아가 집을 불태워버리겠다고 위협했을 때를 빼고는 부모와 만난 적이 거의 없었다.

이 식에서 유량은 y와 x이다. 뉴턴은 시간이 흐름에 따라 y와 x가 변하거나 흐른다고 상상했으며, 그 변화율을 $\dot{y}$와 $\dot{x}$로 각각 나타냈다.

뉴턴의 미분법은 교묘한 표기법을 근거로 한다. 그는 변화율이 변하도록 했지만 단지 무한히 작게 변하도록 했으며 실질적으로는 변할 시간을 주지 않았다고 봐야 한다. 뉴턴의 표기법에 따르면 x가 $(x+o\dot{x})$로 변하는 동안 y는 $(y+o\dot{y})$로 변하며, o는 이 사이의 시간을 가리킨다. 그런데 곧 보게 되듯 o은 거의 0이지만 완전히 0은 아니다. 이제 앞의 식은 다음과 같이 된다.

$$(y+o\dot{y})=(x+o\dot{x})^2+(x+o\dot{x})+1$$

전개해서 쓰면 아래와 같다.

$$y+o\dot{y}=x^2+2x(o\dot{x})+(o\dot{x})^2+x+o\dot{x}+1$$

그리고 항들을 정리하면 다음과 같다.

$$y+o\dot{y}=(x^2+x+1)+2x(o\dot{x})+1(o\dot{x})+(o\dot{x})^2$$

$y=x^2+x+1$이므로 좌변에서 y를 빼고 우변에서 x^2+x+1를 빼도 식은 변하지 않으며, 결과는 다음과 같다.

$$o\dot{y}=2x(o\dot{x})+1(o\dot{x})+(o\dot{x})^2$$

이제 교묘한 속임수가 등장한다. 뉴턴은 $o\dot{x}$가 참으로 매우 작은 값이므로 $(o\dot{x})^2$은 훨씬 더 작다고 주장하면서 이를 날려버렸다. 이것은 본질적으로 0이므로 무시될 수 있다는 뜻이었다. 어쨌든 이에 따르면 위의 식은 다음과 같이 된다.

$$o\dot{y}=2x(o\dot{x})+1(o\dot{x})$$

이것을 좀 바꾸면 $o\dot{y}/o\dot{x}=2x+1$이 되고, 이는 바로 곡선 위의 어떤 점 x에서 그은 접선의 기울기이다(그림 26). 이 식의 좌변에서 무한히 짧은 시간 간격을 나타내는 o를 약분하면 $o\dot{y}/o\dot{x}$는 $\dot{y}/\dot{x}$가 되며, 이후에는 o를 더 이상 고려할 필요가 없다.

이 방법은 옳은 답을 주었지만, 뉴턴이 o를 날려버린 것은 큰 골칫거리였다. 뉴턴의 주장대로 $(o\dot{x})^2$이나 $(o\dot{x})^3$ 및 그 이상의 고차항들이 0이라면 $o\dot{x}$ 자체도 0이어야 한다.* 반면 $o\dot{x}$이 0이라면 끝부분에서 $o\dot{x}$으로 나누는 것은 0으로 나누는 것과 같으며 맨 끝 단계의 $o\dot{y}/o\dot{x}$에서 o을 약분한 것도 마찬가지이다. 하지만 0으로 나누기는 수학의 논리상 금기시했다.

이처럼 뉴턴의 유율법은 아주 미심쩍었다. 하지만 비논리적인

* 두 수의 곱이 0이라면 그중 하나는 0이어야 한다. 다시 말해서 $ab=0$이라면 $a=0$ 또는 $b=0$이다. 따라서 $a^2=0$이면 $aa=0$이므로 $a=0$이다.

그림 26. 포물선 $y=x^2+x+1$의 한 점에서 그은 접선의 기울기는 $y=2x+1$로 구한다

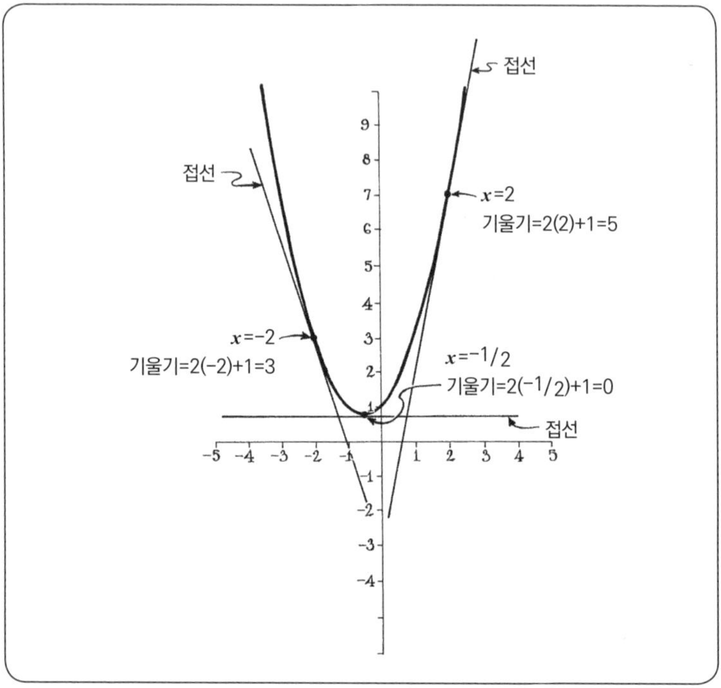

수학적 연산에 근거했으면서도 결과를 올바로 내놓는다는 엄청난 장점이 있다. 유율법은 접선의 문제는 물론 넓이의 문제도 해결했다. 직선을 포함한 모든 곡선 아랫부분의 넓이를 구하는 것은 미분의 역산으로 적분이라고 부른다. $y=x^2+x+1$라는 곡선을 미분하면 접선의 기울기인 $y=2x+1$이 나오듯, $y=2x+1$이라는 직선을 적분하면 이 직선 아랫부분의 넓이가 나온다. 그 식은 $y=x^2+x+1$이고 따라서 $x=a$에서 $x=b$까지의 구간에서 이 직선 아랫부분의 넓이는 간단히 $(b^2+b+1)-(a^2+a+1)$으로

얻어진다(그림 27). 더 정확히 말하면 $y=2x+1$을 적분한 결과는 $y=x^2+x+c$이고 여기의 c는 임의의 상수이다. 상수를 미분하면 0이 되는데, 따라서 미분한 결과를 다시 적분할 경우 추가적인 정보를 주지 않는 한 본래의 상수를 알아낼 수 없다.

미적분은 미분과 적분의 두 도구를 함께 일컫는 이름이다. 뉴턴은 0과 무한대의 힘을 활용하기 위해 매우 중요한 수학 규칙을 어기기는 했지만, 미적분은 너무 강력하여 어떤 수학자도 이를 거부

그림 27. 직선 $y=2x+1$ 아랫부분의 넓이는 $y=x^2+x+1$라는 식으로 구한다

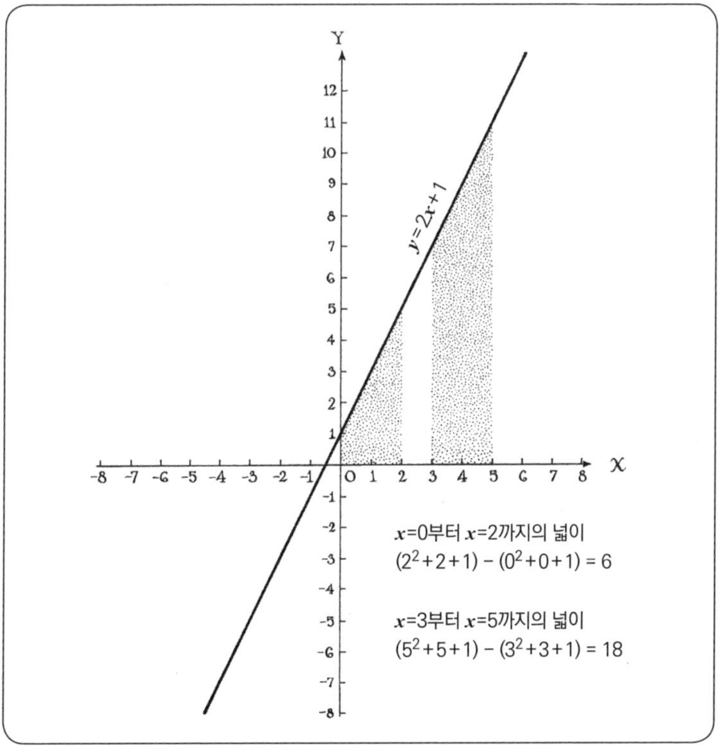

할 수 없었다. 자연은 수식으로 말하는데, 이는 기이한 우연의 일치이다. 수학의 규칙은 양과 같은 가축을 세거나 땅을 측량하기 위해 만들어졌지만 다른 한편으로 우주가 운행하는 방식을 지배한다. 자연법칙은 수식으로 표현되는데 어찌 보면 수식은 어떤 수를 넣으면 다른 수가 나오도록 하는 단순한 도구에 지나지 않는다. 고대인들도 지레의 법칙과 같은 몇 가지의 수식 법칙을 알고 있었다. 하지만 과학혁명이 시작되면서 수식 법칙이 곳곳에서 쏟아져 나왔다. 케플러의 제3법칙은 $r^3/t^2=k$로 나타낼 수 있는데, 행성이 공전하는 데 걸리는 시간을 설명한다. 이것은 행성의 공전주기(t)의 제곱은, 공전궤도 반지름(r)의 세제곱에 비례한다는 것을 나타낸다(k는 상수). 1662년에 로버트 보일Robert Boyle은 기체가 든 용기를 누르면 기체의 압력이 증가하며, 이 관계는 압력을 p, 부피를 v라 하면 그 곱이 항상 어떤 상수 k와 같음을 주장했다. $pv=k$(k는 상수). 1676년에 로버트 훅Robert Hooke은 용수철을 x만큼 누르면 용수철이 반발하는 힘 f는 눌린 거리 x에 음의 상수 $-k$를 곱한 것과 같다는 사실을 알아냈다. $f=-kx$. 이와 같은 초기의 수식들은 단순한 관계를 나타내는 데에는 아주 유용했지만, 수식의 불변성이라는 한계가 있었으며 이 때문에 보편적인 법칙이 되기 어려웠다.

예를 들어 학교에서 배웠던 유명한 식, 곧 속도 곱하기 시간은 거리가 된다는 식을 생각해보자. 구체적으로 시간당 v킬로미터의 속도로 t시간을 달리면 x킬로미터 거리를 움직이게 된다. $vt=x$. 이 식은 정확히 시속 200킬로미터로 달리는 열차가 뉴욕에서 시카고까지 가는 데에 몇 시간이 걸리는지를 계산하는 것과 같은 수학

문제를 풀 때는 아주 유용하다. 하지만 수학 문제에서의 열차처럼 일정한 속도로 움직이는 것이 실제로 얼마나 있을까? 손에서 공을 떨어뜨리면 속도가 점점 빨라진다. 이 경우 $vt=x$라는 식은 들어맞지 않는다. 시간과 공이 떨어진 거리 사이에는 $x=gt^2/2$라는 관계가 성립하며 g는 중력 가속도이다. 공에 차츰 증가하는 힘을 가하면 움직인 거리는 $x=gt^3/3$과 같이 될 수도 있다. 이처럼 속도 곱하기 시간은 거리라는 식은 보편적인 법칙이 아니며, 특정 상황에서는 적용되지는 않는다.

뉴턴은 미적분을 활용해 이런 수식들을 모두 포괄하는 일련의 법칙을 만들었는데, 이 법칙은 조건에 상관없이 어느 경우에나 적용될 수 있었다. 과학은 역사상 최초로 부분적인 여러 법칙의 배경에 존재하는 보편적인 법칙을 얻은 것이다. 수학자들은 미적분이 0과 무한대로 인해 심각한 오류를 품고 있다는 점을 알면서도 이 새로운 수학적 도구를 재빨리 받아들였다. 자연은 보통의 수식이 아니라 미분 방정식을 통해 설명되는데, 미적분은 바로 미분 방정식을 제기하고 해결하는 핵심적인 도구라 할 수 있다.

미분 방정식은 우리에게 익숙한 일상적인 수식들과 다르다. 일상적인 수식은 어떤 수를 넣어주면 다른 수를 내놓는다는 점에서 기계와 같다. 미분 방정식도 일종의 기계이기는 하지만 여기에는 어떤 수식을 넣어주면 다른 수식을 내놓는다는 점이 다르다. 예를 들어 '공이 등속으로 움직인다'라거나 '공에 힘이 가해진다'와 같이 주어진 상황에 관련된 조건을 묘사하는 수식을 넣으면 '공이 직선으로 움직이거나 포물선으로 움직인다'와 같은 얻고자 하는 답이 담긴 수식이 나온다. 이처럼 하나의 미분 방정식이 셀 수 없이 많은 수식 법칙을 지배한다. 나아가 미분 방정식은 소소한 수식 법칙들처럼 때로는 성립하고 때로는 성립하지 않는 게 아니라 언제나 성립하므로 보편법칙이다. 따라서 이를 통해 우리는 대자연의 구조를 엿볼 수 있다.

뉴턴의 미적분법인 유율법은 위치, 속도, 가속도 등의 개념을 엮어 이런 일을 해냈다. 뉴턴은 위치를 x라는 변수로 나타내면 속도는 간단히 x의 유율인 $\dot{x}$로 쓸 수 있다는 사실을 알았다. 오늘날의 수학자들은 이를 도함수라고 부른다. 또한 가속도는 속도의 도함수인 $\ddot{x}$로 구해진다. 따라서 위치에서 속도를 거쳐 가속도를 구하는 과정은 점을 덧붙이는 미분, 그 반대 과정은 점을 떼는 적분으로 간단히 이루어진다. 이런 표기법을 갖춘 뉴턴은 우주 만물의 운동을 나타내는 간결한 미분 방정식을 만들 수 있었는데 바로 $F=m\ddot{x}$였다. 여기서 F는 물체에 가해지는 힘이고 m은 물체의 질량을 나타낸다. (참고로 이 식은 m이 상수일 때만 성립하므로 완전한 보편법칙은 아니다. 뉴턴의 이 법칙에 대한 더 일반적인 표현은 $F=\dot{p}$로 주어지며, p는 물체의 운동량momentum을 나타내는데, 훗날 아인슈타인이 다듬었다.) 우리가 물체에 가해지는 힘을 표현하는 수식을 알고 있으면 이 미분 방정식은 그 물체가 정확히 어떻게 움직일지를 알려준다. 예를 들어 멀리 던진 공은 포물선을 그리며, 마찰이 없는 용수철은 영원히 진동하지만, 마찰이 있다면 진폭이 차츰 줄어들어 멈추게 된다(그림 28). 이러한 운동의 모습은 각기 다르지만 이를 설명하는 미분 방정식은 같다.

그림 28. 하나의 미분 방정식이 지배하는 여러 가지 운동

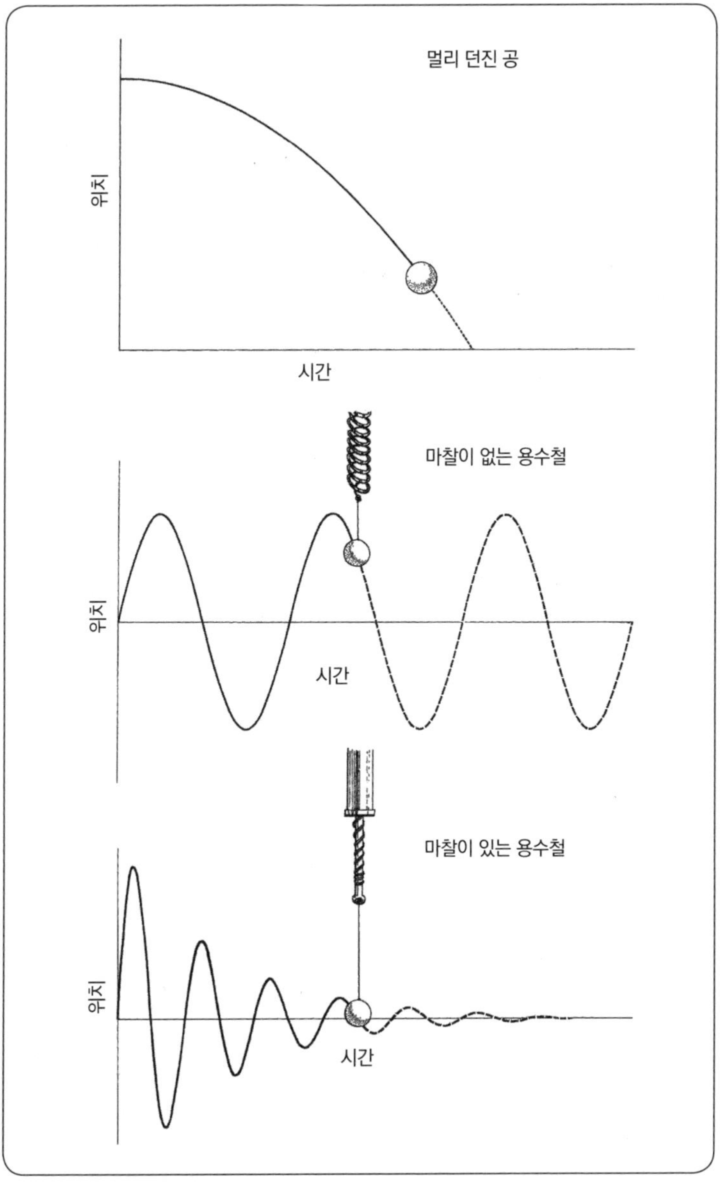

마찬가지로 물체가 움직이는 방식을 알면 그게 장난감 공이든 거대한 행성이든 상관없이 이 미분 방정식으로 거기에 어떤 힘이 작용하고 있는지 알아낼 수 있다. 뉴턴은 미분 방정식을 중력에 대한 법칙에 적용하여 행성의 궤도를 알아내는 성과를 거두었다. 사람들은 중력이 거리의 제곱에 반비례($1/r^2$)한다는 점에 의문을 품었지만, 뉴턴의 미분 방정식으로부터 타원 궤도가 바로 도출되자 뉴턴이 옳았다고 믿게 되었다. 하지만 이와 같은 미적분의 위력에도 불구하고 핵심 문제는 여전히 남아 있었다. 뉴턴의 업적은 0을 0으로 나눈다는 아주 부실한 토대 위에 세워졌는데, 그의 경쟁자가 이룬 업적에도 같은 약점이 있었다.

1673년 독일의 고트프리트 빌헬름 라이프니츠Gottfried Wilhelm Leibniz라는 저명한 법학자이자 철학자가 런던을 방문했다. 뉴턴과 라이프니츠는 과학계를 양분하고 있었지만 두 사람 모두 미적분을 괴롭히는 0의 문제는 해결하지 못했다.

영국을 여행할 당시 스물일곱 살이던 라이프니츠가 출판되지 않은 뉴턴의 업적을 접할 기회가 있었는지는 아무도 모른다. 하지만 1673과 런던을 다시 방문했던 1676년 사이에 라이프니츠도 약간 다른 형태로 미적분을 개발했다.

아직까지 논쟁이 있긴 하지만, 돌이켜보면 라이프니츠는 뉴턴과 무관하게 독자적으로 미적분을 개발했던 것으로 보인다. 1670년대에 두 사람은 편지를 주고받았는데 서로 얼마나 영향을 미쳤는지를 알아내기는 몹시 어렵다. 두 사람의 이론이 같은 답을 끌어내기는 해도 그들의 철학과 표기법은 아주 달랐다.

뉴턴은 무한소, 곧 자신의 유율식에서 때로는 0처럼 때로는 0이 아닌 숫자처럼 행동하는 작은 o를 싫어했다. 이 무한소는 생각할 수 있는 어떤 양수보다 더 작지만 어쨌든 0보다는 크다. 이것은 당시 수학자들에게는 무척 황당한 개념이었다. 자신의 식에 나타나는 무한소 때문에 난처해진 뉴턴은 대충 얼버무리고 넘어갔다. 그의 계산에서 o은 중간 매개체에 지나지 않으며, 계산의 마지막 단계에서는 기적적으로 사라져버린다. 반면 라이프니츠는 무한소를 대단히 좋아했다. 뉴턴이 $o\dot{x}$라고 썼던 것을 라이프니츠는 x의 무한히 작은 조각이라는 뜻에서 dx로 썼다. 라이프니츠의 계산에서 이 무한소는 끝까지 사라지지 않는다. 라이프니츠에 따르면 x에 대한 y의 도함수는 무한소들이 배제된 유율들의 비 $\dot{y}/\dot{x}$가 아니라 무한소들의 비 dy/dx이다.

라이프니츠의 미적분에서 dx와 dy는 보통의 수들처럼 자유롭게 다루어지기 때문에 오늘날의 수학자와 물리학자들은 대개 뉴턴이 아니라 라이프니츠의 표기법을 사용한다. 라이프니츠의 미적분은 뉴턴의 것에 맞먹는 위력을 지녔지만, 이 표기법 덕분에 좀 더 강력하다고 할 수 있다. 하지만 그런데도 라이프니츠의 미적분 역시 뉴턴의 유율을 괴롭힌 0/0이라는 금지된 속성을 여전히 가지고 있었다. 따라서 이 결함이 남아 있는 한 미적분의 기초는 논리가 아니라 신앙이라고 봐야 했다. 라이프니츠가 이진수와 같은 새로운 수학적 개념을 창안했을 때 그는 이미 그런 경향을 보이고 있었다. 이 개념을 이용하면 모든 수는 0과 1의 배열로 나타낼 수 있는데, 라이프니츠는 이것을 우주가 신(1)과 무(0)만으로 표현될 수 있다는 뜻으로 풀이하여 '무에서의 창조creation ex nihilo'에 상응하는 것이라고 여겼다. 심지어 그는 이를 이용하여 중국인을 기독교로 개종시키라고 예수회 사람들을 설득하기도 했다.

미적분의 진정한 발명자가 누구인지에 대해 싸우는 데 시간을 허비했기 때문에, 수학자들은 오랜 세월이 지나서야 비로소 미적분을 그 신비로운 토대에서 해방하려는 일을 시작했다.

뉴턴이 1660년대에 먼저 이 아이디어를 떠올렸다는 점에 대해서는 의문의 여지가 거의 없다. 하지만 그는 이 연구를 20년이 넘도록 펴내지 않았다. 뉴턴은 과학자였지만 신학자이자 마술사였고 연금술사이기도 했다. 한 예로 그는 성경의 구절을 이용하여 그리스도의 재림이 1948년 무렵에 있을 것이라고 결론지었다. 그의 견해 가운데 많은 것들이 이단적어서인지 그는 연구를 출간하는 데 주저했고 은밀하게 굴었다. 이처럼 뉴턴이 자신의 발견을 감추고 있는 사이에 라이프니츠도 미적분을 개발했다. 이윽고 두 사람은 상대방이 표절했다고 비난하기 시작했으며, 뉴턴을 지지하던 영국의 수학계는 라이프니츠를 지지하는 유럽의 수학계를 멀리하게 되었다. 나아가 영국은 더 뛰어난 라이프니츠의 미분 표기법을 버리고 뉴턴의 유율 표기법을 고집했는데, 이는 결국 손실을 자초한 셈이었다. 이 때문에 영국은 미적분이 발전하는 과정에서 유럽 대륙의 경쟁자들보다 한참 뒤떨어지게 되고 말았다.

미적분을 뒤덮고 있던 불가사의한 0과 무한대에 최초로 관심을 보인 사람은 영국인이 아니라 프랑스인으로 추정된다. 수학자들은 미적분을 처음 배울 때 로피탈l'Hôpital의 규칙을 배운다. 그러나 이상한 일이지만 로피탈의 이름이 들어간 이 규칙을 만들어낸 사람은 그가 아니었다. 1661년 태어난 기욤 프랑소아 앙트완 드 로피탈Guillaume-François-Antoine de l'Hôpital은 후작으로서 대부호였다. 그는 일찍부터 수학에 관심을 가졌지만, 군대에서 상당한 시간을 보내면서 기병대의 지휘관이 되었는데 얼마 뒤 진심으로 사랑하던 수학으로 돌아왔다.

로피탈은 돈으로 살 수 있는 최고의 선생을 사들였다. 바로 스위스의 수학자 요한 베르누이Johann Bernoulli였는데, 그는 라이프니츠가 개발한 무한소의 미적분을 일찍 통달한 사람들 가운데 한 사람이었다. 1692년 베르누이는 로피탈에게 미적분을 가르쳤다. 새로운 수학에 깊이 매료된 로피탈은 베르누이를 설득하여 돈을 지불하고 베르누이가 얻은 모든 새로운 수학적 발견을 자신이 전부 자유롭게 쓰기로 했다. 그 결과 한 권의 책이 나왔다. 1696년 로피탈의 이름으로 출판된 『무한소 해석Analyse des infiniment petits』은 미적분에 관한 최초의 교재로 유럽의 많은 지역에 라이프니츠 방식의 미적분을 소개했다. 로피탈은 여기서 미적분의 기초를 설명했을 뿐 아니라 몇몇 흥미로운 성과도 함께 실었는데, 그중 가장 유명한 것이 바로 로피탈의 규칙이다.

로피탈의 규칙은 미적분의 전 분야에서 튀어나오는 골치 아픈 0/0 형태의 식에 대한 최초의 해법이었다. 이 규칙은 어떤 점에서 0/0으로 수렴하는 함수의 올바른 값을 구하는 방법을 제공해준다. 로피탈의 규칙에 따르면 이 분수의 값은 분모와 분자에 들어가는 식들의 도함수를 각각 구하여 나눈 것과 같다. 예를 들어

$x=0$일 때의 $x/(\sin x)$를 생각해보자. $x=0$이면 $\sin x=0$이므로 이 식은 0/0이다. 하지만 로피탈의 규칙을 쓰면 x와 $\sin x$의 도함수는 각각 1과 $\cos x$인데, $x=0$이면 $\cos x=1$이므로 올바른 값은 1/1, 곧 1이다. 이 규칙을 적절히 변형하면, ∞/∞, 0^0, 0^∞, ∞^0과 같은 묘한 식들도 해결할 수 있다.

특히 0/0을 비롯한 이 모든 식은 분모와 분자에 들어가는 식을 적절히 다룸으로써 원하는 대로 어떤 값으로도 만들 수 있으며, 바로 이 때문에 0/0을 부정(형)이라고 부른다. 이제 0/0은 더는 미스터리가 아니다. 조심스럽게 접근하기만 한다면 수학자들은 0/0에서도 어느 정도의 정보를 뽑아낼 수 있다. 이에 따라 0도 피해 갈 적이 아니라 탐구해야 할 수수께끼가 되었다.

1704년에 로피탈이 죽은 지 얼마 되지 않아 베르누이는 로피탈이 자신의 연구를 훔쳤다는 의사를 내비치기 시작했다. 당시 수학계는 베르누이의 주장을 받아들이지 않았다. 로피탈 자신이 유능한 수학자임을 보여주기도 했지만, 베르누이의 평판이 나빴기 때문이기도 했다. 그는 전에도 다른 수학자의 증명이 자신의 것이라고 주장한 적이 있었는데, 이 다른 수학자는 바로 그의 형 자코브 베르누이Jakob Bernoulli였다. 하지만 이번에는 요한 베르누이의 주장이 옳은 것으로 밝혀졌다. 로피탈과 주고받은 편지가 이를 뒷받침했다. 베르누이에게는 좀 안됐지만 그때는 이미 로피탈의 규칙이라는 이름으로 굳어진 후였다.

로피탈의 규칙은 0/0과 관련된 몇 가지 어려움을 해소하는 데에는 매우 중요했지만, 배경에 깔린 문제는 여전히 미해결이었다.

뉴턴과 라이프니츠의 미적분은 0으로 나누기와 제곱하면 기적적으로 사라져버리는 수에 근거하고 있다. 로피탈의 규칙은 0/0 위에 세워진 도구로 0/0을 분석하므로 순환 논증에 지나지 않는다. 전 세계의 수학자와 물리학자가 대자연을 설명하는 데에 미적분을 사용하기 시작함에 따라 이 문제에 대한 항변의 목소리가 교회에서 터져 나왔다.

뉴턴이 죽은 지 7년이 지난 1734년 아일랜드의 주교인 조지 버클리가 줄여서 『해석학자』라고 부르는 『해석학자 또는 믿음이 없는 수학자에 대한 설교The Analyst, Or a Discourse Addressed to an Infidel Mathematician』라는 책을 펴냈다. 여기의 믿음이 없는 수학자는 필경 언제나 뉴턴을 지지했던 에드먼드 핼리Edmund Halley일 것이다. 아무튼 버클리는 책에서 0과 관련된 뉴턴과 라이프니츠의 교묘한 속임수를 맹렬히 비난했다.

버클리는 무한소를 죽은 양量들의 유령이라고 부르면서 이것을 아무 근거 없이 없애버리면 어떻게 모순으로 귀결되는지를 보였다. 그는 2차나 3차의 유율 또는 2차나 3차의 미분을 그냥 삼켜버릴 수 있는 사람은 신과 관련된 어떤 논점도 다룰 필요가 없다고 결론지었다.

당시의 수학자들은 버클리의 논리에 코웃음 쳤지만, 이 훌륭한 주교는 전적으로 옳았다. 이 무렵의 미적분은 수학의 다른 분야와는 아주 달랐다. 예를 들어 수학자들은 기하의 모든 정리를 유클리드Euclid가 제시한 몇 가지의 공리를 택하여 한 걸음 한 걸음 매우 조심스럽게 나아가면서 엄밀하게 증명했다. 수학자들은 이런 방식으로 삼각형의 내각의 합이 180도라는 것을 비롯한 수많은 기하학적 사실을 밝혀냈다. 하지만 미적분은 믿음에 근거했다.

아무도 무한소를 제곱하면 왜 사라지는지를 설명하지 못했다. 사람들은 적절한 단계에서 이것을 사라지게 하면 옳은 답이 나온다는 사실을 그냥 받아들일 뿐이었다. 수학의 규칙을 임의로 무시하기는 했지만 어쨌든 이로써 사과가 떨어지는 것부터 하늘을 가로지르는 행성들의 궤도에 이르기까지 모든 것을 설명할 수 있었으므로 미적분에서 0으로 나누는 것의 문제점을 괘념하는 사람은 거의 없었다. 이처럼 옳은 답을 얻기는 했지만 바로 이런 면에서 미적분을 쓰는 것은 신에 대한 신앙 고백을 하는 믿음의 행동과 다를 게 없었다.

신비주의의 끝

어떤 양量은 유와 무 가운데 하나이다. 유라면 아직 사라지지 않은 것이고 무라면 문자 그대로 사라진 것이다. 이 둘 사이의 중간체가 있다는 추정은 불가능한 희망에 지나지 않는다.

— 장 르 롱 달랑베르Jean Le Rond d'Alembert

프랑스혁명의 그늘 아래에서 미적분의 불가사의가 제거되었다.

18세기 말에 전 유럽의 수학자들은 그 토대가 불안했음에도 미적분이라는 새로운 도구를 사용하여 엄청난 성장을 일궈내고 있었다. 브룩 테일러Brook Taylor와 콜린 매클로린Colin Maclaurin은 대륙으로부터 고립된 이 시기에 영국 최고의 수학자들이었다. 이들은 미적분을 사용하여 함수를 완전히 새로운 형태로 표현했다. 예를 들어 수학자들은 미적분의 몇 가지 기법을 활용하면 $1/(1-x)$라는 함수를 다음과 같이 쓸 수 있다는 사실을 알아냈다.

$$1+x^2+x^3+x^4+x^5+\cdots$$

극단적으로 달라 보이는 이 두 식은 몇 가지 원칙을 포함해 실제로는 정확히 동일하다.

0과 무한대의 성질에서 유래하는 이 원칙들은 때로 매우 중요할 수 있다. 스위스의 수학자 레온하르트 오일러Leonhard Euler는 미적분을 활용하면 0과 무한대를 쉽게 다룰 수 있다는 사실에 영감을 받아 테일러와 매클로린이 썼던 것과 비슷한 추론을 활용해 다음의 합이 0과 같음을 "증명"했다.

$$\cdots\ 1/x^3+1/x^2+1/x+1+x+x^2+x^3\ \cdots$$

(뭔가 수상한 일이 일어나고 있다고 생각되어 위 내용을 검증하고 싶다면 x에 1을 넣고 어찌 되는지 살펴보기 바란다.) 오일러는 뛰어난 수학자로 수학사에 엄청난 영향력과 가장 많은 논문을 남겼다. 하지만 이 문제에서 그는 0과 무한대를 부주의하게 다룸으로써 엉뚱한 길로 빠져버렸다.

미적분에서 마침내 0과 무한대를 길들임으로써 수학에서 신비주의를 몰아낸 사람은 애초에 버려진 아이였다. 1717년 파리의 쌩 장 밥티스트 르 롱 교회의 계단에서 한 갓난아이가 발견되었다. 이 사건으로 인해 장 르 롱으로 이름 지어진 아이는 성인이 된 뒤 스스로 성姓을 달랑베르d'Alembert라고 지었다. 그는 가난한 노동자 부부에 의해 키워졌는데 양아버지는 유리공이었다. 하지만 훗날 생부는 장군이고 생모는 귀족이었음이 밝혀졌다. 달랑베르는 드니 디드로Denis Diderot와 함께 20여 년의 노력을 통해 출판한 인류 지식의 집대성, 『백과전서Encyclopdie』로 가장 유명하다. 하지만 그는 『백과전서』의 편찬자에 머물지 않았다. 그는 정답 못지않게 그 답을 얻는 과정도 중요하다는 사실을 깨닫고, 극한의 개념을 창안하여 0과 관련된 미적분의 문제를 해결했다.

아킬레스와 거북이의 이야기를 다시 떠올려보자. 이 이야기에는 갈수록 0에 수렴하는 무한한 단계의 합이 나타난다. 아킬레스의 문제나, 곡선 아래의 넓이를 구하는 문제나, 수학 함수의 다른 표현을 구하는 문제 등을 막론하고 무한합을 다룰 때면 수학자들은 모순되는 결과에 마주치곤 했다.

달랑베르는 경주의 극한을 고려한다면 아킬레스의 문제가 해소된다는 점을 깨달았다. 앞의 예에서 단계마다 아킬레스와 거북이는 2미터 지점에 점점 더 가까워진다. 아무리 많은 단계를 통해서도 이 지점을 넘지 못하고 심지어 둘이 같은 위치에 있지도 못한다. 단지 매 순간 둘은 2미터 지점에 점점 더 가까워질 뿐이다. 그러므로 이 경주의 궁극적 종착점이라 할 극한은 2미터 지점이며 그곳에서 아킬레스는 거북이를 추월한다.

이 경주의 극한이 실제로 2미터라는 사실을 어떻게 증명할까? 자, 내게 도전해보시라. 내게 어떤 작은 거리를 제시하면 그게 아무리 작더라도 나는 아킬레스와 거북이가 언제 극한으로부터 이 작은 거리만큼 떨어진 곳을 통과하게 되는지를 말해줄 수 있다.

예를 들어 당신이 내게 1/1,000미터를 제시했다고 생각해보자. 그러면 나는 잠시 계산한 뒤 11단계를 거치면 아킬레스는 2미터 지점으로부터 100만분의 977미터 떨어진 곳에 오고 거북이는 그 절반이 되는 곳에 온다는 답을 내놓는다. 나의 이 답은 제시된 거리보다 100만분의 23미터 더 짧은 거리에 대한 것이다. 만일 10억분의 1미터를 제시한다면 어떨까? 31단계를 거치면 아킬레스는 목표 지점에서 1조분의 931미터 되는 곳에 오고 거북이는 그 절반이 되는 곳에 오며, 이 답은 제시된 거리보다 1조분의 69미터 더 짧은 거리에 대한 것이다. 같은 방식으로 나는 당신이 아무리 짧은 거리를 제시하더라도 항상 아킬레스가 언제 목표 지점에서 그 거리만큼 떨어진 곳에 오게 되는지 대답해줄 수 있다. 이상의 내용은 경주가 진행됨에 따라 아킬레스는 2미터 지점에 얼마든지 가까워질 수 있다는 사실을 뜻하며, 따라서 2미터는 이 경주의 극한이다.

이제 이 경주를 무한히 많은 부분의 합으로 보는 대신 유한한 부분 경주의 극한으로 생각해보자. 예를 들어 첫 번째 경주에서 아킬레스는 1미터까지 달린다. 지금까지 모두 1미터를 달린 것이다. 그 다음 경주를 한다면 아킬레스는 두 번째 경주까지 마친 것이고, 처음 경주에서 1미터, 두 번째 경주에서 1/2미터를 달려 곧 1.5미터를 달린다.

$$1+1/2$$

셋째 경주를 통해 아킬레스는 모두 1+1/2+1/4, 곧 1.75미터를 달린다.

$$1+1/2+1/4$$

이와 같이 부분 경주들은 잘 규정되어 있고 유한하므로 우리는 결코 무한과 마주치지 않는다.

달랑베르가 이처럼 제시한 아이디어는 프랑스의 오귀스탱 코시Augustin Cauchy와 체코의 베른하르트 볼차노Bernhard Bolzano, 독일의 칼 바이어슈트라스Karl Weierstrass 등이 정식으로 체계화했다. 이에 따르면 무한합

$$1+1/2+1/4+1/8+\cdots+1/2^n+\cdots$$

은 다음과 같이 표현될 수 있다.

$$\lim_{n\to\infty}\left(1+\frac{1}{2}+\frac{1}{4}+\frac{1}{8}+\frac{1}{2^n}\right)$$

이러한 표기상의 아주 미묘한 변화로 인해 이후의 세상은 완전히

달라졌다.

수식에 무한대가 들어 있거나 0으로 나눌 때면 그것이 사칙연산처럼 단순한 것일지라도 모든 수학적 연산은 의미를 잃고 엉망이 되어버린다. 이에 따라 급수에서 무한개의 항을 다룰 때는 +기호조차도 간단하게 보이지 않으며, 이 장의 서두에서 본 것과 같이 +1과 -1의 무한합이 0이기도 하고 1이기도 했던 것은 바로 이 때문이었다.

하지만 급수의 앞에 이 극한 기호를 넣으면 과정과 목표가 분리되며, 이에 따라 0과 무한대를 연산하는 것을 피할 수 있게 된다. 아킬레스의 부분 경주들이 유한한 것과 마찬가지로 극한의 식에 들어 있는 부분합들도 유한하다. 따라서 이 항들에 대해서는 더하기, 나누기, 제곱하기 등 원하는 모든 연산을 할 수 있다. 모든 게 유한하므로 수학의 규칙들이 모두 성립한다. 그리고 모든 연산을 마친 뒤 극한을 취하므로, 수식이 어떤 값으로 다가가는지 추론하여 알아낼 수 있다.

때때로 극한이 존재하지 않을 때도 있다. 예를 들어 +1과 -1의 무한합은 극한을 갖지 않는다. 이 수열의 부분합은 1과 0을 왔다 갔다 하므로 그 목적지를 알 수 없다. 반면 아킬레스의 경주에서는 부분합이 1, 1.5, 1.75, 1.875, 1.9375으로 2에 계속 가까워진다. 따라서 그 합에는 목적지, 곧 극한이 존재한다.

도함수를 구할 때도 마찬가지이다. 뉴턴과 라이프니츠처럼 0으로 나누는 대신 오늘날의 수학자들은 0에 접근시키는 어떤 수로 먼저 나눈다. 그것은 0이 아니므로 나누기는 완전히 합법적이며,

그 후 극한을 취한다. 도함수를 구하기 위해 제곱한 무한소를 날려버리고 0으로 나누는 것과 같은 교묘한 속임수는 이제 더 필요하지 않다(부록 C).

이런 논리는 쓸데없이 세세하게 신경 쓰는 것 같기도 하고 뉴턴의 유령 못지않은 미스터리처럼 보이기도 한다. 하지만 실제로는 그렇지 않으며, 수학자들이 요구하는 논리적 엄밀성을 완벽히 충족한다. 극한의 개념은 모순 없는 확고한 기반 위에 세워져 있다. 극한은 상극한limit supremum과 하극한limit infimum으로 불리는 두 수의 수렴으로 정의할 수도 있고, 그 외 여러 방법으로 극한을 정의하고 있으므로 앞에서 했던 것과 같이 "자, 내게 도전해보시라" 하는 식의 논증은 굳이 거치지 않아도 된다. (나는 이에 대한 멋들어진 증명법을 알고 있지만 그 설명은 이 책의 범위를 벗어난다.) 이처럼 극한은 논리적으로 완벽하므로 극한을 이용하여 도함수를 정의하면 이 또한 논리적으로 완벽해지며, 결국 미적분은 확고한 기반을 지니게 된다.

이제 더는 0으로 나눌 필요가 없다. 수학의 영역에서 신비주의는 사라졌고 논리가 다시 수학의 영역을 지배하게 되었다. 그리하여 프랑스혁명 이후의 '공포정치'가 찾아올 때까지 평화가 이어졌다.

Chapter **6**
Infinity's Twin

무한대의 쌍둥이

[0의 무한한 속성]

신은 정수를 만들었다. 다른 수는 모두 인간이 만든 것이다.

— 레오폴트 크로네커 Leopold Kronecker

0과 무한대는 이상하게도 언제나 닮아 보인다. 어떤 수에도 0을 곱하면 0이 되고, 무한대를 곱하면 무한대가 된다. 어떤 수를 0으로 나누면 무한대가 되고, 어떤 수를 무한대로 나누면 0이 된다. 어떤 수에 0을 더하면 그 수는 변치 않고, 무한대에 어떤 수를 더하면 무한대는 변치 않는다. 이 유사성은 르네상스 이래 명백했다. 하지만 수학자들은 프랑스혁명 이후에 비로소 0의 커다란 비밀을 밝혀낼 수 있었다.

0과 무한대는 동전의 양면과 같다. 동등하지만 반대이고, 음과 양이며, 수의 영역 양극단에서 동등한 힘을 갖는 맞수이다. 골치 아픈 0의 속성은 무한대의 기이한 힘과 연관되어 있으므로 0을 연구하면 무한대를 이해할 수 있다. 이를 밝히기 위해 수학자들은 원이

선이 되고, 선이 원이 되며, 0과 무한대가 양극에 자리 잡은 환상의 세계를 탐험해야 했다.

허수

허수는 존재와 비존재의 사이에 있는 양서류와 같은 것이며, 성스러운 영혼의 놀랍도록 훌륭한 피난처이다.

— 고트프리트 빌헬름 라이프니츠

수학자들이 오래도록 거부해왔던 수는 0만이 아니었다. 0이 그리스인의 편견 때문에 고난을 겪은 것처럼 기하학적 의미가 없다는 이유로 무시된 수들이 있었다. 그 가운데 하나인 i는 0의 기이한 속성에 대한 열쇠를 쥐고 있다.

대수代數는 수에 대한 다른 관점을 보여주었는데 이는 그리스의 기하학적 관점과는 완전히 달랐다. 그리스인처럼 포물선의 안쪽 넓이를 측정하려 시도하는 대신, 초기의 대수학자들은 서로 다른 수들 사이의 관계를 나타내고 있는 방정식의 해를 찾으려 노력했다. 예를 들어 $4x-12=0$이라는 간단한 방정식은 미지수 x가 4, 12 그리고 0과 어떻게 관련되어 있는지를 보여준다. 대수학을 배우는 학생들이 할 일은 이 수 x가 무엇인지를 알아내는 것이다. 이 경우 x는 3이다. 위의 방정식의 x에 3을 대입해보면 방정식이 충족됨을 알 수 있다. 이때 3은 방정식 $4x-12=0$의 해라고 부른다. 다르게 표현하면 3은 $4x-12$를 0으로 만드는 근이라고 하기도 한다. 여러 가지 기호를 엮어서 방정식을 만들다 보면 예기치 않은 것이 나올 때가 있다. 예를 들어 앞선 방정식의 마이너스(-) 부호를 플러스(+)로 바꾸어보자. 그러면 여전히 평범해 보이는 $4x+12=0$이라는 방정식이 나온다. 하지만 이 방정식의 해는 -3, 곧 음수가 나온다.

인도 수학자들은 0을 받아들였지만, 유럽인은 몇 세기 동안 거부했다. 동양은 음수를 포용했지만 서양은 무시하려 했다. 심지어 17세기에 이르러서도 데카르트는 음수를 방정식의 근으로 인정하지 않았다. 그는 이것을 '가짜 근'이라고 불렀으며, 이는 그가 왜 자신의 좌표계를 음수의 영역까지 확장하지 않았는지를 설명해준다. 데카르트는 발전에 뒤처진 낙오자였으며, 역설적으로 대수와 기하를 결합한 자기 업적의 피해자였다. 음수는 오래전부터 대수학자에게 유용했고 심지어 서양의 대수학자에게도 그랬다. 음수는 방정식을 풀 때 수시로 나타나며 2차방정식도 예외가 아니다.

$4x-12=0$과 같은 1차방정식의 풀이는 아주 쉽다. 대수학자의 관심은 이러한 문제에 오래 머물지 못했다. 그들의 관심은 더 어려운 2차방정식으로 옮겨갔다. 2차방정식은 $x^2-1=0$처럼 x^2으로 시작되는 방정식을 말한다. 2차방정식은 1차방정식보다 복잡한데, 그 한 가지 근거로 2차방정식은 두 개의 서로 다른 근을 가질 수 있기 때문이다. 예를 들어 $x^2-1=0$은 1과 -1이라는 두 근을 갖는데, 1과 -1을 에 대입해보면 쉽게 확인할 수 있다. 두 숫자가 각각 해가 될 수 있다. (x^2-1)은 $(x-1)(x+1)$으로 분해해서 표현할 수 있는데, 이 경우 x가 1이나 -1일 경우 전체 식이 0이 되는 것을 쉽게 알 수 있다.

2차방정식이 1차방정식보다 복잡하기는 하지만 그 근을 구하는 간단한 방법이 있다. 그것은 2차방정식의 근의 공식으로 중학교 수학 과정에서 배우는 중요한 공식 중 하나이다. 2차방정식 $ax^2+bx+c=0$의 근을 알려주는 근의 공식은 다음과 같다.

$$x=\frac{-b\pm\sqrt{b^2-4ac}}{2a}$$

여기서 +부호는 하나의 근을 산출하고 -부호는 또 다른 근을 산출한다. 이 근의 공식은 수 세기 전부터 사용되었는데, 실제로 9세기의 수학자 알콰리즈미는 거의 모든 2차방정식을 풀 수 있었다. 다만 그는 음수를 근으로 여기지는 않았다. 오래지 않아 대수학자들은 음수도 방정식의 정당한 근으로 인정하기 시작했다. 그러나 허수의 경우는 좀 달랐다.

허수는 1차방정식에서는 절대 나타나지 않으며 2차방정식에서부터 갑작스럽게 나타나기 시작한다. $x^2+1=0$의 경우를 살펴보도록 하자. 어떤 수도 이 방정식의 근이 될 수 없을 것처럼 보인다. -1, 3, -750, 235.23 등, 머릿속에 떠오르는 어떤 양수나 음수를 대입해도 이 방정식은 충족되지 않기 때문이다. 이 방정식은 쉽게 인수분해를 할 수도 없다. 게다가 위에서 본 근의 공식을 이용하면 엉터리 같은 다음 두 개의 근이 나온다.

$$+\sqrt{-1} \text{ 그리고 } -\sqrt{-1}$$

이 근들은 아무 의미도 없어 보인다. 인도 수학자 바스카라는 12세기에 "음수는 제곱수가 아니므로 음수의 제곱근은 없다"라고 썼다. 바스카라를 비롯한 많은 사람은 양수를 제곱하면 양수가 나온다는 사실을 알고 있었다. 예를 들어 2를 제곱하면 4가 나온다. 그런데 음수를 제곱한 때도 양수가 나온다. -2의 제곱은 4라는 데에서 알 수 있다. 한편 0의 제곱은 0이다. 양수와 음수, 0 모두 제곱하면 음이 아닌 제곱수가 나온다. 그러므로 수직선 위에 존재하는 수 중에 제곱해서 음수가 되는 수는 없다. 그러므로 음수의 제곱근은 황당한 개념인 듯싶었다.

데카르트는 이러한 수들이 음수보다 더 나쁘다고 생각했다. 그래서 음수의 제곱근에 경멸적인 이름을 붙여 허수imaginary number라고 불렀다. 결국 이 이름은 그대로 굳어졌고 이 때문에 i가 -1의 제곱근에 대한 기호가 되었다.

대수학자들은 i를 사랑했지만 다른 사람들은 대부분 싫어했다. i는 $x^3+3x+1=0$과 같은 다항방정식을 푸는 데에 아주 좋은데, 사실 i를 수에 포함하면 모든 다항방정식을 풀 수 있다. $x^2+1=0$도 쉽게 $(x-i)(x+i)=0$으로 인수분해되며, 따라서 이 방정식은 $+i$와 $-i$의 두 근을 가진다. 나아가 $x^3-x^2+x-1=0$과 같은 3차방정식은 $(x-1)(x+i)(x-i)$와 같이 세 개의 인수로 분해되고, 4차방정식은 네 개, 5차 방정식은 다섯 개의 인수로 분해된다. 이처럼 모든 n차 다항방정식은 n개의 인수로 분해되며, 따라서 n개의 근을 갖는데 이것이 바로 대수의 기본 정리이다. 수학자들은 일찍이 16세기부터 3차와 4차 방정식을 풀기 위해 i가 포함된 수, 곧 복소수를 이용했다. 많은 수학자가 복소수를 편리한 허구로 보았지만 어떤 사람들은 거기서 신을 발견했다.

라이프니츠는 i가 존재와 비존재의 기괴한 혼합물로서, 그의 2진법 체계에서 1(신)과 0(무)을 잇는 가교와 같은 것으로 생각했다. 그는 i를 성령에 비유했는데, 둘 다 거의 실질적 존재를 갖지 못한 천상의 존재였다. 하지만 라이프니츠조차도 i가 결국 0과 무한대의 관계를 밝히게 되리라는 점은 깨닫지 못했다. 진정한 관계가 밝혀지려면 수학에 있어서 두 가지의 중요한 발전이 선행되어야 했다.

점과 대점

우리는 이 개념들이 이미 알려진 성질을 아주 간단하게 증명해줄뿐더러 보통의 기하학으로는 쉽게 접근하기조차 어려울 듯한 무수히 많은 다른 성질도 밝혀낸다는 점을 알게 될 것이다.

— 장 빅토르 퐁슬레 Jean Victor Poncelet

첫 번째 발전인 사영기하학 projective geometry은 전쟁의 소용돌이 속에서 태어났다. 1700년대에 프랑스, 영국, 오스트리아, 프로이센, 스페인, 네덜란드 등 많은 나라가 팽팽하게 힘을 겨루며 경쟁했다. 이들은 동맹을 맺고 깨기를 되풀이하면서 식민지를 둘러싼 새로운 영토 분쟁을 벌였고, 신세계와의 무역을 지배하기 위해 투쟁했다. 프랑스와 영국을 비롯한 많은 나라가 18세기 전반

내내 티격태격하더니 뉴턴 사망 후 약 4반세기가 지날 무렵 결국 전면적인 전쟁이 발발했다. 그리하여 영국과 프로이센은 프랑스, 오스트리아, 스페인, 러시아를 상대로 9년 동안 전쟁을 벌였다. 1763년 프랑스가 항복함으로써 7년전쟁이 끝났다. (공식적인 전쟁 선포가 있기 2년 전 이미 전쟁은 시작되었다.)

영국은 이 승리에 힘입어 세계적인 강대국으로 부상했지만 값비싼 대가를 치러야 했다. 영국과 프랑스는 모두 녹초가 되었고 빚더미에 올라앉았으며 결국에는 혁명이 초래되었다. 7년전쟁이 끝나고 10여 년 뒤에는 미국의 독립전쟁이 시작되었다. 이 혁명으로 영국은 가장 풍요로운 식민지를 잃었다. 조지 워싱턴George Washington이 새로 건국된 미합중국에서 대통령 취임 선서를 했던 1789년에는 프랑스혁명이 일어났으며, 4년 뒤 혁명가들은 국왕의 목을 벴다.

수학자 가스파르 몽주Gaspard Monge는 국왕의 사형에 대한 혁명 정부의 서류에 서명했다. 몽주는 3차원 기하를 전공한 노련한 기하학자로, 건축가와 기술자가 건물과 기계의 도면을 그리는 방법을 개발했는데, 이 방법에 따라 물체를 수평면과 수직면으로 투영해서 그리면 그것을 재구성하는 데에 필요한 모든 정보를 담을 수 있었다. 몽주의 업적은 군사적으로 매우 중요했기 때문에 혁명 정부와 뒤이은 나폴레옹 정부는 그중 많은 부분을 국가 기밀로 했다.

몽주의 제자였던 장 빅토르 퐁슬레는 나폴레옹 군대의 기술자가 되기 위해 훈련받는 과정에서 3차원 기하를 배웠다. 불행하게도 그는 1812년 나폴레옹이 모스크바로 원정을 막 떠날 때 입대

했다.

원정 실패 후 나폴레옹 군대는 모스크바로부터 퇴각하는 과정에서 혹독한 추위와 가혹한 러시아군에 시달리면서 거의 모든 것을 잃었다. 도중에 벌어진 크라스노이 전투에서 퐁슬레는 전사자로 전장에 버려졌지만 살아남아 포로가 되었다. 이후 러시아의 감옥에서 갇혀 지내던 중에 사영기하라는 새로운 분야를 확립했다.

퐁슬레의 수학적 연구는 브루넬리스키나 레오나르도 다빈치와 같이 원근법을 이용하여 그림을 사실적으로 그리는 방법을 발견한 15세기의 미술가와 건축가가 시작했던 작업을 정점에 이르게 했다. 원근법을 활용해 그린 그림 속의 평행선은 소실점에서 만나지만 이를 보는 사람들에게는 절대 만나지 않을 것처럼 느껴진다. 바닥의 정사각형이 그림 속에서는 사다리꼴이 되듯 모든 것은 조심스럽게 왜곡되지만, 관찰자들의 눈에는 완전히 자연스럽게 보인다. 이는 바로 무한히 먼 곳에 있는 점, '무한원점'의 속성이다.

행성이 타원 궤도로 공전한다는 것을 발견한 요하네스 케플러는 무한원점의 아이디어를 받아들여 한 단계 더 발전시켰다. 타원에는 두 개의 중심 혹은 초점이 있는데 길쭉한 타원일수록 그 사이의 거리가 멀다. 모든 타원은 그 안쪽을 거울이라 가정하고 한 초점에 광원을 놓으면 여기서 나온 모든 빛은 다른 초점으로 모이게 되는 성질을 갖고 있는데, 타원이 아무리 길쭉하더라도 이 성질은 성립한다(그림 29).

케플러는 마음속으로 타원을 점점 길게 늘여 초점 사이의 거리도 점점 늘어나도록 했다. 그리고 이어서 둘째 초점이 무한히 멀리

그림 29. 타원 안쪽의 빛

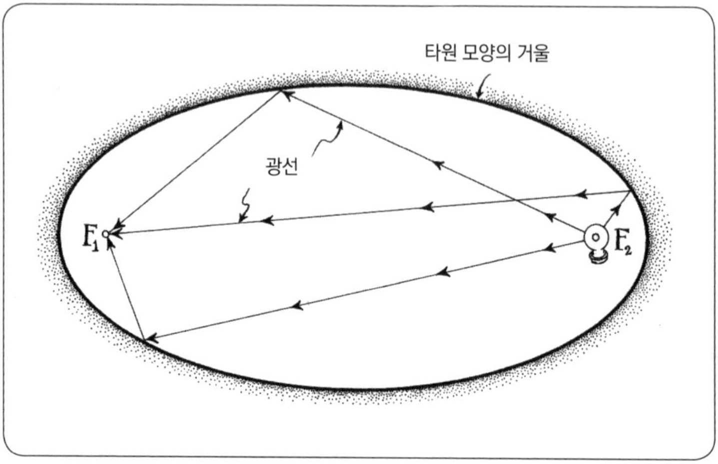

떨어지게 했다. 즉, 둘째 초점이 무한원점이 되도록 했는데, 그러자 타원은 갑자기 포물선으로 변했고 그곳으로 모이던 빛줄기는 모두 평행선으로 바뀌었다. 다시 말해서 포물선은 한 초점이 무한대에 있는 타원이다(그림 30).

이 과정은 손전등을 이용하여 쉽게 확인해볼 수 있다. 어두운 방의 벽 가까이 서서 손전등을 수직으로 비추면 벽에 둥근 원이 생긴다. 다음으로 손전등을 조금 비스듬히 기울이면 둥근 원이 길쭉한 타원으로 변하며, 점점 더 많이 기울일수록 타원은 더욱 길쭉해진다(그림 31). 그러다 어느 순간에 이르면 타원은 갑자기 한쪽 끝이 열리면서 포물선으로 변한다. 케플러의 무한원점은 타원과 포물선이 사실상 같은 것임을 증명했다. 사영기하학의 연구법은 이렇게 시작되었다. 수학자들은 기하학적 물체의 그림자와 투사를

그림 30. 타원을 늘이면 포물선이 된다

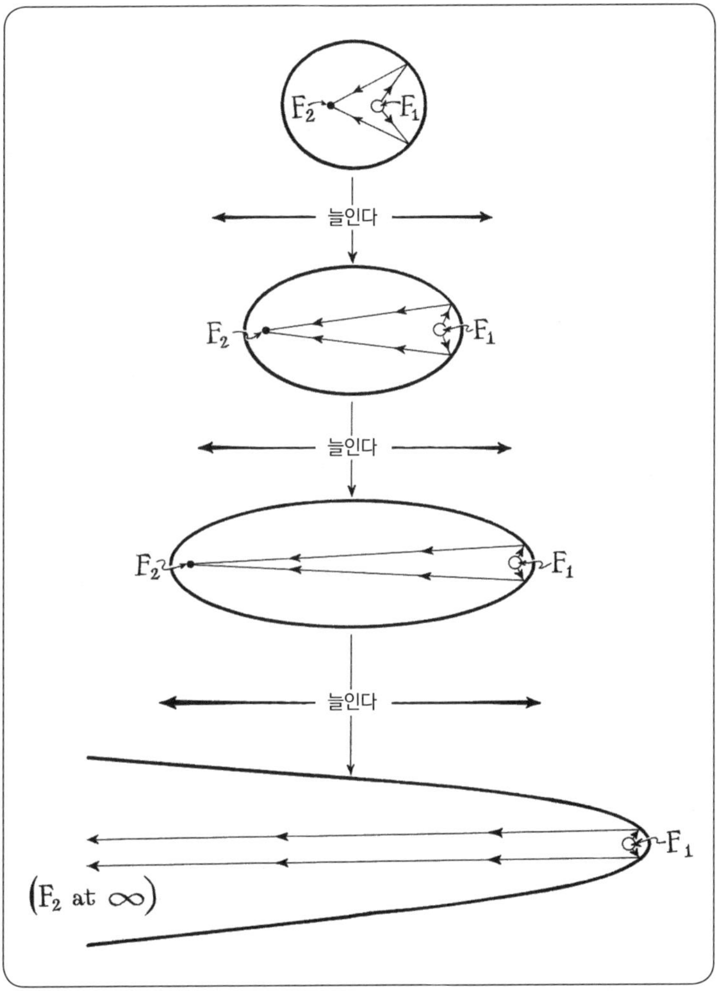

통해 타원과 포물선의 동등성보다 훨씬 강력한 숨겨진 진실들을 밝혀낼 수 있었다. 이는 무한원점을 받아들였기에 가능했다.

그림 31. 손전등으로 타원과 포물선 만들기

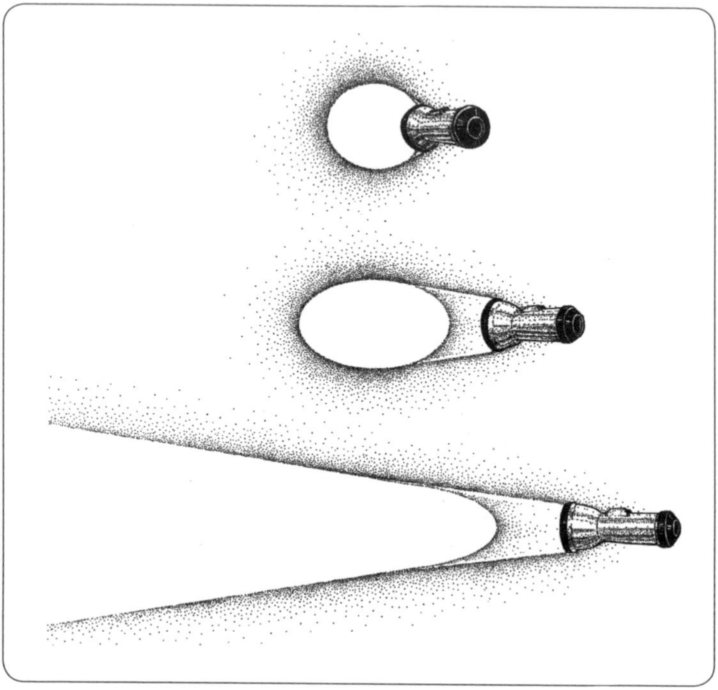

17세기 프랑스의 건축가 제라르 데자르그Gérard Desargues는 사영기하의 초기 개척자 가운데 한 사람이었다. 그는 무한원점을 이용하여 중요한 새 정리를 증명했지만 다른 사람들은 그의 용어도 이해하지 못하고 그를 미친 사람이라 여겼다. 그리하여 블레즈 파스칼과 같은 몇몇 수학자가 그의 업적을 발견했음에도 그는 잊혀 갔다.

이런 일들은 장 빅토르 퐁슬레에게는 아무 문제가 되지 않았다. 퐁슬레는 몽주의 제자였기에 두 평면에 투사해서 그리는 기법을 알고 있었으며, 전쟁포로로 시간적 여유가 많았다. 그는 전쟁포로로 잡혀 있는 동안 무한원점의 개념을 재발견했고 이것과 몽주의 업적을 결합함으로써 최초의 진정한 사영기하학자가 되었다. 러시아에서 당시 이미 진기한 골동품처럼 취급되던 주판 하나를 갖고 귀국한 퐁슬레는 사영기하를 높은 경지로 끌어올렸다.* 하지만 그는 사영기하가 0의 신비로운 본질을 밝힐 것이란 사실을 전혀 알지 못했다. 여기에는 두 번째의 중요한 발전이라고 할 복소평면complex plane이 필요했기 때문이다. 퍼즐의 이 조각을 얻으려면 독일을 살펴봐야 한다.

1777년 태어난 독일의 천재 수학자 칼 프리드리히 가우스Carl Friedrich Gauss는 수학자로서의 경력을 허수에 관한 연구로 시작했다. 그의 박사학위 논문은 2차방정식은 두 개, 3차방정식은 세 개, 4차방정식은 네 개의 근을 갖듯, 일반적으로 n차 방정식은 n개의 근을 갖는다는 대수의 기본 정리에 대한 증명이었다. 그런데 이는 실수뿐 아니라 허수도 인정해야만 참이다.

가우스는 평생 놀랍도록 다양한 주제에 관해 연구했는데, 이후

* 퐁슬레의 사영기하는 수학에서 가장 기이한 개념 중 하나인 '쌍대원리'를 내놓았다. 중학교 기하 과정에서 우리는 '두 점이 한 직선을 결정한다'라고 배운다. 하지만 무한원점의 관점을 받아들이면, '두 직선은 언제나 한 점을 결정한다.' 이처럼 '점'과 '직선'이라는 용어를 맞바꾸어 만들어지는 명제를 쌍대명제라고 하며, 이렇게 명제를 만드는 것을 쌍대화라고 한다. 서로 쌍대인 명제는 그 한쪽이 성립하면 다른 쪽도 성립한다. 이에 따르면 사영기하에서는 유클리드 기하의 모든 정리를 쌍대화할 수 있는데, 이는 사영기하의 새로운 정리로 확립되어 기하학의 평행우주 안에서 통합된 체계를 이룬다.

아인슈타인이 발표한 일반상대성이론의 핵심 요소가 된 곡률에 관한 연구는 그 한 예이다. 그런데 그는 수학에 있어 완전히 새로운 한 가지 구조를 밝혀내는 업적을 이루었는데 바로 복소수를 그래프로 나타내는 방법을 고안해낸 것이었다.

1830년대에 가우스는 $1-2i$ 처럼 실수부와 허수부를 가진 복소수를 수평축에 실수부, 수직축에 허수부를 나타내는 데카르트 좌표평면에 나타낼 수 있다는 사실을 알아냈다(그림 32). 복소평면이라고 불리는 이 간단한 구조물은 수의 행동에 대해 많은 것을 알려준다. 예를 들어 i를 보자. i와 x축 사이의 각도는 90도이다(그림 33). 그런데 i를 제곱하면 어찌 될까? 정의에 따르면 $i^2=-1$이므로 x축과의 각은 180도로서 i에 비해 각의 크기가 두 배이다.

그림 32. 복소평면

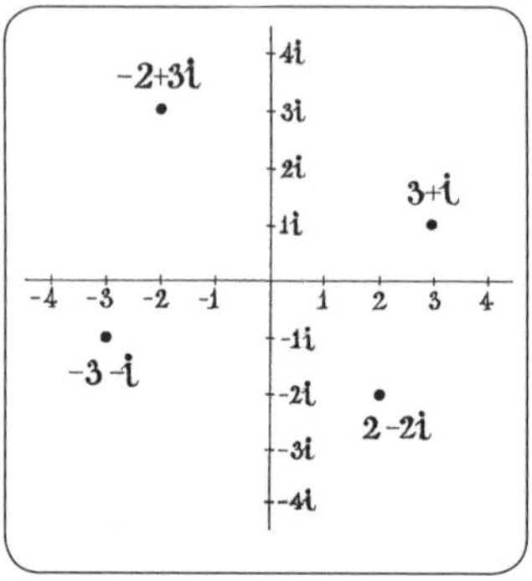

그림 33. i는 90도의 위치에 있다

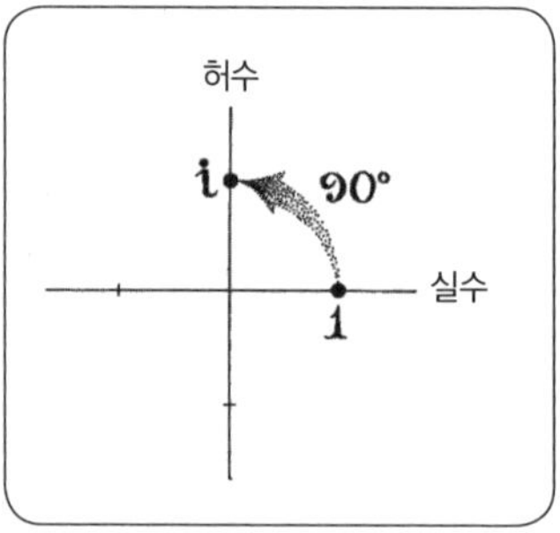

그림 34. i를 거듭제곱한 수들의 위치

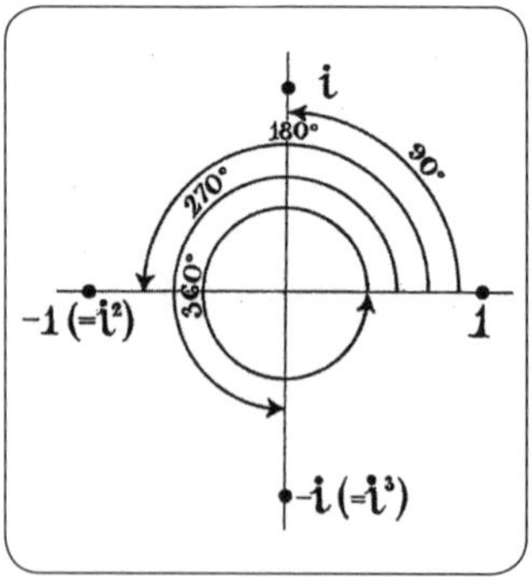

이어서 $i^3=-i$이므로 x축과의 각도는 270도로 90도의 세 배이고, $i^4=1$이므로 x축과의 각도는 90도의 네 배인 360도가 되어 한 바퀴를 빙 돈다(그림 34). 이런 결과는 우연이 아니다. 임의로 어떤 복소수를 택해 각도를 측정해보자. 그 후 n제곱하고 살펴보면 각도는 n배가 된다. 또한 거듭제곱을 계속하면 그 결과는 애초의 수가 중심이 원점에 있고 반지름이 1인 단위원의 안쪽 또는 바깥쪽에 있었는지에 따라 안쪽 또는 바깥쪽으로 감기는 나선을 그린다(그림 35). 이처럼 복소평면에서의 곱셈과 지수셈은 기하학적으로 표현되므로 그 과정을 실제로 볼 수 있다. 이것이 바로 두 번째의

그림 35. 단위원의 안쪽과 바깥쪽의 나선

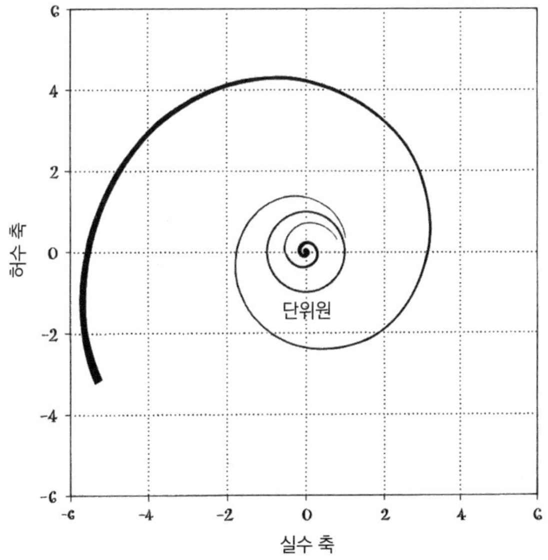

커다란 발전이었다.

이 두 아이디어를 결합한 사람은 가우스의 제자인 게오르크 프리드리히 베른하르트 리만Georg Friedrich Bernhard Riemann이었다. 리만이 사영기하와 복소수를 결합하자 갑자기 직선은 원이 되었고 원은 직선이 되었으며 0과 무한은 수로 가득 찬 구의 두 극이 되었다.

리만은 복소평면 위에 반투명한 공이 놓여 있고 그 남극은 원점에 접해 있다고 상상했다. 공의 북극에서 작은 불빛을 비추면 공에 그려진 그림들이 바닥의 평면에 비친다. 이때 공의 적도는 원점을 둘러싼 원이 되며, 남반구에 있는 그림의 그림자는 이 원의 안쪽에, 북반구에 있는 그림의 그림자는 이 원의 바깥쪽에 놓이게 된다(그림 36). 공의 모든 점은 복소평면에 그림자를 만들고 따라서

그림 36. 지구의 입체투영

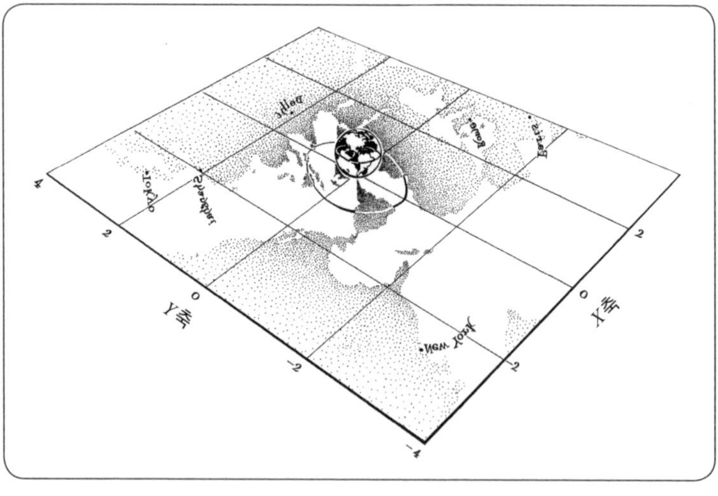

공의 점과 복소평면의 그림자는 서로 1 대 1로 대응한다고 말할 수 있다. 공 위의 모든 원은 복소평면에 원 모양의 그림자를 만들고 따라서 복소평면의 모든 원은 공의 원이 드리우는 그림자이다. 하지만 단 하나의 예외가 있다.

공의 북극을 지나는 원의 그림자는 원이 아니라 직선이다. 또한 북극은 케플러와 퐁슬레가 상상한 무한원점과 같으며, 복소평면의 직선은 단순히 공의 북극, 곧 무한원점을 지나는 원과 같다 (그림 37).

구가 무한원점을 가진 복소평면과 같다는 사실이 리만에 의해 밝혀지자 수학자들은 구가 변형되고 회전되는 방식을 분석함으로써 곱셈과 나눗셈 및 다른 더 어려운 연산을 이해할 수 있게 되었다. 예를 들어 i를 곱하는 것은 구를 시계방향으로 90도 회전시키는 것과 같다. 또한 어떤 수 i를 $(x-1)/(x+1)$로 치환하는 것은 구를

그림 37. 직선은 원과 같다

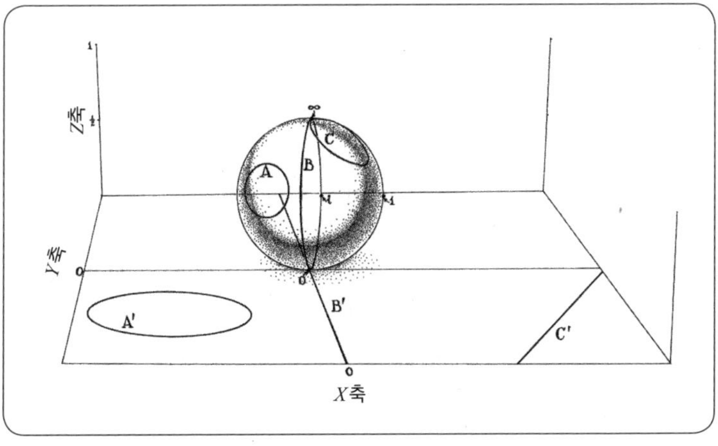

그림 38. 리만구

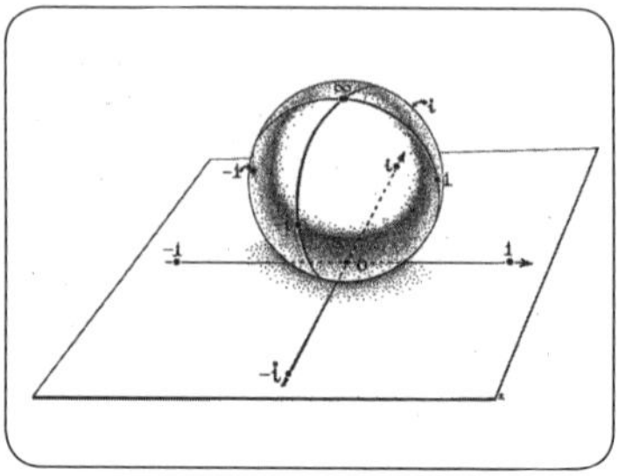

그림 39. i에 의해 변환된 리만구

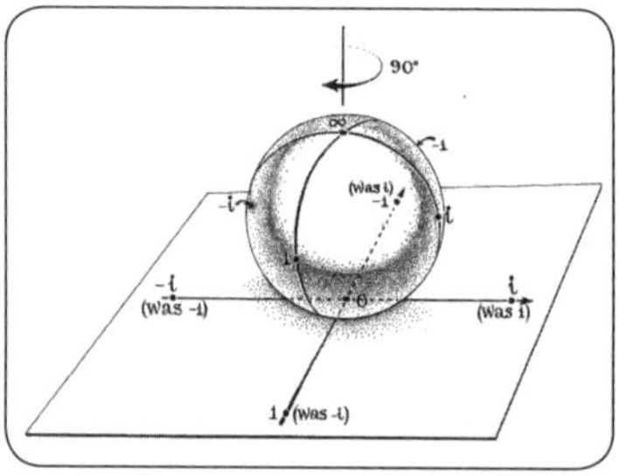

그림 40. $(x-1)/(x+1)$에 의해 변환된 리만구

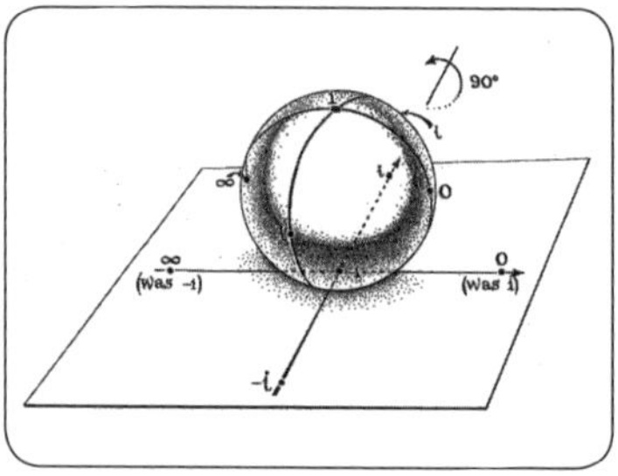

통째로 90도 돌려서 남극과 북극을 적도가 있던 곳에 놓는 것과 같다(그림 38, 39, 40).

0과 무한대는 모든 수를 집어삼키는 투쟁 속에서 영원히 서로 얽혀 있다. 마치 마니교의 악몽처럼 이 둘은 리만구의 대칭되는 극에 앉아 작은 블랙홀처럼 수들을 빨아들인다. 복소평면에서 아무 수나 골라보자. 예를 들어 $i/2$라는 수를 선택해 제곱하고, 세제곱하고, 이어서 네제곱, 다섯제곱, 여섯제곱, 일곱제곱하는 식으로 거듭해서 제곱해보자. 그러면 그 결과들은 물이 하수도 구멍으로 빨려 들어가듯 나선을 그리며 서서히 0으로 접근한다. 만일 $2i$에 대해 해보면 어떨까? 결과는 정반대로 나선을 그리며 멀어진다(그림 41). 하지만 리만구에서 이 두 곡선은 서로 거울에 비친 것과 같이 똑같은 곡선이 된다(그림 42). 복소평면의 모든 수가 같은 운명을

그림 41. 복소평면 위에서는 안쪽 또는 바깥쪽으로 나선을 그린다

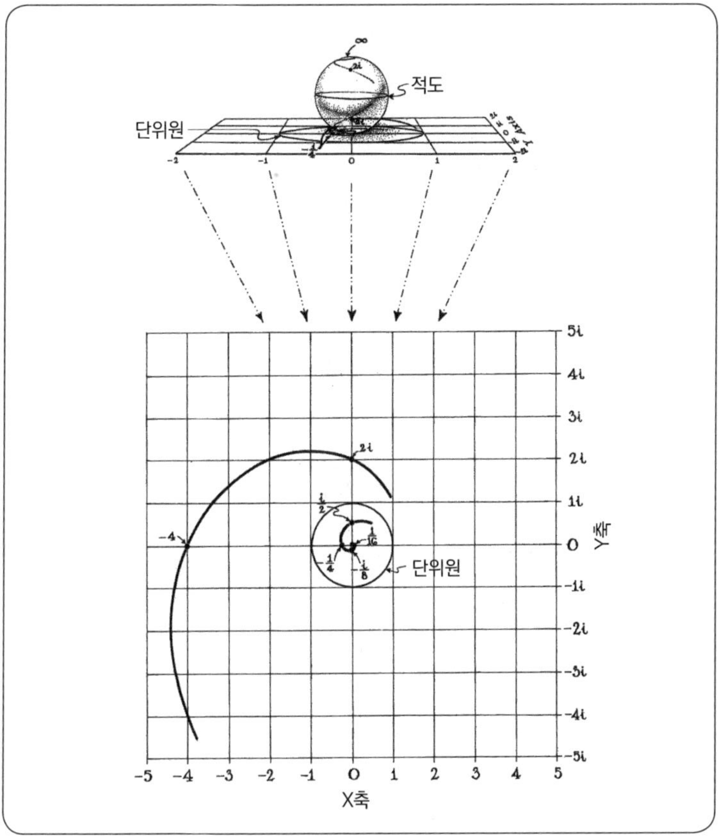

그림 42. 리만구 위에서는 거울상의 나선을 그린다

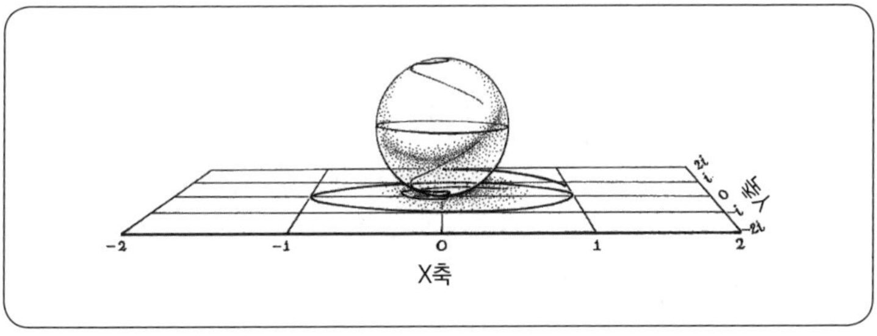

지녔다. 모두는 0 또는 무한대로 가차 없이 끌려가고 만다. 단지 1, -1, i 등과 같이 이 두 맞수로부터 같은 거리에 있는 적도 위의 수들만 이런 운명의 예외이다. 이 수들은 0과 무한대로부터 똑같은 힘으로 당겨져서 적도 위를 영원히 빙빙 돌며 어느 쪽으로도 기울어지지 않는다. 이 과정은 계산기로 쉽게 확인해볼 수 있다. 임의로 어떤 수를 택해서 계속 거듭제곱해보자. 그러면 애초에 1이나 -1로 시작하지 않는 한 그 값은 0이나 무한대로 접근하며, 이로부터 탈출할 길은 어디에도 없다.

무한의 0

> 나의 이론은 바위처럼 견고하다. 이를 향해 날린 모든 화살은 즉시 쏜 사람에게 되돌아갈 것이다. 내가 이를 어떻게 알까? 나는 그것을 연구했다. 말하자면 나는 모든 피조물의 오류가 있을 수 없는 최초의 원인을 그 뿌리까지 추적해보았다.
>
> — 게오르크 칸토어 Georg Cantor

무한대는 이제 더는 신비롭지 않은 보통의 수가 되었다. 그리하여 핀으로 고정된 채 조사받을 준비가 된 시료가 되었으며 수학자들은 재빨리 분석하기 시작했다. 하지만 방대한 수의 연속체 안에 자리 잡은 가장 깊은 무한대 속에서 0이 계속 나타났다. 무엇보다 섬뜩한 것은 무한대 자체가 0이 될 수 있다는 사실이었다.

리만이 복소평면은 곧 구와 같다는 사실을 밝히기 이전의 수학자들은 $1/x$과 같은 함수 때문에 쩔쩔매곤 했다. x가 0에 접근하면 $1/x$은 점점 커져서 마침내 무한대로 발산한다. 그런데 리만은 무한대가 구에 있는 다른 점들과 다를 바 없다는 사실을 증명하여 무한대로의 발산도 자연스럽게 받아들일 수 있게 했다. 그리하여 무한대는 더는 두려워할 대상이 아니게 되었다. 곧, 수학자들은 함수가 발산하는 점, 즉 특이점을 분석하고 분류하기 시작했다.

곡선 $1/x$은 $x=0$이라는 특이점을 가진다. 이는 아주 간단한 종류의 특이점으로 수학자들은 극pole이라고 부른다. 이 밖에 다른 특이점도 있으며 예를 들어 곡선 $\sin(1/x)$은 $x=0$이라는 특이점을 갖는데 이를 진성 특이점essential singularity이라고 부른다. 진성 특이점은 기묘한 괴물로, 이런 특이점 부근에서 곡선은 극도로 난폭해진다. 이 특이점에 접근함에 따라 곡선은 점점 더 빨리 위, 아래로 진동하는데, 양에서 음으로 다시 음에서 양으로 격렬하게 움직인다. 그리하여 곡선은 이 특이점 부근의 극히 가까운 영역에서도 거듭 생각할 수 있는 거의 모든 값을 취한다. 하지만 이처럼 특이점 부근에서의 행동이 아무리 기괴하더라도 수학자들은 이미 무한을 해부할 방법을 배웠으므로 더는 미지의 불가사의가 아니었다.

게오르크 칸토어는 무한을 해부하는 데 있어 거장이었다. 그는 1845년에 러시아에서 태어났지만, 생애 대부분을 독일에서 보냈다. 무한대의 비밀이 밝혀진 곳은 바로 가우스와 리만의 나라였던 독일이었다. 불행하게도 독일은 칸토어를 정신병원에 갈 지경이 되도록 몰아붙였던 수학자 레오폴트 크로네커의 나라이기도 했다.

크로네커와 칸토어의 갈등 배경에는 무한에 대한 관점의 차이가 있다. 이는 간단한 수수께끼로 설명할 수 있다. 어떤 커다란 경기장에 많은 사람이 있는데 사람이 더 많은지, 좌석이 더 많은지, 혹은 그 수가 같은지 알고자 한다고 상상해보자. 이때 사람 수와 좌석 수를 각각 세고 비교할 수도 있지만 그 방법은 시간이 너무 많이 걸린다. 이보다 좋은 방법은 사람들에게 모두 좌석에 앉도록 하는 것이다. 만일 빈 좌석이 생기면 좌석이 더 많은 것이고, 만일 서 있는 사람이 있으면 사람의 수가 더 많은 것이며, 빈 좌석도 서 있는 사람도 없으면 사람 수와 좌석 수가 같은 것이다.

칸토어는 이 방법을 일반화했다. 이에 따르면 한 집합에 있는 수들을 다른 집합에 있는 수들의 위에 하나씩 앉힐 수 있고 양쪽 모두 남는 게 없다면 두 집합의 크기가 같다고 말한다. 예를 들어 {1, 2, 3}이라는 집합을 살펴보자. 이 집합은 {2, 4, 6}이라는 집합과 크기가 같은데 왜냐하면 아래와 같이 모든 수를 각 좌석 위에 하나씩 남겨진 수나 빈자리 없이 앉힐 수 있기 때문이다.

```
1 2 3
| | |
2 4 6
```

하지만 {2, 4, 6, 8}과 비교하면 8이라는 빈 좌석이 있으므로 크기가 다르다.

1 2 3
| | |
2 4 6 8

그런데 무한집합에 이 방법을 적용하면 참으로 흥미로운 일이 벌어진다. 음이 아닌 정수의 집합 {0, 1, 2, 3, 4, 5, …}를 생각해보자. 명백히 이 집합은 그 자신과 같다. 각각의 수를 그 자신 위에 앉힐 수 있기 때문이다.

0 1 2 3 4 5 …
| | | | | |
0 1 2 3 4 5 …

여기에는 아무런 속임수도 없다. 모든 집합은 분명 그 자신과 같다. 그런데 이 집합에서 수들을 지워가면 어찌 될까? 예를 들어 0을 없애면 어찌 될까? 기이하게도 0을 없애더라도 이 집합의 크기는 전혀 변하지 않는다. 아래처럼 좌석 배치를 조금만 바꾸면 모든 수가 부족함 없이 모든 좌석을 차지하게 된다.

1 2 3 4 5 6 …
| | | | | |
0 1 2 3 4 5 …

이 집합은 일부의 원소를 없애도 크기가 변하지 않으며, 실제로는 크기를 유지하면서 무한개의 원소를 없앨 수도 있다. 예를 들어

홀수를 없앨 때도 집합의 크기는 변하지 않는다. 아래에서 보듯 모든 원소는 각자의 좌석을 차지하고 앉을 수 있다.

$$\begin{array}{cccccccc} 0 & 2 & 4 & 6 & 8 & 10 & \cdots \\ | & | & | & | & | & | & \\ 0 & 1 & 2 & 3 & 4 & 5 & \cdots \end{array}$$

이것이 무한집합의 정의이다. 무한집합은 원소를 일부 없애도 크기를 유지할 수 있는 집합을 가리킨다.

짝수, 홀수, 정수의 집합은 모두 크기가 같다. 칸토어는 이런 집합들의 크기를 $\aleph_0$라는 기호로 나타냈는데, 이는 알레프 노트aleph nought로 읽으며, 알레프는 히브리어 알파벳의 첫 글자이다. 어떤 $\aleph_0$의 크기는 자연수 집합의 크기와 같이 셀 수 있으므로 가산집합이라고 부른다. 셀 수 있다는 것은 반드시 현실적으로 그렇다는 게 아니라 무한이 이어지더라도 자연수와 하나씩 짝을 지을 수 있다는 뜻이다. 그런데 심지어 두 정수의 비 a/b로 나타낼 수 있는 모든 유리수의 집합도 가산집합이다. 칸토어는 교묘한 방법으로 유리수들을 하나도 남김없이 자연수와 짝지어 유리수 집합의 크기도 $\aleph_0$임을 보였다(부록 D).

하지만 피타고라스가 알았던 것처럼 수에는 유리수만 있는 것은 아니며 유리수와 무리수가 합쳐져 이른바 실수를 이룬다. 칸토어는 실수의 집합이 유리수보다 엄청나게 크다는 사실을 알아냈는데, 그의 증명은 매우 간단하다.

먼저 우리가 이미 실수에 대한 완벽한 좌석 배치 계획을 갖고 있다고 가정하자. 모든 실수는 좌석을 배정받았고, 남아 있는 좌석은 없다. 이는 우리가 좌석의 번호와 거기에 앉힐 실수를 적어놓은 목록을 만들었다는 것이다. 예를 들자면 우리의 목록이 다음과 같다고 해보자.

좌석	실수
1	0.3125123 ···
2	0.7843122 ···
3	0.9999999 ···
4	0.6261000 ···
5	0.3671123 ···
···	···

그런데 칸토어는 이 목록에 없는 수를 새롭게 만들어내 보였다.

이 목록 첫째 수의 소수 첫째 자릿수를 보자. 위의 예에서 그 수는 3이다. 만일 우리가 만든 새 수가 이 첫째 수와 같다면 그것의 소수 첫째 자릿수도 3일 것이다. 하지만 우리는 쉽게 그렇게 되지 않도록 할 수 있다. 예를 들어 새 수의 소수 첫째 자릿수를 2로 정하자. 그러면 새 수는 2로 시작하고 위 목록의 첫째 수는 3으로 시작하므로 같은 수가 아니다. (이것이 완벽하게 옳다고 할 수는 없다. 많은 유리수는 두 가지로 쓸 수 있는데, 이 때문에 예를 들어 0.300000···과 0.299999···는 서로 같다. 하지만 이는 쉽게 해결할 수 있는 작은 문제이다. 여기서는 논의의 편의상 이런 예외는 무시한다.)

이제 둘째 수를 보자. 우리의 새 수가 목록의 둘째 수와 다르다는 것을 어떻게 확신할 수 있을까? 위에서 새 수의 소수 첫째 자릿수를 정했으므로 똑같이 따라 할 수는 없지만 사실상 이와 동등한 방법이 있다. 이 목록 둘째 수의 소수 둘째 자릿수는 8이다. 따라서 새 수의 소수 둘째 자릿수를 7로 정하면 새 수와 목록의 둘째 수는 소수 둘째 자릿수가 다르므로 같은 수가 아니다. 이어서 이 방법을 목록의 다른 수들에도 적용한다. 곧 목록의 셋째 수에 대해서는 소수 셋째 자릿수, 목록의 넷째 수에 대해서는 소수 넷째 자릿수를 살펴보며 계속 진행한다.

좌석	실수	
1	0.③125123···	새 수의 소수 첫째 자릿수는 2로 한다. (3과 다르다)
2	0.7⑧43122···	새 수의 소수 둘째 자릿수는 7로 한다. (8과 다르다)
3	0.99⑨9999···	새 수의 소수 셋째 자릿수는 8로 한다. (9과 다르다)
4	0.626①000···	새 수의 소수 넷째 자릿수는 0으로 한다. (1과 다르다)
5	0.3671①23···	새 수의 소수 다섯째 자릿수는 0으로 한다. (1과 다르다)
···	···	···

이렇게 하면 우리의 새 수는 0.27800···이 되는데, 이것은 목록의

첫째 수와 같지 않고(소수 첫째 자릿수가 다르다)
둘째 수와 같지 않고(소수 둘째 자릿수가 다르다)
셋째 수와 같지 않고(소수 셋째 자릿수가 다르다)
넷째 수와 같지 않고(소수 넷째 자릿수가 다르다)
다섯째 수와 같지 않고(소수 다섯째 자릿수가 다르다)

등으로 목록의 어느 수와도 같지 않다.

우리의 새 수는 이런 식으로 대각선을 따라 내려가면 만들어지는데, 이 과정은 새 수가 목록의 어떤 수와도 같지 않다는 점을 보여준다. 그런데 이처럼 새 수가 목록의 어느 수와도 같지 않다면 이 수는 이 목록에 포함될 수 없다. 우리는 애초에 모든 실수가 이 목록에 들어 있다고 가정했다. 이미 실수에 대한 완벽한 좌석 배치 계획을 갖고 있다고 가정했기 때문이다. 따라서 위의 결론과 가정은 서로 모순되며, 결국 그와 같은 완벽한 목록은 존재할 수 없다.

그러므로 실수는 유리수보다 더 큰 무한대인데, 이런 무한대는 첫 번째의 불가산 무한대라는 뜻에서 $\aleph_1$이라는 기호로 나타낸다. 기술적인 내용을 소개하면, 실수 수직선의 무한대는 연속체의 무한대를 뜻하는 C로 나타내며, 오랫동안 수학자들은 C가 실제로 $\aleph_1$인지 밝히고자 노력했다. 1963년 수학자 폴 코언Paul Cohen은 쿠르트 괴델Kurt Gödel의 불완전성정리를 이용하여 이른바 연속체가설로 불리는 이 수수께끼의 증명이 가능하지도 불가능하지도 않다는 점을 보였다. 오늘날 대부분의 수학자는 연속체가설이 옳다고 여기지만 일부 학자는 연속체가설이 성립하지 않는 비非칸토어 초한수(모든 유한수보다 큰 수)에 대해 연구하고 있다. 칸토어는 어떤 초한수 집합 위에 더 큰 초한수 집합이 있으며, 이런 계열은 무한히 이어진다고 보았다. 즉, $\aleph_0$는 $\aleph_1$보다 작고, $\aleph_1$은 $\aleph_2$보다 작으며, $\aleph_2$는 $\aleph_3$보다 작다는 식으로 무한히 계속된다는 뜻이다. 나아가 그는 이 사슬의 끝에는 다른 모든 무한대를 포괄하는 궁극의 무한대가 존재한다고 보았다. 이는 곧 신이며, 신은 다른 모든 무한대가 감히 비교될 수 없는 최고의 무한대이다.

불행하게도 모두가 신에 대해 칸토어와 같이 생각한 것은 아니었다. 베를린대학교의 저명한 수학 교수였던 레오폴트 크로네커는 칸토어의 스승들 가운데 한 사람이었다. 하지만 크로네커는 신이 무리수처럼 추한 것을 허락했을 리가 없다고 믿었다. 하물며 러시아 인형처럼 끝없이 커지는 무한대는 더 말할 필요도 없었다. 그는 정수만이 신의 순수성을 드러내며 무리수나 다른 기괴한 수들의 집합은 혐오스러운 것으로, 불완전한 인간의 마음이 꾸며낸 허구에 지나지 않는다고 보았다. 이런 그에게 칸토어의 초한수는 최악의 것이었다.

칸토어에게 정나미가 떨어진 크로네커는 칸토어의 연구에 대해 가혹한 공격을 가해 그의 논문이 출간되는 것을 극히 어렵게 만들었다. 1883년 칸토어는 베를린대학교의 교수직에 지원했으나 불합격했고 결국 훨씬 격이 떨어지는 할레대학교에 자리를 잡았다. 베를린대학교에서 영향력이 막강했던 크로네커가 그 원인이라고 추정된다. 같은 해에 칸토어는 크로네커의 공격에 대해 반격하는 논문을 펴냈다. 하지만 우울증에 시달리던 칸토어는

1884년에 첫 번째의 신경쇠약을 겪는다.

자신의 연구가 훗날 수학의 전혀 새로운 분야인 집합론의 토대가 되었다는 사실은 칸토어에게 그다지 큰 위안이 되지 못했을 것이다. 집합론을 이용하여 수학자들은 무로부터 우리가 아는 모든 수를 끌어냈을 뿐 아니라 이전에는 들어보지도 못했던 수들, 곧 보통의 수와 똑같이 사칙연산을 할 수 있는 무한히 많은 무한대도 창조해냈다. 칸토어는 완전히 새로운 수의 우주를 펼쳐 보였다. 이에 대해 독일의 수학자 다비트 힐베르트David Hilbert는 "칸토어가 우리를 위해 창조한 낙원으로부터 아무도 우리를 쫓아낼 수 없다"라고 말했다. 하지만 칸토어를 위로하기엔 너무 늦어버린 때였다. 남은 생애 동안 정신병원을 들락날락하던 칸토어는 1918년 할레의 어느 정신병원에서 삶을 마쳤다.

그러나 칸토어와 크로네커의 전쟁은 결국 칸토어의 승리로 끝났다. 칸토어의 이론은 크로네커가 그토록 소중히 여겼던 정수는 물론 유리수조차도 아무것도 아니라는 사실을 보여주었다. 그것들은 무한하지만 0에 불과했다. (그것들은 무한히 많음에도 불구하고 실상은 0이었다.)

유리수의 수는 무한하고, 아무리 가까운 두 유리수를 취하더라도 그 사이에는 여전히 무한히 많은 유리수가 존재한다. 이처럼 유리수는 어디에나 있다. 하지만 칸토어가 제시한 무한대의 계층에 따르면 이야기가 달라지며 유리수는 수직선 위에서 극히 작은 영역을 차지할 뿐임을 보여준다. 이런 복잡한 계산에는 영리한 요령이 필요하다. 불규칙한 모양의 물체는 측정하기 매우 어렵다. 예를 들어 나무 마루에 생긴 얼룩이 있다고 가정해보자. 그 넓이는 얼마일까? 그 해답을 얻기가 쉽지는 않다. 만일 얼룩이 원이나 정사각형이나 삼각형에 가깝다면 자로 지름이나 밑변과 높이를 재서 비교적 쉽게 구할 수 있다. 하지만 아메바를 닮은 불규칙한 모양의 경우 그 넓이를 구하는 공식은 없다. 하지만 여기에도 해법은 있다.

먼저 정사각형의 카펫을 펼쳐서 얼룩 위에 놓는다. 만일 카펫이 얼룩을 모두 덮는다면 얼룩의 넓이는 카펫의 넓이보다 작다. 예를 들어 카펫의 넓이가 1제곱미터라면 얼룩의 넓이는 1제곱미터보다 작다. 만일 여러 개의 작은 카펫을 쓴다면 우리의 근사해는 더 정확해진다. 예를 들어 크기가 16제곱센티미터인 정사각형 카펫 다섯 개로 얼룩이 완전히 가려진다면 얼룩의 넓이는 최대 80제곱센티미터를 넘지 못하며, 처음에 1제곱미터짜리 카펫으로 잰 결과보다 더 작다는 사실을 알 수 있다. 각 카펫의 넓이를 점점 더 줄이면 근사해의 결과는 점점 더 좋아져서 갈수록 얼룩의 정확한 넓이에 가까워진다. 사실 우리는 얼룩의 넓이를 각 카펫의 넓이가 0에 접근할 때의 극한값으로 정의할 수 있다(그림 43).

이런 계산을 유리수에 적용해보자. 이 경우 카펫은 연속된 수의 집합이다. 예를 들어 2.5라는 수는 2와 3 사이의 수를 모두 포함하는 크기 1단위의 카펫으로 덮을 수 있다. 이와 같은 카펫들로 유리수들을 덮으면 칸토어가 그의 좌석 배치표를 이용하여 보였던 것과 같은 아주 기이한 결과가 나온다. 그 좌석 배치표에는 모든 유리수가 들어 있으므로 우리는 좌석 번호의 순서대로 유리수들을 하나씩 셀 수 있다. 이제 첫 번째의 유리수를 택하고 이것이

그림 43. 얼룩 덮기

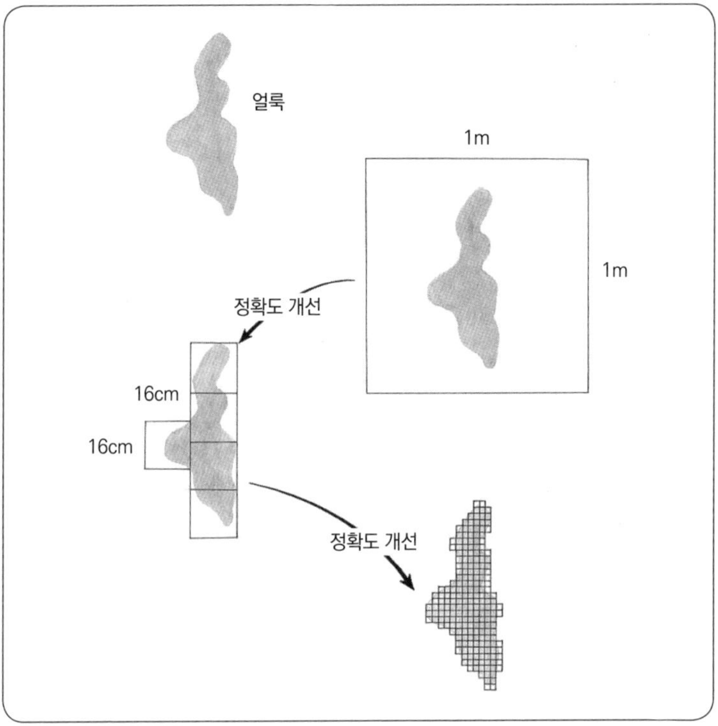

수직선 위에 있다고 상상하면서 크기 1의 카펫을 덮는다. 이때 무수히 많은 다른 수들도 함께 덮이지만 걱정할 필요가 없다. 첫째 수만 덮이면 그것으로 충분하다.

다음으로 둘째 수를 택하고 1/2 크기의 카펫으로 덮는다. 이어서 셋째 수를 택하고 1/4 크기의 카펫으로 덮는다. 이후 다른 수들도 계속 절반으로 줄어드는 카펫들로 덮어간다. 이렇게 무한히 계속하면 좌석 배치표에는 모든 유리수가 있으므로 궁극적으로 그 모두가 카펫들로 덮인다. 자, 그러면 여기에 쓰인 카펫들의 총 크기는 얼마일까? 그 답은 우리의 오랜 친구인 아킬레스의 합이다. 이 카펫들의 크기를 더하는 것은 n이 무한대로 갈 때의 $1+1/2+1/4+1/8+\cdots+1/2^n$을 구하는 것과 같으며, 그 결과는 2이다. 다시 말해서 우리는 무한히 많은 유리수의 군단을 총 크기가 2인 카펫들의 집합으로 덮을 수 있다. 이는 유리수가 차지하는 공간의 크기는 최대로 생각해도 2단위를 넘지 못한다는 뜻이다.

이번에는 얼룩의 크기를 측정했을 때처럼 더 좋은 근사해를 얻기 위해 카펫의 크기를 더 줄여보자. 맨 처음에 1 크기의 카펫이 아니라 1/2 크기의 카펫으로 시작하면 카펫들의 총 크기는 1이 되므로, 유리수 공간의 크기는 1단위보다 작다. 만일 처음에 1/1,000 크기의 카펫으로 시작하면 유리수 공간의 크기는 1/500단위보다 작음을 알게 된다. 만일 처음에 원자 반 개 크기의 카펫으로 시작하면 유리수 공간의 크기는 원자 한 개 크기보다 작음을 알게 된다. 실로 원자 하나와 맞먹는 작은 카펫 하나만으로도 모든 유리수를 덮을 수 있다는 뜻이다(그림 44).

우리는 원하는 대로 얼마든지 더 작게 얼마든지 만들 수 있다. 그리하여 카펫의 총 크기를 원자의 절반이나 중성자나 쿼크의 크기는 물론 상상할 수 있는 그 어떤 크기보다 더 작게 만들 수 있다. 그렇다면 도대체 유리수 공간의 진짜 크기는 얼마인가? 앞서 우리는 넓이를 각 카펫의 넓이가 0에 접근할 때의 극한값으로 정의했다. 이 경우 카펫의 넓이가 점점 작아져서 원자들이나 쿼크들보다,

그림 44. 유리수 덮기

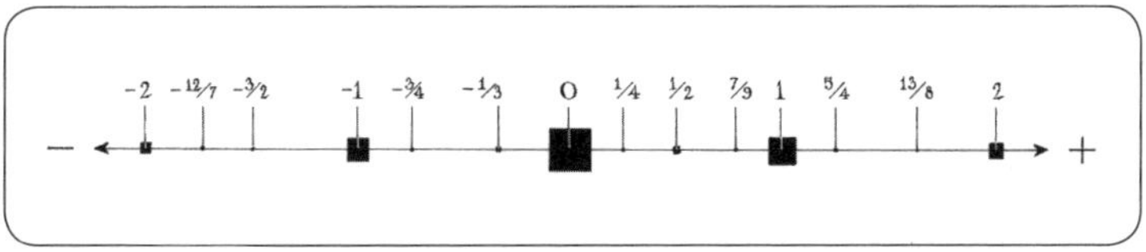

심지어 쿼크의 1,000조분의 1보다 더 작더라도 여전히 유리수들을 모두 덮을 수 있다. 그렇다면 이처럼 멈추지 않고 계속 작아지는 것의 극한값은 얼마일까?

바로 0이다.

유리수 공간의 크기는 얼마일까? 그런 공간은 없다. 쉽게 받아들일 수 없겠지만, 분명 이는 참이다. 수직선 위에 유리수는 곳곳에 존재하지만, 공간은 전혀 차지하지 않는다. 따라서 끝이 점으로 된 화살을 수직선에 던지면 유리수는 절대 맞지 않는다. 이처럼 유리수 공간은 0이지만 무리수 공간은 그렇지 않다. 이미 보았듯 무리수를 좌석에 하나씩 모두 앉히는 배치표는 만들 수 없으며, 따라서 하나씩 덮어가더라도 절대 덮이지 않는 무리수가 반드시 남는다. 크로네커는 무리수를 싫어했지만, 무리수는 수직선의 모든 공간을 차지한다. 유리수의 무한대는 0에 불과하다.

Chapter **7**
Absolute Zeros

절대적인 숫자 0

[0의 물리학]

A b s o l u t e Z e r o s

제대로 된 수학이라면 어떤 양이 아주 적으면 무시하지만,

그것이 무한히 크고 마음에 들지 않는다고 해서 무시해버리면 안 된다.

— 폴 디랙 Paul Dirac

0과 무한대가 수학에 있어 불가분이며 필수 불가결하다는 것이 마침내 확실해졌다. 수학자들에게는 어떻게든 이들과 같이 살아갈 길을 터득하는 것 외에 다른 선택지가 없었다. 하지만 물리학자들은 0과 무한대는 우주의 운행과 아무 관련이 없다고 생각했다. 적어도 그러기를 희망했다. 무한대 더하기와 0으로 나누기는 수학의 한 부분일 뿐, 자연의 섭리는 아니기 때문이다.

수학자들이 0과 무한대 사이의 관계를 발견하는 동안 물리학자들도 자연에서 0과 마주치기 시작했다. 0은 수학을 넘어 물리학으로 건너왔다. 열역학에서 0은 넘을 수 없는 장벽으로, 가능한 가장 낮은 온도가 되었다. 아인슈타인의 일반상대성이론에서 0은

별들을 통째로 집어삼키는 괴물 같은 블랙홀이 되었다. 양자역학에서 0은 무한하고 어디에나 있으며 심지어 가장 깊은 진공에도 존재하는 기이한 에너지의 원천이며, 무에 의해 행사되는 유령과 같은 힘의 근원이기도 했다.

열역학의 0: 절대영도

당신이 말하고 있는 것을 측정하고 수치로 나타낼 수 있다면 당신은 그것에 대해 어느 정도 아는 셈이다. 하지만 측정하지 못하고 수치로 나타낼 수 없다면 당신의 지식은 불완전하고 불만족스럽다. 이는 지식의 시작일 수는 있지만 과학의 단계로 진입했다고는 확실하게 말할 수 없다.

— 윌리엄 톰슨William Thompson

물리학에서 피할 수 없는 최초의 0은 반세기 동안 사용되던 법칙에서 나온다. 이 법칙은 최초의 수소 기구 비행으로 이미 이름을 떨친 프랑스의 물리학자 자크-알렉상드르 샤를Jacques-Alexandre Charles에 의해 1787년에 발견되었다. 하지만 오늘날 샤를은 그의 항공학적 모험보다 그의 이름이 붙여진 자연법칙으로 더욱 많이 기억된다.

당시의 많은 물리학자처럼 샤를도 기체의 독특한 성질에 매료되었다. 산소는 불씨를 활활 타게 되살리지만, 이산화탄소는 이를 꺼버린다. 녹색의 염소는 치명적이지만, 무색의 이산화질소는 사람을 웃게 만든다. 하지만 이 모든 기체는 아주 기본적인 성질을 공통으로 지니고 있다. 그것은 열을 가하면 팽창하고 식히면 수축한다는 것이다. 샤를은 이런 행동이 극히 규칙적이어서 예측이 가능하다는 사실을 발견했다. 같은 부피의 서로 다른 두 기체를 똑같은 풍선에 넣은 뒤, 똑같이 가열하면 똑같이 팽창하고 같은 정도로 식히면 같은 정도로 수축한다. 나아가 온도가 올라가고 내려감에 따라 부피가 일정한 비율로 늘어나고 줄어든다. 샤를의 법칙은 기체의 부피와 온도 사이의 관계를 알려준다.

1850년대에 영국의 물리학자 윌리엄 톰슨William Thomson은 샤를의 법칙에서 뭔가 이상한 점, 곧 0이라는 유령을 발견했다. 온도를 낮추면 풍선의 부피는 점점 줄어든다. 온도를 일정한 속도로 낮춰가면 풍선의 부피도 일정한 비율로 줄어들지만, 끝없이 줄어들지는 않는다. 이론상으로는 기체가 부피를 전혀 갖지 않는 점이 존재해야 한다. 샤를의 법칙에 따르면 풍선은 차지하는 공간이 0이 될 때까지 줄어들어야 한다. 물론 음의 부피라는 것은 없어서 가능한 가장 작은 부피는 0이므로 이에 이르면 기체가 차지하는 공간은 전혀 없다. 그런데 기체의 부피는 온도에 관련되므로 최소의 부피가 존재한다는 것은 최저의 온도가 존재한다는 뜻이다. 기체의 부피를 무한히 줄여갈 수는 없으므로, 기체를 무한히 냉각할 수 없다. 풍선 속 기체의 부피를 더는 줄이지 못하는 한계에 이르면 온도를 더 낮출 수 없다. 이 온도가 절대영도이다. 이것은 온도의 최저점이며 물이 어는 온도보다 273도 낮은 섭씨 -273.15도이다.

톰슨은 켈빈 경Lord Kelvin으로 더 잘 알려져 있으며 이 때문에 절대온도라는 보편적인 온도의 단위는 켈빈 온도(K)라고 정해졌다.

섭씨온도의 0도는 물이 어는 온도이지만 절대온도의 0도는 절대영도인 0K이다.

절대영도는 그릇에 담긴 기체가 그 에너지를 모두 쏟아낸 상태이다. 그런데 이는 실제로는 도달할 수 없는 목표로서 어떤 물체도 절대영도까지 냉각할 수 없다. 아주 가까이 갈 수는 있는데, 물리학자들은 레이저 냉각법 덕분에 원자들을 절대영도보다 불과 100만분의 몇 도 높은 온도까지 낮출 수 있다. 우주 만물은 마음을 한데 합쳐 우리가 실제로 절대영도에 이르는 것을 가로막고 있다. 그 이유는 에너지를 가진 물체는 무엇이든 운동하면서 빛을 방출하기 때문이다. 예를 들어 사람은 물과 유기물로 이루어져 있으며 그 원자들은 모두 공간에서 여러 가지 운동한다. 이 운동은 온도가 높아질수록 활발해지는데 운동하는 원자들은 이웃의 원자들과 충돌하여 함께 운동하도록 한다.

예를 들어 바나나를 절대영도까지 냉각한다고 해보자. 바나나에 들어 있는 에너지를 모두 없애려면 어떤 냉동고에 집어넣은 뒤 진동하는 원자들이 모두 정지하도록 해야 한다. 그런데 바나나를 넣은 냉동고도 원자들로 이루어져 있어서 냉동고의 원자들이 움직이면서 바나나의 원자들과 충돌하여 바나나의 원자들을 계속 움직이도록 한다. 이런 현상은 냉동고 내부를 완전한 진공으로 만들고 바나나가 그 가운데 떠 있도록 해도 마찬가지이다. 진동하는 모든 입자는 빛을 방출하는데 빛은 곧 에너지이기 때문이다. 냉동고의 진동하는 원자들이 내놓는 빛이 바나나의 원자들에 닿아 바나나의 원자들을 다시 진동하게 한다. 집게나 냉동고나 액체질소통을 이루는 원자들은 모두 진동하면서 빛을 방출하므로 바나나는 자신을 다루는 데에 쓰이는 집게와 자신을 담고 냉각하는 데 쓰이는 냉동고는 물론 액체질소와 그 통을 이루는 원자들로부터 끊임없이 에너지를 받게 된다. 바나나를 다루는 도구나 냉각 장치나 냉매 등으로부터 완벽히 차단할 수 없으므로 이것들로부터 전해지는 에너지도 완벽히 차단할 수 없다. 요컨대 우주 만물은 모두 환경의 영향을 받지 않을 수 없으므로 바나나든 얼음 조각이든 소량의 액체 헬륨이든 상관없이 그 어느 것도 절대영도로 냉각할 수 없다. 이는 넘을 수 없는 장벽이다.

절대영도는 뉴턴의 법칙들과는 성격이 아주 다른 발견이었다. 뉴턴의 법칙들은 물리학자에게 힘을 부여했다. 그들은 이를 이용하여 행성의 궤도와 물체의 운동을 매우 정확하게 예측할 수 있었다. 반면 켈빈이 발견한 절대영도의 법칙은 물리학자들이 할 수 없는 것을 알려주었다. 그들은 절대영도에 결코 이를 수 없다. 이 장벽은 물리학계에 실망스러운 뉴스였다. 하지만 이에 따라 물리학에서는 열역학이라는 새로운 분야의 연구가 시작되었다.

열역학은 열과 에너지가 작용하는 방식을 연구한다. 켈빈이 발견한 절대영도와 마찬가지로 열역학은 과학자들이 아무리 노력해도 결코 넘을 수 없는 장벽을 구축했다. 예를 들어 열역학에 따르면 영구 운동을 하는 기계를 만들 수 없다. 열정적인 발명가들이 내놓은 믿을 수 없는 기계, 어떤 에너지원도 없이 무한한 동력을 발생하는 기계들의 청사진이 많은 대학의 물리학과와 과학 잡지들에 쇄도했다. 하지만 열역학 법칙에 따르면 이런 기계를 만드는 것은 불가능하다. 이것은 우리가 아무리 노력해도 결코 이룰 수 없는 목표이다. 에너지 일부를 우주에 열로 방출하는 낭비를 하지 않고 모두 일로 바꾸는 기계를 만드는 것도 불가능하다. 이런 점에서 열역학은 카지노보다 나쁘다. 아무리 열심히 해도 결코 이길 수 없으며, 심지어 비길 수도 없다.

통계역학은 열역학으로부터 뻗어 나온 분야이다. 수많은 원자의 집단적인 움직임을 살펴봄으로, 물리학자들은 물질들이 행동하는 방식을 예측할 수 있다. 예를 들어 기체의 통계역학적 연구를 통해 샤를의 법칙이 설명된다. 기체의 온도를 높이면 분자들의 평균 속도가 빨라져서 용기의 벽과 더 세게 부딪친다. 이에 따라 벽은 더 세게 밀려나므로 기체의 압력이 높아진다. 입자들의 집단적 운동에 대한 이론인 통계역학은 물질의 기본적 성질을 일부 밝혀냈는데, 심지어 빛의 본질도 설명하는 듯했다.

빛의 본질에 관한 연구는 여러 세기 동안 과학자들의 진을 쏙 빼놓았다. 아이작 뉴턴은 빛이 모든 밝은 물체로부터 흘러나오는 작은 입자들로 이루어져 있다고 믿었다. 하지만 시간이 지남에 따라 과학자들은 빛이 입자가 아니라 파동이라고 믿게 되었다. 1801년 영국의 과학자 토머스 영Thomas Young이 빛은 스스로 간섭한다는 사실을 발견함으로써 이 문제에 대한 논쟁은 완전히 끝난 것처럼 보였다.

간섭은 모든 종류의 파동에서 일어난다. 연못에 돌을 던지면, 동그란 물결이 만들어진다. 물은 위아래로 진동하며 골과 마루를 만들고 이것들이 둥근 원의 형태로 바깥쪽으로 퍼져 나간다. 연못에 돌을 두 개 동시에 던지면 물결들은 서로 간섭한다. 이 현상은 물을 담은 통에 두 개의 진동 피스톤을 담그고 진동시키면 더 잘 관찰할 수 있다. 어떤 피스톤이 만든 파동의 골이 다른 피스톤이 만든 파동의 마루와 겹치면 상쇄된다. 수면에 만들어지는 파동의 모양을 잘 살펴보면 이런 상쇄로 인해 물결치지 않는 조용한 부분들이 직선을 따라 나타나는 것을 볼 수 있다(그림45).

이런 현상은 빛에서도 나타난다. 빛을 두 개의 작은 틈을 통해 스크린으로 비추면 스크린에는 빛이 없어서 어두운 부분이 나타난다. 즉, 파동이 없는 부분이 나타나는 것이다(그림 46). 이 효과는

그림 45. 물결의 간섭

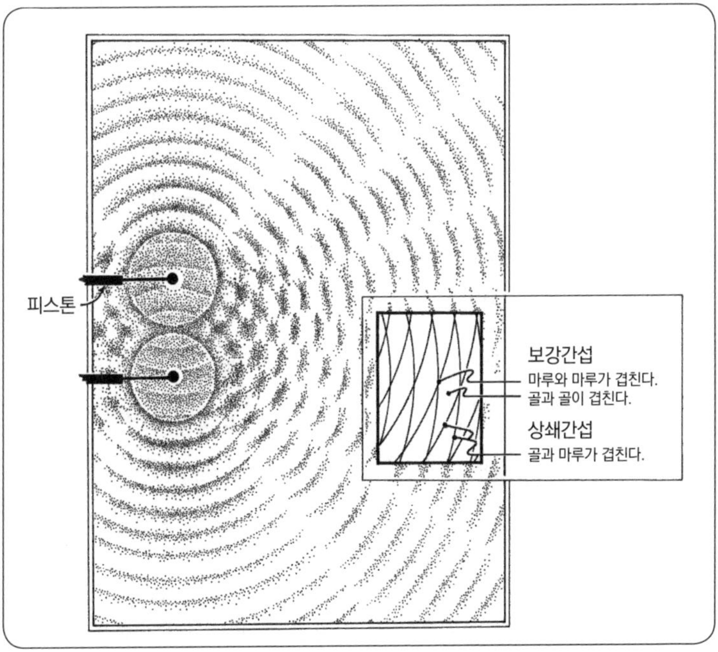

그림 46. 빛의 간섭

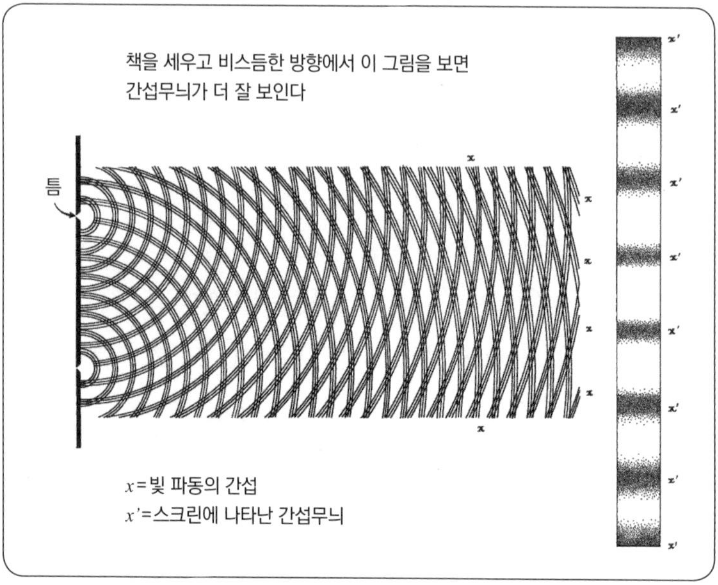

집에서도 확인할 수 있다. 한쪽 손가락을 모두 쭉 펴면 손가락 사이에 빛이 가까스로 통과할 좁은 틈들이 생길 것이다. 손가락 사이의 좁은 틈을 통해 전등 불빛을 관찰하면 희미하게 어두운 선들을 볼 수 있다. 이 선들은 틈이 가장 좁은 윗부분과 아랫부분에서 더욱 잘 보이는데, 이 현상도 역시 빛이 파동의 성질을 갖고 있어서 나타난다. 파동들은 이런 식으로 서로 간섭하지만 입자들은 그렇지 않다. 따라서 간섭현상은 빛의 본질에 대한 논쟁에 종지부를 찍는 듯했다. 물리학자들은 빛이 입자가 아니라 전기장과 자기장으로 이루어진 파동이라고 결론지었다.

1800년대 중반의 상황에서는 이것이 최선의 설명이었으며, 통계역학의 법칙에 완벽히 부합하는 것처럼 보였다. 통계역학은 물체의 분자들이 어떻게 진동하는지 보여주는데, 빛의 파동설은 분자들의 이런 운동이 미지의 방법을 통하여 빛의 파동을 만들어낸다고 여겼다. 나아가 빛의 파동설은 물체가 뜨거울수록 분자들의 운동이 빨라지고 방출되는 빛도 더욱 강해진다는 사실과 완벽하게 맞아떨어졌다. 빛이 위아래로 빨리 움직일수록, 즉 진동수가 높아질수록 그 에너지가 높아진다. 진동수가 높아지면 파동의 마루와 마루 사이의 거리를 가리키는 파장은 더 짧아진다. 열역학의 중요한 법칙 가운데 하나인 이른바 슈테판-볼츠만의 법칙Stefan-Boltzmann equation은 분자들의 운동과 빛의 파동 관계를 설명한다. 이 법칙은 물체의 온도를 물체가 방출하는 빛 에너지의 총량과 연결 짓는다. 당시로서는 통계역학과 빛의 파동설이 거둔 위대한 성과였다. 이에 따르면 방출되는 에너지는 온도의 네제곱에 비례하며, 이를 이용하면 어떤 온도에서 얼마의 에너지가 나오는지를 알아낼 수 있을 뿐 아니라, 물체가 방출하는 에너지의 양을 측정하여 그 온도를 알아낼 수도 있었다. 물리학자들은 이 법칙과 『이사야서』의 한 구절을 이용하여 천국의 온도가 500K보다 더 높다고 단정하기도 했다.

불행하게도 이 위대한 성과는 오래가지 못했다. 20세기에 접어들 무렵 영국의 두 물리학자가 빛의 파동설을 이용하여 한 가지의 간단한 문제를 해결하려고 했다. 이는 어떤 빈 구멍cavity이 방출하는 빛의 양은 얼마인지 알아내는 것으로 간단한 계산이었다. 이들은 분자들이 어떻게 진동하는지를 알려주는 통계역학의 기본

법칙과 빛이 어떻게 진동하는지를 알려주는 전기장과 자기장의 상호작용에 대한 법칙을 적용하여 빈 구멍이 어떤 온도에서 어떤 파장의 빛을 얼마나 방출하는지를 알려주는 법칙을 얻어냈다.

존 레일리 경Lord John Rayleigh과 제임스 진스 경Sir James Jeans, 두 사람의 이름을 따서 레일리-진스의 법칙이라고 불리는데, 이 법칙은 뜨거운 물체에서 나오는 빛 가운데 에너지가 낮은 긴 파장의 빛에 대해서는 그 양을 아주 잘 예측했다. 하지만 에너지가 높은 경우, 법칙은 불안정해진다. 이 법칙에 따르면 파장이 짧은 쪽으로 갈수록 더욱 많은 빛이 방출되고 따라서 방출되는 에너지는 더욱 커진다. 결론적으로 파장의 영역이 0에 가까워짐에 따라 물체로부터 무한대의 에너지가 방출된다는 결과가 나온다. 다시 말해서 레일리-진스의 법칙에 따르면 모든 물체는 온도에 상관없이 무한히 많은 에너지를 끊임없이 방출하며, 따라서 심지어 차가운 얼음 조각도 주변의 모든 물질을 증발시켜버릴 정도로 강한 자외선과 엑스선과 감마선을 무한히 방출한다. 이를 자외선 파탄ultraviolet catastrophe이라고 불렀는데, 이 말은 꼭 자외선에서만 그렇다는 게 아니라 자외선처럼 짧은 파장의 빛이 속하는 영역에서 이론적 재앙이 초래되었다는 뜻이다. 물리법칙에 따르면 파장이 0인 빛의 에너지는 무한하다. 이 현상에서 0과 무한대는 공모하여 아름답고 산뜻한 법칙 체계를 무너뜨린 셈이다. 이 역설은 물리학에서 시급히 해결해야 할 주요 과제로 떠올랐다.

살펴보면 레일리와 진스에게는 잘못이 없다. 그들은 당시의 물리학자들이 타당하다고 여기는 법칙들을 받아들이는 방법으로 그런 결과를 얻어냈을 뿐이다. 하지만 그 결과는 실제의 현상을 설명하지 못했다. 얼음 조각들은 감마선을 폭발적으로 방출하여 우리의 문명을 휩쓸어버리지 않는다. 하지만 당시에 받아들여지고 있던 물리학의 법칙들에 따르면 이는 피할 수 없다. 그렇다면 이 법칙들 가운데 뭔가가 잘못되었다는 뜻인데 과연 그것은 무엇일까?

양자론의 0: 무한 에너지

물리학자들의 진공에는 온갖 입자와 잠재적 힘이 담겨 있다. 이는 철학자들의 무보다 훨씬 풍요로운 실체이다.

— 마틴 리스 경Sir Martin Rees

자외선 파탄은 양자 혁명을 낳았다. 양자역학은 우주의 만물 모두에서 나온다고 여겼던 무한의 에너지를 제거함으로써 고전 빛 이론에서 0을 제거했다. 하지만 이는 그다지 큰 성과가 아니었다. 양자역학에서의 0은 진공을 포함하는 온 우주가 무한대의 에너지로 가득 차 있다는 것, 곧 영점 에너지를 뜻한다. 이는 우주에서 가장 기괴한 0, 곧 무의 유령과 같은 힘이다.

1900년 독일의 실험 물리학자들은 자외선 파탄으로 야기된 참사에서 희망을 찾기 위해 노력했다. 다양한 온도에서 물체로부터 방출되는 빛들을 정밀하게 측정한 결과 그들은 레일리-진스의 법칙이 물체로부터 방출되는 빛의 양을 정확히 나타내지 못한다는 사실을 밝혀냈다. 이 새로운 결과를 본 젊은 물리학자 막스 플랑크

그림 47. 레일리-진스의 법칙에 따르면
무한대로 발산하지만 플랑크의 법칙에 따르면 유한한 값에 머무른다

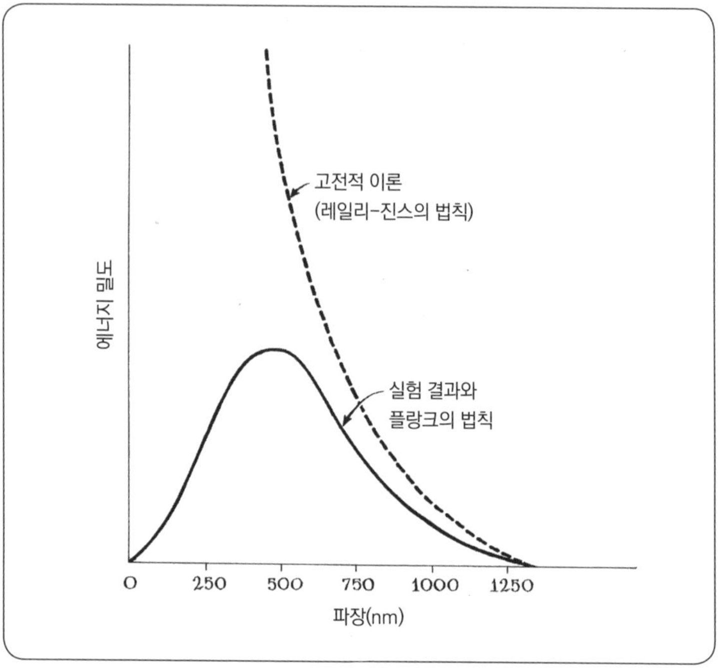

Max Planck는 몇 시간도 지나지 않아 레일리-진스의 법칙을 대체할 식을 도출해냈다. 이 식은 새 결과를 설명해줄 뿐 아니라 자외선 파탄도 해소했다. 플랑크의 식에 따르면 빛의 파장이 짧아짐에 따라 에너지가 무한대로 확장되지는 않았다. 파장이 짧아질수록 에너지도 덩달아 증가하는 게 아니라 다시 점차 줄어든다(그림 47). 플랑크의 식은 옳았다. 하지만 불행히도 이 식은 그것이 해결한 자외선 파탄보다 더 큰 골칫거리를 몰고 왔다.

문제는 플랑크의 공식이 물리법칙으로 여겨져온 통상적인 통계

역학의 가정으로부터 유도되지 않았다는 데에 있었다. 다시 말해서 플랑크의 공식을 받아들이려면 물리법칙을 수정해야 했다. 훗날 플랑크는 자신이 한 일을 자포자기의 행위라고 표현했다. 자포자기가 아니라면 어떤 물리학자라도 물리법칙에 대해 그토록 비상식적으로 보이는 수정을 할 수 없을 것이다. 플랑크의 공식에 따르면 분자들은 당시 당연하게 여겨졌던 대부분의 방식으로는 운동하지 못한다. 분자들이 갖는 에너지는 연속적인 값이 아니라 양자라고 부르는 최소 에너지의 정수배가 되는 특정한 값만을 갖고, 그 값들 사이의 값은 가질 수 없다는 가정을 세웠다.

언뜻 이는 그다지 기이한 가정이 아닌 듯하지만 이 세상의 운행 방식으로 여겨지는 것과는 다르다. 일상적으로 보는 세상은 비약적으로 움직이지 않는다. 키가 150센티미터인 사람들과 160센티미터인 사람들만 있고 그 사이의 사람들이 없다는 소리는 멍청한 소리이다. 자동차가 시속 50킬로미터와 70킬로미터로만 달리고 그 사이의 55킬로미터나 57킬로미터로 달리지는 못한다고 해도 터무니없다고 생각할 것이다. 하지만 양자 차는 정확히 이런 식으로 움직인다. 양자 차를 시속 50킬로미터로 운전해 가다가 가속 페달을 밟으면 속도가 갑자기 펑! 치솟아 시속 60킬로미터가 된다. 이 사이의 속도는 허용되지 않으며, 따라서 50킬로미터에서 60킬로미터로 가속하려면 양자도약quantum leap을 해야 한다. 마찬가지로 양자 인간은 그다지 쉽게 자랄 수 없다. 자라나는 청소년은 몇 년 동안 150센티미터에 머물다 어느 날 순식간에 펑! 커져서 160센티미터가 된다. 이처럼 양자 가정은 일상생활에서 겪는 현상과 판이하게 다르다.

비록 자연계의 운행 방식에는 부합하지 않지만 분자들의 진동이 양자화되어 있다고 주장하는 플랑크의 기이한 가정을 이용하면 물체에서 방출되는 빛의 파장에 대한 정확한 식을 끌어낼 수 있다. 물리학자들은 플랑크의 식이 옳다는 점을 곧바로 깨달았다. 하지만 이 양자 가정은 너무나 기이하여 선뜻 받아들일 수 없었다.

예상 밖의 한 사람에 의해 양자 가정은 특이한 가설에서 수용해야 할 사실로 바뀌었다. 당시 스물여섯 살의 특허국 직원이었던 알베르트 아인슈타인은 자연이 연속적이 아니라 양자도약을 통해 불연속적으로 운행된다는 점을 밝혀냈다. 하지만 훗날 그는 자신이 태어나도록 도왔던 양자론에 대한 최고 반대자가 된다.

아인슈타인은 혁명가처럼 보이지 않는다. 막스 플랑크가 물리학계의 진로를 바꾸고 있을 무렵 알베르트 아인슈타인은 일자리를 얻기 위해 힘겨운 시간을 보내고 있었다. 돈이 절실했던 그는 스위스 특허국에서 임시직을 얻었는데 자신이 원했던 대학교 조교직과는 거리가 먼 자리였다. 1904년에 결혼하여 막 태어난 아들을 두고 특허국에서 일하던 당시의 상황은 위대한 과학자로 성장하기 위한 과정과는 매우 동떨어져 보인다. 하지만 1905년 3월 아인슈타인은 훗날 노벨상을 안겨줄 논문을 펴낸다. 광전효과를 규명한 이 논문은 양자역학을 물리학의 주류로 만들었다. 이처럼 양자역학이 받아들여지자 0의 신비로운 힘도 함께 수용되었다.

광전효과는 1887년 독일의 물리학자 하인리히 헤르츠Heinrich Hertz가 자외선을 금속판에 쪼이면 불꽃이 튀기도 한다는 사실을 연구함으로써 발견되었다. 광전효과는 빛을 금속에 비추면 금속으로부터 간단히 전자가 튀어나오는 현상이다. 빛에 의해 불꽃이 튀는 현상은 고전물리학의 관점에서는 커다란 수수께끼였다. 자외선은 에너지가 많은 빛이었다. 과학자들은 자연스럽게 원자에서 전자를 축출하려면 아주 많은 에너지가 필요할 것이라고 결론지었다. 하지만 빛의 파동설에 따르면 높은 에너지를 갖는 빛을 얻는 다른 방법이 있는데, 바로 더 밝은 빛을 사용하는 것이다. 예를 들어 아주 밝은 푸른 빛은 희미한 자외선만큼의 에너지를 가지고 있고, 따라서 희미한 자외선만큼 전자를 축출할 수 있다고 예상했다.

하지만 실험으로 확인한 결과는 그렇지 않았다. 진동수가 높은 희미한 자외선은 금속원자로부터 전자를 쉽게 축출한다. 빛의 진동수를 아주 조금씩 줄여가면, 즉 색깔을 빨간색 쪽으로 옮겨가면, 어떤 특정 진동수를 지나는 순간 불꽃이 갑자기 멈춘다. 그리하여 이 진동수 아래에서는 아무리 밝은 빛을 쏜다고 하더라도 금속에 들어 있는 전자들은 전혀 축출되지 않았다. 이는 빛이 파동일 경우 설명이 불가능한 현상이었다.

광전효과의 퍼즐을 해결한 사람이 바로 아인슈타인이었다. 그의 해답은 플랑크의 가정보다 더욱더 혁명적이었다. 플랑크는 분자들의 진동이 양자화되어 있다고 가정했지만 아인슈타인은 빛도 광양자라고 불리는 미세한 에너지 덩어리로 되어 있다고 가정했다. 이 아이디어는 빛이 파동이 아니라는 뜻이므로 기존의 이론, 빛의 파동설과 충돌했다.

빛의 에너지가 작은 덩어리로 되어 있다고 본다면 광전효과는 아주 쉽게 설명된다. 이 경우 빛은 마치 금속으로 발사된 작은 총알처럼 행동하기 때문이다. 이런 총알이 전자와 부딪히면 전자에 충격이 가해진다. 빛의 진동수가 충분히 높아서 광자의 에너지가 크다면 전자를 축출하게 된다. 반면 빛의 진동수가 낮아서 광자가 전자에 충분한 에너지를 건네지 못한다면 전자는 원자 속에 그대로 머물고 대신 광자는 스쳐 나가게 된다.

아인슈타인의 아이디어는 광전효과를 훌륭하게 해결했다. 그런데 이에 따르면 빛은 광자로서 양자화되어 있으며, 따라서 100년이 넘도록 아무런 의문이 제기되지 않았던 빛의 파동설과 정면으로 충돌한다. 이 모순은 빛이 파동성과 입자성을 함께 가진다고 봄으로써 해결되었다. 다시 말해서 빛은 어떤 때는 파동, 다른 때는 입자처럼 행동한다. 사실은 빛은 입자라고 할 수도 파동이라고 할 수도 없는 기묘한 두 가지 성질의 결합체이다. 쉽게 파악되지 않는 난해한 개념이지만 양자론의 핵심에 자리 잡고 있다.

양자론에 따르면 빛, 전자, 양성자는 물론 강아지 등 우주의 모든 물체는 파동성과 입자성을 함께 가진다. 하지만 물체들이 이처럼 파동성과 입자성을 함께 가진다면 도대체 그들은 어떤 존재란 말인가? 수학자들은 이런 실체를 설명할 방법을 알고 있었다. 그것은 파동방정식*으로 슈뢰딩거 방정식Schrödinger equation이라는 미분방정식의 해를 가리킨다. 하지만 불행하게도 이 수학적 해 자체에는 직관적 의미가 없어 파동방정식을 시각화하는 것은 불가능하다.

설상가상으로 물리학자들은 양자역학의 복잡한 부분을 연구하면 할수록, 기이한 현상을 발견하게 되었다. 그중 가장 기이한 것은 양자역학의 방정식에서 0이 일으키는 것, 곧 영점 에너지라고 할 것이다.

이 기이한 힘은 양자역학 세계의 수학적 방정식에 엮여 들어간다. 1920년대 중반에 독일의 물리학자 베르너 하이젠베르크 Werner Heisenberg는 이 방정식에 불확정성이라는 충격적인 결론이 담겨 있음을 발견했다. 그러한 무의 힘은 하이젠베르크의 불확정성 원리에 기인한다.

불확정성의 개념은 입자의 속성을 묘사하는 과학자들의 능력에 관련된다. 예를 들어 어떤 입자를 찾고자 한다면 그 입자의 위치와 속도, 즉 어디서 얼마나 빨리 움직이는지를 알아야 한다. 하이젠베르크의 불확정성 원리는 우리가 이처럼 간단한 일도 해낼 수 없다고 이야기한다. 아무리 열심히 노력해도 우리는 어떤 입자의 위치와 속도를 동시에 정확하게 알아낼 수 없다. 왜냐하면 측정이라는 행위 자체가 측정을 통해 우리가 얻으려는 정보 일부를 파괴하기

* 어떤 장소에 입자가 존재할 확률로 해석하면 파동방정식을 이해하는 데 때때로 도움이 된다. 예를 들어 전자는 공간에 널리 퍼져 있는데 그 위치를 측정하고자 하면 파동방정식은 전자가 공간에서 어느 곳에 얼마의 확률로 존재할 것인지를 알려준다. 이러한 자연의 모호함에 대해 아인슈타인은 반대했다. "신은 우주를 두고 주사위 놀이를 하지 않는다"라는 그의 유명한 말은 양자역학이 확률론적으로 작용한다는 점에 대한 거부이다. 아인슈타인에게는 안됐지만, 양자역학의 법칙들은 놀랍도록 잘 작용하며, 전통적인 고전물리학으로는 여러 가지 양자 효과를 제대로 설명할 수 없다.

때문이다. 뭔가를 측정하려면 그것을 자극해야 한다. 예를 들어 연필의 길이를 잰다고 하자. 이때 연필을 손가락으로 만지면서 그 길이를 측정하게 되는데, 이 과정에서 약간이나마 연필에 충격이 가해져서 그 속도가 미세하게 바뀔 수도 있다. 더 좋은 방법은 자를 조심스레 연필 가까이 놓고 재는 것인데, 이처럼 두 물체의 길이를 비교하는 것만으로도 연필의 속도는 미세하게 변한다. 연필에 충돌하여 반사되는 빛을 통해서만 연필을 관찰할 수 있다. 이 광자의 에너지가 극히 작기는 하지만 어찌 되었건 연필에 조금이라도 충격을 주게 되므로 연필의 속도가 아주 조금이라도 변할 수밖에 없다. 나아가 다른 어떤 방법으로 연필의 길이를 측정하든 그 과정에서 아주 작더라도 충격은 반드시 가해진다. 하이젠베르크의 불확정성 원리는 연필의 길이 혹은 전자의 위치를 속도와 동시에 완벽한 정확도로 측정하는 것은 불가능함을 밝혔다. 입자의 위치를 정확히 측정하면 할수록 속도는 더욱 부정확해지며, 반대로 속도를 정확히 측정할수록 위치는 더 부정확해진다.

전자의 위치를 오차 없이 정확히 재면 전자가 어느 순간에 어디에 있는지는 정확히 알 수 있지만, 전자가 그 순간에 얼마나 빨리 움직이는지는 전혀 알 수 없다. 반면 전자의 속도를 오차가 전혀 없는 무한대의 정밀도로 알아내면 그 위치에 대해서는 무한대의 오차가 나와서 그게 어디에 있는지를 전혀 알 수 없다.* 위치와

* 정확히 말하면, 하이젠베르크의 불확정성 원리는 입자의 속도가 아니라 입자의 속력, 방향, 질량으로 구성된 운동량과 관련된다. 하지만 여기의 맥락에서는 운동량, 속도 심지어 에너지도 서로를 대신할 수 있다.

속도를 동시에 정확히 아는 것은 불가능하며, 하나에 대해 어느 정도의 정보를 얻으면 다른 하나에 대해서는 어느 정도의 불확정성이 초래된다. 이 원리는 또 하나의 깰 수 없는 법칙이다.

하이젠베르크의 불확정성 원리는 사람이 행하는 측정에만 국한되어 적용되지 않는다. 열역학 법칙들처럼 이 원리는 자연계에도 적용된다. 불확정성은 우주가 무한의 에너지로 들끓게 만든다. 아주 작은 상자와 같은 극도로 작은 공간을 상상해보자. 그 안에서 무슨 일이 벌어지고 있는지 알아내고자 할 때 우리는 몇 가지 가정을 할 수 있다. 예를 들면, 우리는 그 안에 있는 입자들의 위치를 어느 정도 정확하게 파악할 수 있다. 만일 이 입자들이 상자 바깥에 있다면 우리의 관찰 대상이 아니기 때문에, 적어도 이 입자들은 상자의 안쪽에 존재해야 한다. 따라서 우리는 이 입자들이 상자의 부피에 해당하는 공간에 갇혀 있다는 것을 안다. 이처럼 우리는 이 입자들의 위치에 대해 어느 정도의 정보를 갖고 있으므로 하이젠베르크의 불확정성 원리에 따르면 우리는 그 속도 또는 에너지에 대해서는 어느 정도 불확정성을 갖게 된다. 상자의 크기를 계속 줄여 더욱 정확한 위치를 알게 될수록 입자의 에너지에 대한 지식은 점점 더 줄어든다.

이런 논리는 지구의 중심이나 우주의 가장 깊은 진공까지 모든 곳에서 성립한다. 따라서 충분히 작은 공간이라면 심지어 진공 속에서도, 그 안에 담긴 에너지의 양은 어느 정도의 불확정성을 띤다. 진공에 담긴 에너지의 불확정성이라는 개념은 무척 터무니없게 들린다. 진공은 그 정의상 아무것도 없는 곳이므로 입자나 빛은 물론 그 어떤 것도 없어야 한다. 따라서 진공은 에너지도 가질 수 없다. 불확정성 원리에 따르면 우리는 진공 속의 어떤 공간이 어느 순간 얼마만큼의 에너지를 갖는지 알 수 없다. 진공 속 아주 작은 공간에 존재하는 에너지는 끊임없이 요동치고 있을 것이다.

도대체 아무것도 없는 진공이 어떻게 에너지를 가질 수 있을까? 그 해답은 아인슈타인의 유명한 공식 $E=mc^2$을 통해 알 수 있다. 이 간단한 식은 질량과 에너지 사이의 관계를 설명한다. 어떤 물체의 질량은 어느만큼의 에너지와 같다. 입자물리학자들은 전자의 질량을 킬로그램이나 파운드와 같은 일반적인 질량이나 무게의 단위로 나타내지 않는다. "전자의 정지질량은 0.511 MeVmillion electron volts(100만 전자볼트)이다"와 같이 에너지의 단위로 나타낸다. 진공 속에 있는 에너지의 요동은 질량에서의 요동과 같은 것이다. 진공에서는 마치 아주 작은 체셔 고양이처럼 미세한 입자들이 끊임없이 생겨났다 사라지기를 되풀이한다(체셔 고양이는 소설 『이상한 나라의 앨리스』에서 갑자기 나타났다가 사라지곤 하는 고양이를 가리킨다. 고양이의 몸이 사라진 다음에도 그 미소는 한참 그 자리에 남아서 2001년부터 양자역학 이론을 설명하기 위한 비유로 사용되기 시작했다-옮긴이). 진공은 절대로 완전히 텅 빈 곳이 아니다. 진공에는 이러한 가상입자들이 들끓고 있으며, 그 공간의 어느 곳이든 무한히 많은 가상입자가 신나게 나타났다 사라지곤 한다. 이것이 바로 영점 에너지이며 양자론의 방정식에 들어 있는 무한대이다. 엄밀히 해석하면 영점 에너지에는 한계가 없다. 양자역학의 방정식에 따르면 전 세계의 모든 탄광과 유전과 핵무기가 가진 에너지를 모두 합친 것보다 더 많은 에너지가 집에 있는 토스터 안의 좁은 공간에 들어 있다.

어떤 방정식에 무한대가 들어 있으면 물리학자는 대개 뭔가 잘못되었다고 본다. 무한대는 물리적으로 아무런 의미가 없기 때문이다. 영점 에너지도 마찬가지여서 과학자 대부분은 이를 완전히 무시한다. 그들은 이 에너지가 무한하다는 것을 알지만 단순히 0이라고 간주한다. 이는 편리한 허구이고 대개는 아무런 문제가 되지 않지만 가끔은 문제가 되는 때가 있다. 1948년 네덜란드의 두 물리학자 헨드리크 카시미르Hendrick B. G. Casimir와 디르크 폴더Dirk Polder는 영점 에너지를 항상 무시할 수 있는 것은 아니라는 사실을 발견했다. 이 두 사람은 원자들 사이의 힘을 연구하고 있었는데 측정한 값이 예상한 값과 일치하지 않았다. 그 원인을 조사하는 과정에서 카시미르는 무의 힘을 직감했다.

'카시미르 힘'의 비밀은 파동의 본질에 숨어 있다. 고대 그리스의 피타고라스는 현악기 현의 물결치는 듯한 움직임을 통해 어떤 음은 허용되고 어떤 음은 금지된다는 파동의 특이한 현상을 발견했다. 피타고라스가 현을 누르지 않고 튕겼을 때 맑은 소리, 곧 기본음이라고 부르는 음이 나왔다. 다음으로 현의 중간 부분을 손가락으로 가볍게 대고 튕겼더니 또 맑은 소리가 났는데 음은 기본음보다 한 옥타브가 높았다. 이어서 1/3 부분에 대고 튕겼을 때 역시 맑은 소리가 났다. 하지만 피타고라스는 모든 음이 맑게 울리지는 않는다는 점을 깨달았다. 손가락을 아무 곳에나 대고 튕기면 맑은 소리가 나는 경우가 거의 없었다. 오직 어떤 특정한 음들만

그림 48. 기타 현에서 허용되는 음과 금지되는 음

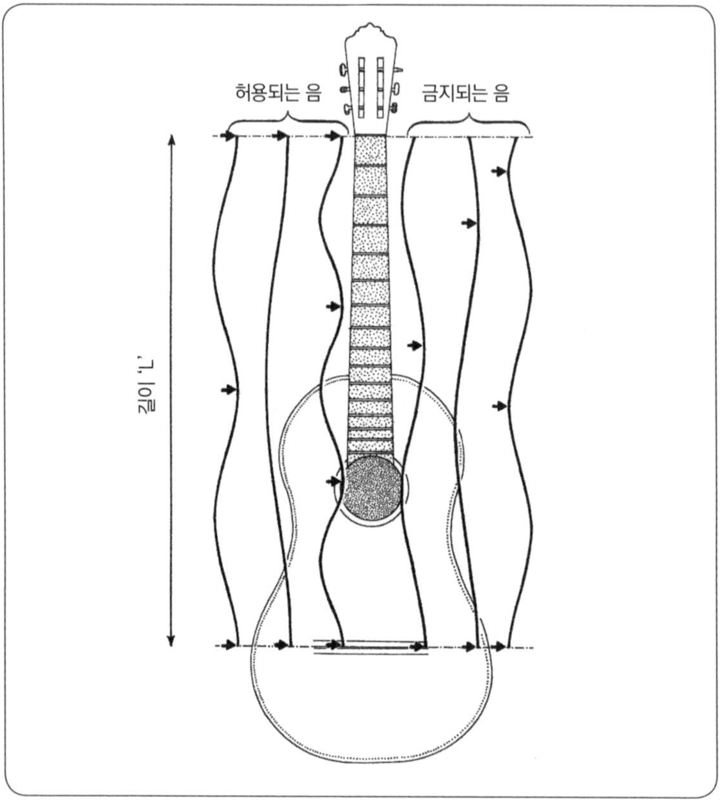

현에서 맑게 울렸고 대부분의 음은 제대로 된 소리가 나지 않았다(그림 48).

물질파는 현의 파동과 별로 다르지 않다. 특정 규격의 기타 현이 모든 음을 다 낼 수는 없듯, 즉 허용되지 않는 파동이 있는 것과 마찬가지로, 물질파 중에도 상자 안에 들어가는 것이 허용되지 않는 것이 있다. 예를 들어 두 장의 금속판을 가까이 마주 놓았다고

그림 49. 카시미르 효과

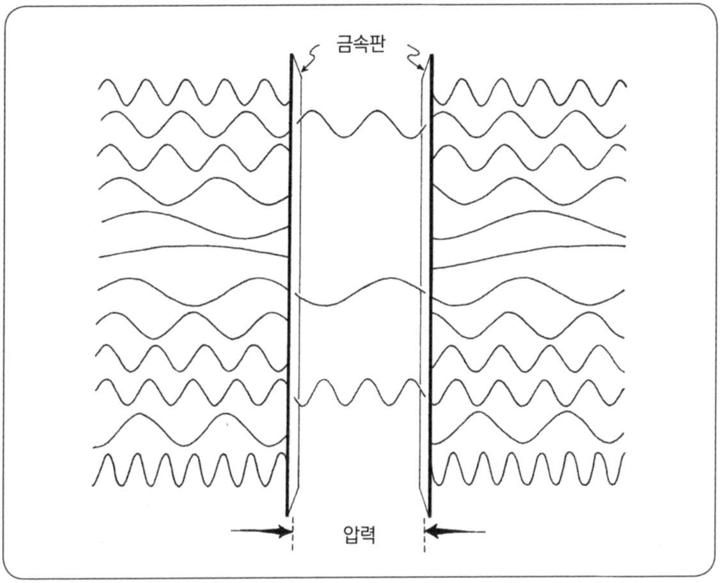

그 안에 아무 입자나 담을 수는 없다. 물질파의 파장이 상자의 크기와 맞아떨어지는 입자만 허용되기 때문이다(그림 49).

카시미르는 입자들이 곳곳에서 나타났다 사라지기를 되풀이하므로 허용되지 않은 입자들이 진공의 영점 에너지에 영향을 미치리라는 사실을 깨달았다. 전하를 띠지 않는 두 장의 금속판을 가까이 마주 놓으면 어떤 입자들은 그 두 장의 금속판 사이에 들어올 수 없으므로 바깥쪽에 더 많은 입자가 있게 된다. 그 결과 입자의 양이 조금도 줄어들지 않은 바깥쪽의 입자들이 밖에서 안쪽으로 압력을 가하고 안쪽은 이를 충분히 상쇄할 정도로 많은 입자를 갖지 못하므로 금속판은 안쪽으로 밀리게 된다. 이런 현상은 완전한 진공에서도 발생한다. 이것은 진공의 힘이고, 무에서부터 만들어지는 힘이다. 이것을 카시미르 효과라고 한다.

카시미르 힘은 아무것도 없는 곳에서 생겨나는 신비롭고 유령과 같은 힘이어서 마치 공상과학소설처럼 들리지만, 분명히 존재한다. 그 크기가 극히 작아 측정하기가 매우 어려웠는데 1995년에 물리학자 스티븐 라모로Steven Lamoreaux가 마침내 카시미르 효과를 직접 측정했다. 그는 금을 입힌 두 장의 금속판을 예민한 비틀림 측정 장치에 설치하고 금속판에 미치는 카시미르 힘을 상쇄하는 데에 필요한 힘을 측정했다. 그 크기는 개미 무게의 3만분의 1 정도로서 카시미르의 이론과 일치했다. 라모로는 빈 공간이 발휘하는 힘을 측정했다.

상대성이론의 0: 블랙홀

> [별은] 체셔 고양이처럼 시야에서 사라진다.
>
> 고양이는 소리 없는 웃음을 남기고 별은 중력을 남긴다.
>
> — 존 휠러John Wheeler

양자역학의 0은 진공에 무한의 에너지를 부여한다. 한편 현대의 또 다른 위대한 이론인 상대성이론의 0은 또 다른 역설, 무한한 무無인 블랙홀을 만들었다.

양자역학처럼 상대성이론도 빛 속에서 태어났다. 하지만 이번에 문제를 일으킨 것은 빛의 속력이었다(speed는 속력으로, velocity

는 속도로 번역하였다-옮긴이). 우주에 있는 대부분의 물체는 모든 관찰자에게 같은 속력으로 보이지 않는다. 관찰자에 따라 그 속력이 다르게 보인다. 예를 들어 한 소년이 사방으로 돌을 던진다고 상상해보자. 이 소년에게 다가가는 관찰자는 멀어져가는 관찰자보다 돌의 속력이 빠르다고 느낀다. 돌의 속도는 우리가 움직이는 방향과 움직이는 속력에 의해 결정되는 것처럼 보인다. 같은 방법으로, 눈앞에서 밝게 빛나는 전구 빛의 속력 역시 우리가 전구로 다가가는지 전구로부터 멀어지는지에 영향을 받아야 한다. 1887년에 미국의 물리학자 엘버트 마이컬슨Albert Michelson과 에드워드 몰리Edward Morley는 이 효과를 직접 측정했다. 하지만 아무 차이가 없다는 사실을 발견하고 크게 당황했다. 빛의 속력은 어느 방향에서나 같았다. 도대체 어찌 이럴 수가 있을까?

1905년에 젊은 아인슈타인이 이 문제를 해결했다. 이때 역시 그는 아주 단순한 가정으로부터 엄청난 결론을 도출했다.

아인슈타인의 첫 번째 가정은 아주 당연해 보였다. 아인슈타인은 여러 사람이 나무를 향해 날아가는 큰 까마귀를 보는 것처럼 같은 현상을 본다면 물리법칙은 모든 관찰자에게 똑같이 성립할 것이라고 말했다. 만일 까마귀가 날아가는 방향과 나란히 달리는 기차를 타고 가는 관찰자와 땅에 서 있는 관찰자의 관찰 결과를 비교해본다면 이들은 나무나 까마귀의 속력에 대해 다르게 말할 것이다. 하지만 그 까마귀가 날아가는 행동의 결과는 같다. 몇 초가 지나면 까마귀는 나무에 도착한다. 두 관찰자의 관찰은 세세한 과정에 대해서는 다를지라도 최종 결과에 대해서는 일치하며, 이것이 바로 특수상대성이론의 첫 번째 가정인 상대성원리이다. 여기서 이야기하고 있는 특수상대성이론에서는 운동에 제한이 따른다. 관찰자는 일정한 속도로 똑바로 움직이는 등속직선운동을 해야 하며 가속은 할 수 없다. 일반상대성이론에서는 이 제한이 없어져 가속을 포함한다.

특수상대성이론의 두 번째 가정은 조금 문젯거리이다. 특히 이는 상대성원리와 모순되는 듯 보인다. 아인슈타인은 관찰자가 움직이는 속력이 얼마인지에 상관없이 진공 속에서의 빛의 속력은 동일하게 보인다고 가정했다. 빛의 속력은 대략 초당 30만 킬로미터이고 이 속력은 상수이며 대개 c로 나타낸다. 이 가정에 의하면 어떤 사람이 당신에게 손전등을 비출 때 그 사람이 가만히 있든, 당신에게 다가오든 당신으로부터 멀어지든 상관없이 빛의 속력은 언제나 c로서 일정하다. 당신의 관찰 시점뿐만 아니라 다른 모든 사람의 관찰 시점에서도 동일하게 빛은 c의 속력으로 이동한다.

이 가정은 물체의 운동에 대한 물리학자들의 모든 가정에 도전한다. 만일 까마귀가 광자처럼 행동한다면 땅에 있는 관찰자나 열차에 있는 관찰자나 까마귀의 속력에 대해 동일한 값으로 의견이 일치할 것이다. 그런데 이는 까마귀가 언제 나무에 도착하는지에 대해서는 의견이 일치하지 않는다는 뜻이다(그림 50). 아인슈타인은 이 문제를 피하는 방법을 찾아냈다. 그것은 시간의 흐름이 관찰자의 속력에 따라 달라진다는 것이었다. 열차의 시계는 정지한 시계보다 느리게 간다. 예를 들어 지상의 관찰자에게 10초가 흐르는 동안 열차의 관찰자에게는 5초밖에 흐르지 않는 것이다. 이 현상은 엄청난 속력으로 멀어져가는 사람에 대해서도 마찬가지이다. 엄청난 속력으로 멀어져가는 사람의 시계는 지상에 있는 사람의 시계보다 느리게 간다. 따라서 어떤 우주인이 광속의 90퍼센트의 속력으로 우주인 시계로 20년 동안 여행하고 지구로 돌아오면 그의

그림 50. 까마귀의 속력이 일정하다는 것은 시간이 상대적이라는 의미이다

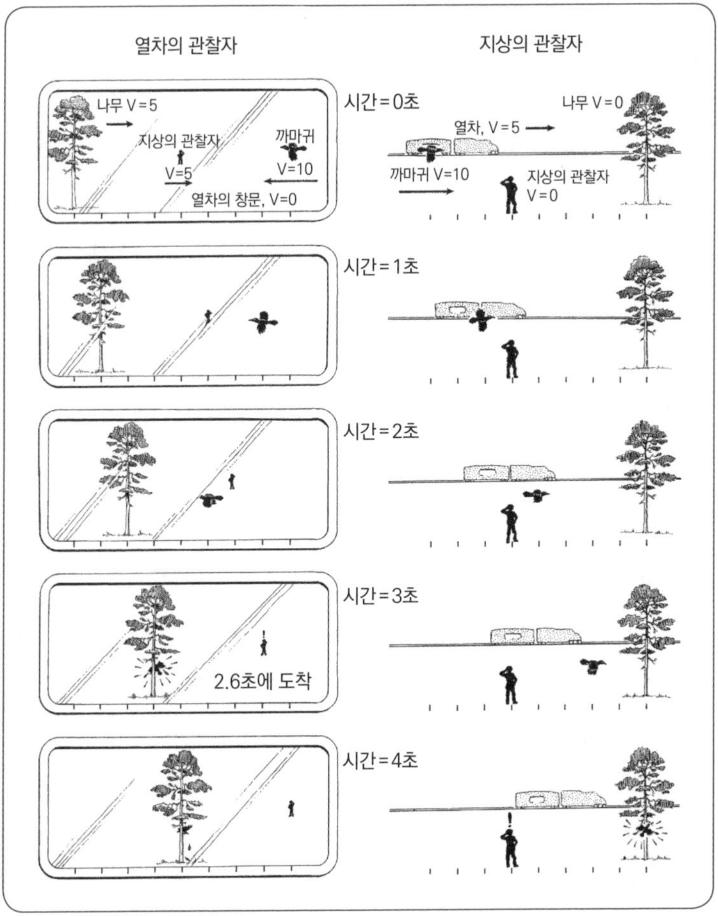

나이는 20살 많아지지만, 지구에 있는 사람들의 나이는 46살이나 많아진다.

속력에 따라 변하는 것은 시간만이 아니며 길이와 질량도 변한다. 속력이 올라가면 물체의 길이는 짧아지고 질량은 늘어난다. 예를 들어 정지한 사람의 관점에서 볼 때 1미터의 막대기와 1킬로그램의 설탕 자루가 광속의 90퍼센트에 이르면 각각 44센티미터와 2.3킬로그램이 된다. 물론 이는 같은 자루의 설탕으로 더 많은 과자를 만들 수 있다는 뜻은 아니다. 움직이는 설탕 자루의 관점에서는 질량이 변하지 않는다.

이와 같은 시간 흐름의 가변성은 아마도 쉽게 믿을 수 없겠지만 실제로 관측되었다. 소립자들이 매우 빠르게 움직일 때 시간이 느려지므로 예상 시간보다 오랜 시간이 지나서야 붕괴한다. 또한 극히 정밀한 시계를 아주 빠른 속도로 나는 비행기에 싣고 실험하면 그 시간이 아주 조금이지만 느려진다는 것이 관찰되었다. 이처럼 아인슈타인의 이론은 맞아 들어갔지만 0이라는 잠재적인 문제는 여전히 남아 있었다.

우주선의 속도가 광속에 가까워질수록 시간은 계속해서 느려진다. 만약 광속에 이르면 우주선에 있는 시계의 1초는 지상에 있는 시계의 무한히 긴 시간과 같아진다. 그리하여 극히 짧은 순간에 수십억 년의 수십억 배의 시간이 지나가게 된다. 우주는 이미 궁극적인 운명을 맞고 모두 불타서 사라지게 된다. 그런 우주선에 타고 있는 우주인의 시간은 시간의 흐름에 0이 곱해진 것처럼 멈추고 만다.

다행히 시간을 멈추는 일은 그다지 쉽지 않다. 우주선이 점점 빨라지면 시간은 점점 느려지는데, 이와 동시에 우주선의 질량은 점점 커진다. 이는 마치 유모차로 점점 커지는 아기를 미는 것과 같다. 잠깐 사이에 아기가 아니라 스모 선수를 밀어야 하는데 이는 쉬운 일이 아니다. 그래도 가까스로 힘을 다해 더 빨리 밀면 아기는 자동차만큼 무거워지며, 이어서 전함, 행성, 항성 마침내 은하보다 더 무거워진다. 이처럼 아기가 무거워질수록 미는 효과는 점점 줄어든다. 마찬가지로 우주선도 가속을 계속해 광속에 가깝게 속도를 높이면 얼마 가지 않아 더는 밀 수 없을 정도로 무거워지고 만다. 우주선은 물론 질량을 갖는 어떤 물체도 광속에 이르도록 가속할 수는 없다. 광속은 궁극의 제한으로 그 속도에 이를 수는 없으며, 넘을 수는 더더욱 없다. 자연은 다루기 힘든 0으로부터 자신을 보호하는 것이다.

하지만 0은 자연에도 너무 강하다. 아인슈타인이 상대성이론을 중력까지 포함하도록 확장했을 때 그는 이렇게 새로 만든 일반상대성이론의 방정식이 블랙홀이라는 궁극의 0과 최악의 무한대를 설명하게 되리라는 점은 알지 못했다.

아인슈타인의 일반상대성이론 방정식은 동일한 대상의 서로 다른 측면으로서 시간과 공간을 다룬다. 우리는 가속을 하는 것이 공간 속에서의 운동 방식을 바꾸는 것이라는 사실에 이미 익숙해 있다. 곧 속력이 빨라지거나 느려지게 할 수 있다. 그런데 아인슈타인의 방정식은 가속이 공간 속에서의 운동 방식을 바꾸는 것처럼 시간 속에서의 운동 방식도 바꾼다는 점을 보여준다. 가속에 따라 시간의 흐름도 빨라지거나 느려진다. 그러므로 어떤 물체를 가속하면 그 원인이 중력이든 어떤 거대한 우주 코끼리의 힘이든 물체의 운동은 시간과 공간, 곧 시공을 가로지르며 변하게 된다.

시공은 파악하기 어려운 개념이다. 따라서 비유를 통해 접근해야 가장 이해하기 쉬운데, 시공을 거대한 고무판으로 보도록 하자. 이 고무판 위에 행성과 별과 다른 모든 것들이 놓여 있는데, 그것들은 고무판을 조금씩 움푹 패이게 만든다. 이처럼 고무판에 놓인 물체들에 의해 만들어지는 움푹 패임(만곡)이 바로 중력이다. 고무판 위에 놓인 물체의 질량이 클수록 고무판도 더욱 많이 패이고 이를 에워싸는 웅덩이도 커진다. 중력이 당기는 효과는 주변의 물체가 이 웅덩이로 굴러 들어가는 현상으로 나타난다.

고무판의 움푹한 만곡은 공간의 만곡일 뿐 아니라 시간의 만곡이기도 하다. 무거운 물체 옆의 공간이 휘어지는 것과 마찬가지로 시간도 휘어진다. 만곡이 크면 클수록 시간은 더욱 느려진다. 같은 현상이 질량에서도 일어난다. 크게 휘어진 공간의 영역에 들어가면, 물체의 질량은 증가하며 이 현상은 '질량팽창'이라고 부른다.

이 비유로 행성의 궤도도 설명할 수 있다. 지구는 단순히 태양이 고무판에 만든 웅덩이를 맴돌 뿐이다. 이런 웅덩이 주위에서는 빛도 직선이 아니라 휘어진 길을 따라 나아간다. 1919년 영국의 천문학자 아서 에딩턴 경Sir Arthur Eddington은 이 효과를 관측하기 위한 탐사에 나섰다. 그는 일식이 진행되는 동안 태양 주변의 별의 위치를 관측하여 아인슈타인이 예견한 만곡을 확인했다(그림 51).

아인슈타인의 방정식은 훨씬 불길한 것도 예견했는데, 밀도가 엄청나게 높아서 빛을 포함하여 그 무엇도 그 중력에서 벗어날 수

그림 51. 태양 주위의 빛은 중력 때문에 휘어진다

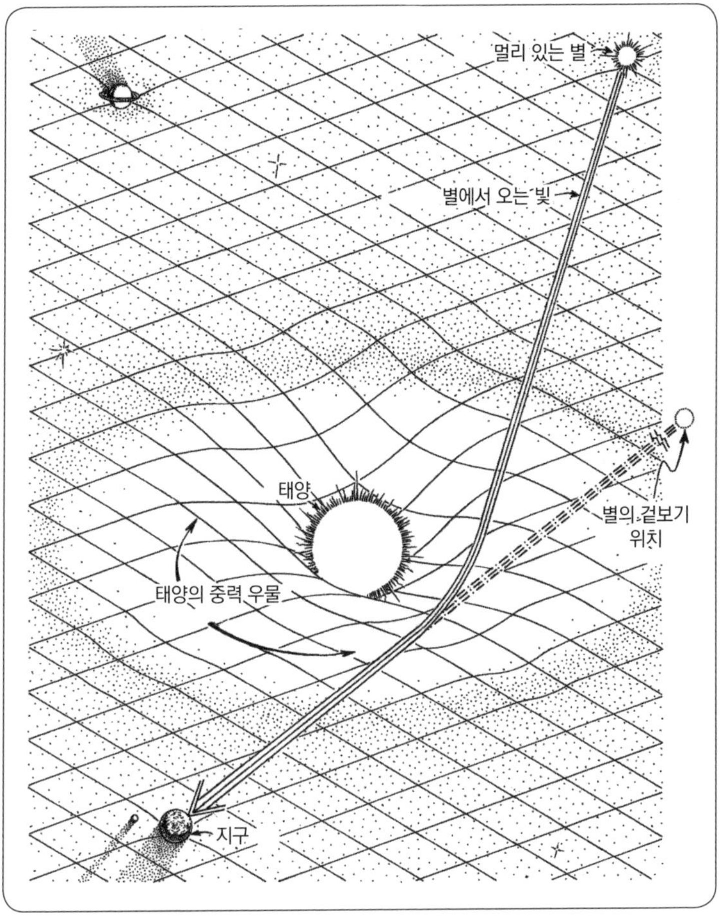

없는 블랙홀이다.

블랙홀은 다른 모든 별처럼 수소가 대부분인 거대한 기체 덩어리에서 시작된다. 이것을 그냥 내버려두면 충분히 커진 기체 덩어리는 결국 자체 중력의 무게 때문에 작은 크기로 수축한다. 하지만 다행히 핵융합이라는 다른 힘이 작용하기 때문에 완전히 붕괴하지는 않는다. 기체 구름이 뭉쳐지면 점점 뜨겁고 밀도가 높아져서 수소 원자들이 점점 더 강렬한 힘으로 서로 충돌한다. 그러다가 마침내 어느 수준을 넘으면 수소 원자들은 서로 융합하여 헬륨이 되면서 막대한 에너지를 내놓는다. 이 에너지는 별의 중심부에서 방출되므로 이에 의해 별은 조금 팽창한다. 별은 생 대부분을 자체의 중력에 의해 수축하려는 성향과 중심부에서 일어나는 수소 융합으로 방출되는 에너지에 의해 팽창하려는 성향이 균형을 이루는 불안정한 평형 상태에서 보낸다.

이 평형은 영원히 지속될 수 없다. 별이 태울 수 있는 수소에는 한계가 있기 때문이다. 따라서 세월이 흘러 융합 반응이 사그라지면 평형은 무너진다. (이 과정이 얼마나 지속되는지는 별의 크기에 달려 있다. 아이러니하게도 수소가 많아서 별의 크기가 클수록 반응이 더 격렬하게 일어나므로 수명은 더 짧다. 태양에는 약 50억 년 정도 쓸 연료가 남아 있다. 하지만 그렇다고 마냥 만족할 일은 아니다. 그 전에 태양의 온도가 점점 높아져서 바다가 온통 말라버려 지구는 금성처럼 아무도 살 수 없는 사막이 되고 말 것이다. 지구에서 누리는 인류의 삶이 10억 년 정도 남았다는 것을 그나마 다행으로 여겨야 할 것이다.) 이러한 일련의 과정이 이루어지는 정확한 순서는 별의 질량에 달려 있고, 오래도록 이어지는 죽음의 진통 끝에 융합 연료가 바닥나면 별은 자신의 중력에 의해 다시 수축하기 시작한다.

하지만 독일 출신 물리학자 볼프강 파울리Wolfgang Pauli가 1920년대 중반에 내놓은 양자역학 법칙인 배타원리 덕분에 물질은 점으로 찌그러지지 않는다. 대략 말하자면 이 원리는 어떤 두 대상이 같은 시간 같은 장소에 있을 수 없다는 뜻인데, 특히 양자상태가 같은 두 전자를 한곳에 몰아넣는 것은 불가능하다. 그러나 1933년에 인도 출신 물리학자 수브라마니안 찬드라세카르 Subrahmanyan Chandrasekhar는 배타원리도 중력의 압착에 맞서 싸우는 데에는 한계가 있다는 점을 밝혔다.

배타원리에 따르면 별의 압력이 높아짐에 따라 전자들은 서로를 회피하기 위해 점점 더 빨리 움직인다. 하지만 전자의 움직임도 광속이라는 속도의 한계를 뛰어넘을 수는 없으므로 물질의 덩어리가 엄청난 압력을 받으면 전자도 그 붕괴를 막을 수 있을 정도로 빨리 움직이지 못한다. 찬드라세카르는 태양보다 약 1.4배 이상의 질량을 가진 별의 중력은 배타원리를 압도하기에 충분하다는 것을 보였다. 이러한 찬드라세카르 한계Chandrasekhar limit를 넘으면 별의 중력이 너무나 강해서 전자는 그 붕괴를 막지 못한다. 그렇게 되면 전자는 중력과의 싸움을 영원히 포기하고 양성자에 충돌하여 중성자를 만들어낸다. 그리하여 무거운 별은 결국 온통 중성자로 이루어진 중성자별이 된다.

이처럼 붕괴하는 별의 질량이 찬드라세카르 한계보다 조금 더 크면 전자와 비슷한 방식으로 버티는 중성자의 힘 덕분에 더 이상의 붕괴가 저지된다는 사실이 계산을 통해 밝혀졌다. 중성자별의 밀도는 엄청나서 찻숟가락에 얹을 정도의 물질이 갖는 질량이 수억 톤에 이른다. 하지만 중성자가 버틸 수 있는 압력에도 한계가 있다. 어떤 천체물리학자들은 중성자별에 약간의 압력이 더 가해지면 중성자가 그 성분인 쿼크로 찌그러져 쿼크별을 이룬다고 믿는다. 하지만 이게 마지막 보루이다. 이 단계마저 넘어서면 완전히 속수무책이다.

극히 무거운 별이 붕괴하면 점으로 사라지고 마는 것이다. 그 중력이 너무나 강하여 물리학자들이 알고 있는 우주 안의 어떤 힘도 그 붕괴를 막을 수 없다. 전자의 반발력은 물론 중성자의 반발력이나 쿼크의 반발력도 무용지물이다. 이렇게 죽어가는 별은 갈수록 작아져서 마침내 0이 된다. 한마디로 이런 별은 자신을 0의 공간에 밀어 넣는데 이것이 바로 블랙홀이다. 블랙홀은 너무나 역설적이어서 어떤 과학자들은 이를 이용하여 빛보다 빠르게 여행하거나 심지어 시간을 거슬러 올라갈 수도 있다고 믿는다.

블랙홀이 지닌 기이한 성질을 이해하려면 블랙홀이 시공을 일그러뜨린다는 점을 이해해야 한다. 블랙홀은 공간을 전혀 차지하지 않지만 그런데도 질량은 갖고 있으므로 시공을 휘게 할 수 있다. 보통의 경우 이는 별문제가 되지 않는다. 무거운 별에 접근하면 만곡이 점점 커지지만, 별의 중심에서 바닥을 치고 올라오므로 별의 바깥 경계를 따라 지나가면 다시 줄어든다. 하지만 블랙홀은 점이므로 바깥 경계라는 게 없고 따라서 공간이 다시 평평해지기 시작하는 곳도 없다. 블랙홀에 접근할 때 공간의 만곡은 갈수록 커질 뿐 결코 바닥을 치고 다시 올라오지 않는다. 블랙홀은 공간을 차지하지 않으므로 만곡은 무한대가 되어 시공에 구멍을 낸다(그림 52). 블랙홀의 0은 특이점의 일종으로 우주라는 드넓은 천에 뚫린 상처이다.

이는 아주 골치 아픈 개념이다. 매끄럽고 연속적인 시공의 천에

그림 52. 보통의 별과 달리 블랙홀은 시공에 구멍을 만든다

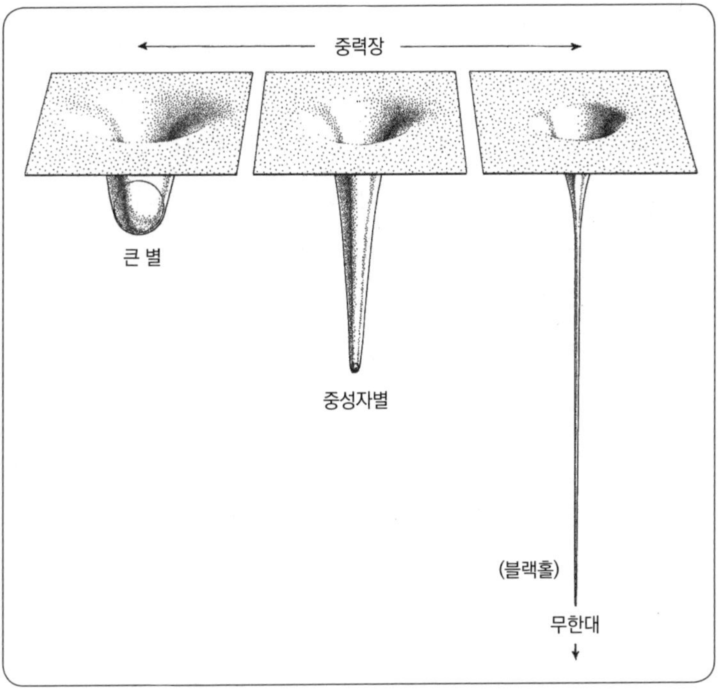

구멍이 생길 수 있는데 그 부근에서 어떤 일이 일어날지 아무도 모른다. 아인슈타인은 특이점의 아이디어를 어처구니없이 여겨 블랙홀의 존재를 부정했다. 하지만 그는 틀렸고 블랙홀은 존재한다. 다만 블랙홀의 특이점은 너무나 추하고 위험하여 자연은 아무도 블랙홀의 중심에 자리 잡은 0을 보고 이야기하지 못하도록 차단해 버렸다. 이를테면 자연은 우주 검열관cosmic censor을 두고 있는 셈이다.

검열관은 중력 자신이다. 돌을 위로 던지면 지구의 중력 때문

에 다시 떨어진다. 하지만 충분히 세게 던지면 다시 떨어지지 않으며, 지구의 중력을 뿌리치고 대기권을 벗어나 멀리 사라진다. 미항공우주국이 화성에 우주선을 보낼 때 대략 이렇게 했는데, 이처럼 중력을 뿌리치고 벗어나는 데에 필요한 최저속도를 탈출속도 escape velocity라고 부른다. 하지만 블랙홀의 밀도는 너무나 높아서 블랙홀에 너무 가까이 다가가 이른바 사건의 지평선event horizon을 넘어서면 탈출속도는 광속보다 빨라진다. 일단 사건의 지평선을 넘어서면 중력이 엄청나게 강하고 공간의 만곡도 너무나 커서 아무것도, 심지어 빛조차도 빠져나올 수 없다.

블랙홀도 별이기는 하지만 내뿜는 빛은 사건의 지평선을 벗어나지 못하며 이 때문에 검다. 블랙홀의 특이점을 보려면 직접 사건의 지평선 너머로 들어가는 수밖에 없다. 그러나 설령 엄청나게 강한 우주복 덕분에 블랙홀의 중력이 우리를 가혹하게 늘어뜨려 우주인 스파게티로 만드는 것을 면한다고 하더라도 그 안에서 본 것을 밖에 있는 다른 사람들에게 전할 도리가 없다. 사건의 지평선을 넘어서면 우리 자신은 물론 우리가 보내는 신호도 블랙홀의 중력을 뿌리치지 못하기 때문이다. 사건의 지평선을 넘어 여행하는 것은 우주라는 차에서 내리는 것과 같다. 한번 들어가면 다시 나올 수 없는데, 이것이 바로 우주 검열관의 위력이다.

자연이 이처럼 블랙홀의 특이점을 가리려 해도 과학자들은 블랙홀이 존재함을 알고 있다. 궁수자리의 방향에 있는 우리 은하계의 한가운데에는 태양의 250만 배에 이르는 질량을 가진 초거대 블랙홀이 자리 잡고 있다. 천문학자들은 이 보이지 않는 파트너의 주위에서 춤추며 돌아가는 별들을 관측했으며, 블랙홀 자체는 보이지 않지만, 이 별들의 움직임으로부터 그 존재를 밝혀냈다. 과학자들은 블랙홀을 탐지해낼 수는 있지만 그 중심에 있는 추한 특이점으로서의 0은 사건의 지평선에 의해 가려져 있어 결코 찾아낼 수 없다.

우주의 다른 부분으로부터 특이점을 분리해서 가리는 우주 검열관인 사건의 지평선이 없다면 매우 기묘한 현상이 벌어질 것이다. 이론적으로 볼 때 사건의 지평선이 없는 노출 특이점naked singularity을 이용하면 빛보다 빨리 여행하고 과거로 갈 수도 있는데, 이는 웜홀wormhole이라 불리는 것을 통해 이루어질 수 있다.

고무판의 비유로 돌아가보면 특이점은 만곡이 무한대인 점으로 시공의 천에 뚫린 구멍이다. 그런데 어떤 경우에는 이 구멍을 잡아 늘일 수 있다. 예를 들어 수학자들은 블랙홀이 자전하거나 전하를 띤다면 특이점은 시공의 한 점이 아니라 반지와 같은 고리가 된다는 점을 계산해냈다. 그러자 물리학자들은 이렇게 늘어뜨려진 두 특이점이 서로 연결되면 웜홀이라는 터널을 만들 수 있다고 상상했다(그림 53). 그렇다면 공간의 한곳에서 웜홀을 통해 여행하는 사람은 다른 곳에서 솟아날 수 있을 것이며 어쩌면 시간적으로도 그럴 것이다. 다시 말해서 이론상 웜홀을 이용하여 순식간에 우주를 가로지를 수 있다면 시간적으로도 왔다 갔다 할 수 있을 것이다(부록 E). 그러면 어떤 사람은 과거로 거슬러 올라가 어머니가 아버지를 만나기 전에 어머니를 살해할 수도 있을 것이다. 물론 그러면 그 사람은 아예 태어나지도 못한다는 심각한 모순이

그림 53. 웜홀

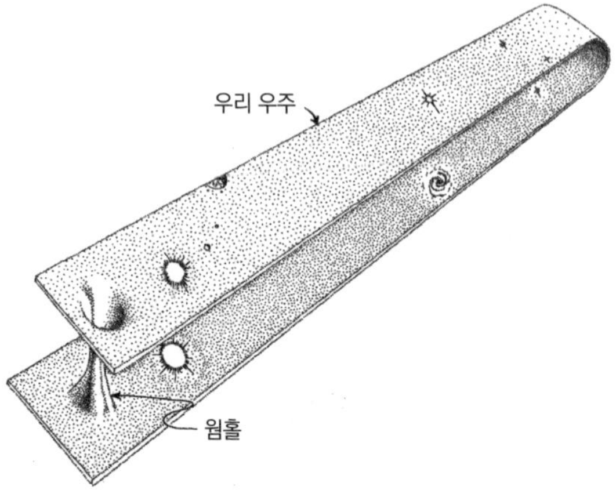

초래되지만 말이다.

웜홀은 일반상대성이론의 방정식에 내포된 0에 의해 야기된 역설이다. 그것이 실제로 존재하는지는 아무도 모른다. 하지만 나사NASA는 그러기를 바라고 있다.

공짜로 얻을 수 있는 것은 없다

공짜 점심 따위는 없다.

— 열역학 제2 법칙

나사는 먼 곳의 별까지 여행할 수 있도록 하는 비밀을 0이 간직하고 있을지도 모른다는 희망을 품었다. 1998년 나사는 '세 번째

천년의 물리학Physics for the Third Millennium'이라는 제목으로 심포지엄을 개최했다. 여기서 과학자들은 웜홀, 워프 항법warp drive, 진공에너지 엔진 등의 기괴한 아이디어를 주제로 토론했다.

우주여행의 문제점은 앞으로 나아가기 위해 밀어낼 대상이 없다는 것이다. 수영장에서 헤엄칠 때 우리는 물을 밀어 뒤로 보냄으로써 몸을 앞으로 나아가게 만든다. 길을 걸을 때는 발로 바닥을 밀어서 앞으로 나아갈 힘을 얻는다. 우주 공간에서는 뒤로 밀 것이 없으므로 아무리 열심히 노를 저어도 전혀 움직일 수 없다. 로켓은 밀고 나아갈 물질을 자신이 싣고 다닌다. 엔진에서 연료를 태워 우주선의 뒤쪽으로 분출시키면 마치 바람을 내뿜는 풍선이 방 안을 날아다니듯 우주선은 앞으로 나아간다. 하지만 어디를 가기 위해 연료를 뿌리고 다니는 것은 매우 비싸고도 번거로운 방법으로, 로켓 뒤로 물질을 분출하는 데 전기를 사용하는 가장 발달한 최신의 화학 엔진이라 해도 우주선을 적절한 시간 안에 멀리 있는 별까지 보낼 정도의 연료 효율성을 제공하지 못한다. 가장 가까운 별까지만 간다고 하더라도 로켓의 뒤로 어마어마한 연료를 배출해야 하며 이는 참으로 엄청난 낭비이다.

나사의 첨단 추진 프로젝트를 이끄는 물리학자 마크 밀리스Marc Millis는 0의 물리학에 의해 이 문제가 해결되기를 기대한다. 불행하게도 블랙홀의 0인 특이점은 단기간 내에는 그 후보가 될 수 없을 것 같다. 웜홀이 필요로 하는 노출 특이점을 만들기가 극히 어려울 뿐 아니라 만든다 해도 노출 특이점은 우주여행자를 갈기갈기 찢어버릴 것으로 여겨지기 때문이다. 1998년 예루살렘에 있는 히브리대학교의 두 물리학자는 깨끗한 둥근 고리 모양의 특이점을 가진, 자전하거나 전하를 띤 블랙홀에서도 질량팽창 때문이라도 우주인은 살아남지 못할 것임을 보였다. 특이점으로 떨어짐에 따라 블랙홀의 질량도 계속 증가하여 무한대가 되며, 이에 따라 중력도 엄청나게 강해져서 우주인은 순식간에 산산조각이 나버린다. 이처럼 웜홀은 우리에게 위험한 것이다.

블랙홀의 중심에 있는 0이 우주여행의 쉬운 방법을 제공하지는 못하지만, 양자역학의 0이 대안을 제시한다. 어쩌면 영점 에너지가 궁극의 연료가 될 수도 있다는 것이다. 여기서 물리학의 주류는 끝나며 이후부터는 비주류의 세계가 시작된다.

밀리스는 선원들이 바람을 이용하여 돛단배가 앞으로 나아가게 하듯, 우주인들이 진공의 에너지를 이용하여 우주선을 밀어낼 수도 있다고 보았다. 그는 "카시미르 효과에서 유추하건대 나란히 놓인 판을 안쪽으로 미는 진공으로부터의 복사 압력을 어떻게든 비대칭으로 만들 수 있다면 한쪽으로 움직이게 하는 추진력을 얻을 수 있다"라고 설명했다. 불행하게도 지금껏 카시미르 효과는 대칭적인 것 같다. 나란히 놓인 판은 서로 당기면서 붙어버리며 한쪽의 작용은 다른 쪽의 반작용과 방향이 반대이고 크기는 같다. 하지만 만일 가상입자들을 한쪽에서는 반사하고 다른 쪽에서는 그냥 통과시키는 일방통행 거울처럼 작용하는 양자 돛quantum sail이 있다면 진공 에너지는 물체 전체를 돛의 양쪽 중 반사하지 않는 쪽으로 밀 수 있을지도 모른다. 밀리스에 따르면 어떻게 그것을 만들 수 있는지에 대한 실마리는 지금까지 아무도 모른다. 그는 침울하게 그런 장치를 만드는 방법에 대한 이론은 전혀 없다고 말했다.

문제는 물리법칙에 따르면 무에서 유를 얻을 수 없다는 데에 있다. 돛단배가 바람의 속도를 낮추듯 양자 돛도 진공 에너지를 낮춰야 한다. 하지만 무를 어떻게 낮춘다는 말일까?

텍사스주 오스틴에 있는 고등연구소의 소장인 해럴드 푸토프Harold Puthoff는 양자 돛이 단순히 진공의 성질만 바꿀 것이라고 믿었다. 그는 1974년 「네이처Nature」에 발표한 논문에서 유리 겔러Uri Geller와 다른 심령술사들이 눈을 쓰지 않고도 먼 곳의 사물을 볼 수 있다고 주장한 것으로 유명하다. 그 결론은 주류 과학에 속하지 않는다. 푸토프는 진공은 약간 낮은 상태로 떨어진다고 말한다. 그렇다면 양자 돛은 시작에 불과하며, 이를 이용해서 영점 에너지만으로 작동하는 엔진을 만들 수 있을 것이다. 그것의 유일한 단점은 우주의 천막에 천천히 흠집을 낼 수 있다는 것이다. 푸토프는 그 상처는 마치 바다에서 컵으로 물을 퍼내는 것과 같아 아무런 흔적도 남지 않는다고 설명한다.

하지만 이는 우주를 파괴할 수도 있다.

진공이 에너지를 가진다는 점에는 의문의 여지가 없다. 카시미르 힘이 그 증거이다. 하지만 진공 에너지가 정말로 가장 낮은 에너지일까? 그렇지 않다면 진공에는 위험이 도사리고 있을 수 있다. 1983년에 두 과학자는 「네이처」에서 진공 에너지를 어설프게 건드리면 우주의 자발적 붕괴를 초래할지 모른다고 말했다. 그들의 논문에 따르면 우리의 진공은 산비탈에 불안하게 가까스로 놓여 있는 공처럼 부자연스럽게 큰 에너지를 지닌 가진공false vacuum

일 수 있다. 이런 가진공에 충분히 강한 충격이 가해지면 마치 공이 산비탈을 굴러 내려가는 것같이 낮은 에너지 상태를 찾아가며 우리는 이를 멈출 수 없을 것이다. 엄청난 에너지의 거품이 분출돼 광속으로 팽창하면서 휩쓰는 곳마다 거대한 폐허를 남길 것이다. 이 파괴는 매우 엄청나서 세상의 모든 원자가 파괴의 과정에서 갈가리 찢겨버릴 수도 있다.

다행히 이는 극히 가망 없는 시나리오이다. 우리 우주의 나이는 100억 년이 넘는데 지금의 우리가 그처럼 위태한 상태에 살고 있을 것 같지는 않다. 아마 그럴 가능성이 있다면 강력한 우주선線의 폭발이 이미 진공을 붕괴시키기에 충분한 에너지를 가해 대파국이 초래되었을 것이다. 하지만 그런데도 물리학자를 포함해 어떤 사람들은 페르미랩Fermilab과 같은 고에너지 연구소 앞에서 피켓 시위를 펼치고 있다. 이들은 이런 연구소에서 행해지는 고에너지의 충돌 실험으로 진공의 자발적 붕괴가 일어날 수 있다고 믿는다. 하물며 이런 우려가 옳다 하더라도 영점 에너지로 우주선을 추진한다는 것은 불가능해 보인다. 그러나 푸토프는 진공에서 에너지를 뽑아낼 방법이 있다고 믿는다.

이론상 과학자들은 절대 0 상태인 우주의 가장 황량한 진공으로부터 카시미르 효과를 이용하여 에너지를 뽑아낼 수 있다. 두 판이 서로 충돌하면 열이 발생하며 열은 전기로 바꿀 수 있다. 하지만 붙은 판들을 다시 떼어내야 하는데 그러려면 뽑아낸 것보다 더 많은 에너지가 필요하다. 대부분 과학자는 이 때문에 진공 에너지로 움직이는 영구기관의 아이디어는 물거품이 된다고 믿는다. 그러나 푸토프는 이 딜레마를 해결할 방법이 있다고 보며, 그중 하나는 판 대신 플라스마를 이용하는 것이다.

하전 입자들의 기체라고 할 수 있는 플라스마는 카시미르 효과에 관한 한 금속판과 다를 게 없다. 판들을 가까이하면 서로 합쳐지듯 전도성인 원통 모양의 기체도 영점 요동에 의해 압축될 것이고, 이 과정에서 에너지가 방출된다. 푸토프에 따르면 금속판과 달리 플라스마는 전기적 충격으로 쉽게 만들어지며, 판처럼 다시 떼어낼 필요 없이 쓰고 난 뒤의 플라스마 '재'는 그냥 버리면 된다. 푸토프는 이 방법을 이용하면 투입된 것보다 30배가량의 에너지를 뽑아낼 수 있다고 조심스레 주장한다. 그는 약간의 증거도 있고 심지어 특허도 받았다고 말한다. 하지만 푸토프의 장치는 옛날부터 계속해서 나타났던 공짜 에너지 기계 중 하나로, 지금껏 그중 어느 것도 과학적 심사를 통과하지 못했다. 따라서 영점 에너지를 이용하는 장치라고 다를 것 같지는 않다.

양자역학과 일반상대성이론에 따르면 0의 위력은 무한하므로 사람들이 그 잠재력을 이용하고자 하는 것도 놀랄 일은 아니다. 하지만 적어도 당분간은 무에서는 무밖에 나올 것 같지 않다.

Chapter **8**
Zero Hour at Ground Zero

빅뱅의 0시와 블랙홀의 그라운드 제로

[시공간의 기원]

Zero Hour at Ground Zero

그들은 낯선 것처럼 보였다.

어떠한 인간도 예견하지 못했다.

그 친밀한 결합이 이후 그들의 역사임을…

— 토머스 하디 Thomas Hardy, 「둘의 수렴 The Convergence of the Twain」(타이타닉호의 침몰에 부치는 시)

현대 물리학은 두 거인의 싸움이다. 일반상대성이론은 엄청난 질량을 갖는 별, 태양계, 은하와 같은 우주의 매우 큰 대상을 다루는 영역을 지배한다. 반면 양자역학은 원자나 전자나 소립자와 같은 매우 작은 대상을 다루는 영역을 지배한다. 이 두 이론은 우주의 서로 다른 두 측면에 대한 물리학의 법칙들을 지배하면서 조화롭게 공존할 수 있다고 여겨졌다.

하지만 불행히 두 영역 모두에 해당하는 것이 있다. 블랙홀은 매우 거대해서 일반상대성이론의 영역에 속함과 동시에 아주 작아서 양자역학의 영역에도 속한다. 이 두 법칙 체계는 조화를 이루기는커녕 블랙홀의 중심에서 맹렬히 충돌한다.

0은 일반상대성이론과 양자역학이 나란히 놓인 곳에 존재한다. 0은 두 이론이 만나는 곳에 살면서 두 이론을 충돌시킨다. 블랙홀은 일반상대성이론의 방정식에 내포된 0이며, 진공 에너지는 양자역학의 수학에 나타나는 0이다. 우주 역사상 가장 이해가 안 되는 사건인 빅뱅은 두 이론 모두의 0이다. 우주는 무에서 나왔는데 두 이론 모두 우주의 기원을 설명하는 데 실패했다. 빅뱅을 이해하려면 물리학자는 양자역학과 일반상대성이론을 결합해야 한다. 물리학자들은 연구를 거듭하여 몇 해 전부터 상당한 성과를 얻었는데, 그 결과 중력의 양자역학적 본질을 해명하는 괴물 같은 이론이 만들어져서 우주의 창조 자체를 살펴볼 수 있게 되었다. 이때 그들이 해야 했던 것은 0을 추방하는 것뿐이었다.

이런 의미에서 만물이론The Theory of Everything은 사실상 무의 이론The Theory of Nothing이다.

0의 추방: 끈이론

> 문제는 거리를 0으로 줄여가면서 계산하면 방정식이 하염없이 발산하여 무한대와 같은 무의미한 결과가 나타난다는 것이다. 이 때문에 양자전기역학이 처음 등장했을 때 많은 곤란이 뒤따랐다. 연구자들이 계산하는 문제마다 무한대를 내놓았다!
>
> — 리처드 파인만Richard Feynman

일반상대성이론과 양자역학은 애초부터 공존할 수 없는 운명이었다. 일반상대성이론의 우주는 매끄러운 고무판과 같아서 날카롭거나 뾰족한 곳은 어디에도 없다. 반면 양자역학의 우주는 불연속적이고 변덕스럽다. 두 이론에 공통된 것이 0인데, 바로 여기서 서로 충돌한다.

0의 공간에 질량이 쑤셔 넣어져서 공간이 무한히 휘어져 들어가는 블랙홀의 무한한 0은 매끈한 고무판에 구멍을 뚫어놓는다. 일반상대성이론의 방정식은 이처럼 날카로운 0을 다루지 못한다. 블랙홀에서는 시간과 공간이 무의미하기 때문이다.

양자역학에도 영점 에너지와 관련하여 비슷한 문제가 숨어 있다. 양자역학의 법칙은 전자와 같은 입자들을 점처럼 다룬다. 이것들은 공간을 전혀 차지하지 않는다고 본다. 전자는 0차원의 대상이며 0과 같은 본질로 인해 과학자들은 전자의 질량이나 전하에 대해 아무것도 알지 못한다.

이런 이야기는 어리석게 들릴 수 있다. 과학자들이 전자의 질량과 전하를 측정한 지 이미 100년이 넘었기 때문이다. 도대체 물리학자들은 이미 측정한 것을 어찌 모를 수 있을까? 그 답은 0에 있다.

과학자들이 실험실에서 보아왔고, 물리학자와 화학자와 공학자가 수십 년 동안 알고 사랑해왔던 전자는 거짓 전자이며 진짜 전자가 아니다. 진짜 전자는 영점 요동을 통해 끊임없이 나타났다 사라지곤 하는 수많은 입자의 장막에 가려져 있다. 전자는 진공에 자리잡으면 가끔 광자와 같은 입자들을 흡수하거나 방출한다. 따라서 이런 입자의 무리가 전자를 가리면서 전하에 대한 측정을 방해하므로 진짜 전자의 질량과 전하는 알아내기 어렵다. 진짜 전자는 물리학자들이 측정했던 전자보다 더 무겁고 큰 전하를 갖고 있다.

과학자들이 전자에 좀 더 가까이 간다면 그 질량과 전하를 더 정확히 알 수 있을 것이다. 다시 말해서 이 입자들의 구름을 헤치고 들어갈 수 있는 미세한 도구를 만들어낸다면 전자를 더 확실하게 관찰할 수 있을 것이다. 그런데 양자역학에 따르면 이런 도구를 갖고 그 구름 띠 주변의 몇몇 가상입자를 헤치고 들어갈 때 전자의 질량과 전하는 조금 큰 값으로 측정된다. 나아가 더 많은 가상입자를 헤치고 들어가면 전자의 질량과 전하도 점점 더 커진다. 그러므로 이런 식으로 전자와의 거리가 0인 곳까지 파고 들어가면 무한히 많은 가상입자를 지나쳐야 하고 이에 따라 전자의 질량과 전하의 측정값도 무한대로 커진다. 요컨대 양자역학의 법칙에 따르면 0차원의 전자는 질량과 전하가 무한대이다.

영점 에너지 사례처럼 과학자들은 전자의 무한히 큰 질량과 전하를 무시하는 방법을 알아냈다. 그들은 전자의 진짜 질량과 전하를 계산하기 위해 거리가 0인 곳까지 접근하지 않는다. 0에 근접한 임의의 거리에서 멈추고 측정한다. 이렇게 적당히 가까운 거리에서 측정한 '진짜' 질량과 전하를 사용하면 계산이 모두 잘 맞아떨어진다. 이 기법은 재규격화renormalization라고 부르는데 물리학자 리처드 파인만은 이 기법을 완성하여 노벨상을 받았음에도 "나는 이게 엉터리 방법이라고 말하고 싶다"라고 썼다.

0은 일반상대성이론의 매끈한 판에 구멍을 만들었던 것과 마찬가지로 전자의 튀어나온 점전하point charge를 매끄럽게 펼쳐서 안개 속에 숨겨버린다. 그런데 양자역학은 전자와 같은 0차원의 점 입자를 다루므로, 기술적인 관점으로 이야기하면 양자역학에서 나타나는 입자와 입자 사이의 상호작용은 사실상 특이점들의 무한대를 다루는 셈이다. 예를 들어 두 입자가 합쳐질 때는 점, 즉 0차원의 특이점에서 만난다. 이 특이점은 양자역학이나 일반상대성이론에서 아무런 의미가 없다. 이처럼 0은 이 위대한 두 이론 모두에서 눈엣가시였고 물리학자들은 그냥 이를 없애버렸다.

0은 시공 전체에 걸쳐 반복해서 출몰하므로 이를 없애기가 간단하지 않다. 블랙홀이나 전자와 같은 입자들은 0차원이다. 이것들은 실체이므로 과학자는 그냥 무시해버릴 수 없다. 하지만 블랙홀과 전자에 차원을 추가할 수는 있다.

입자들을 점이 아니라 진동하는 끈으로 다루면 여러 가지의 장점이 있다는 사실에 착안하여 1970년대 물리학자들은 끈이론을 고안했다. 전자나 블랙홀을 점과 같은 0차원이 아니라 끈의 고리와 같은 1차원의 물체로 보면 일반상대성이론과 양자역학에서 나타나는 무한대들이 기적적으로 사라진다. 예를 들어 전자의 무한한 질량과 전하에 관련되는 재규격화의 문제가 해소된다. 0차원의 전자는 특이점이기 때문에 무한대의 질량과 전하를 가진다. 거기에 다가갈수록 측정값이 무한대로 발산한다. 하지만 전자가 끈으로 된 고리라면 더는 특이점이 아니다. 그러므로 전자에 다가가면서 무한히 많은 입자로 이루어진 구름을 헤치고 들어갈 필요가 없고 따라서 전자의 질량과 전하도 무한대가 되지 않는다. 나아가

두 입자가 합쳐질 때 더 이상 특이점과 같은 곳에서 만날 필요도 없으며, 이것들은 시공에서 아름답고 매끄럽고 연속적인 표면을 만든다(그림 54, 55).

그림 54. 점입자는 특이점을 만든다

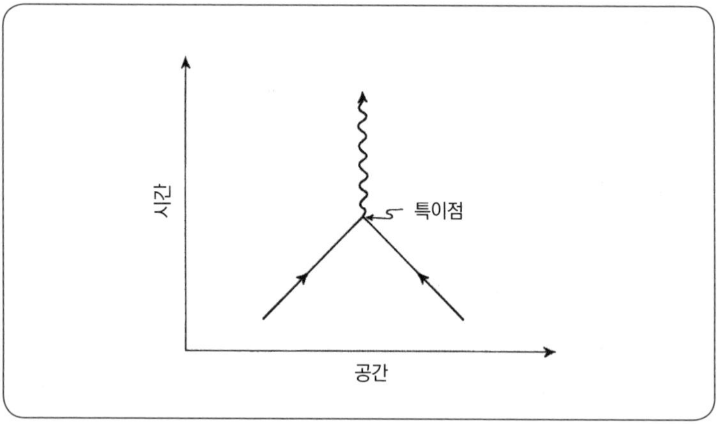

그림 55. 끈입자는 특이점을 만들지 않는다

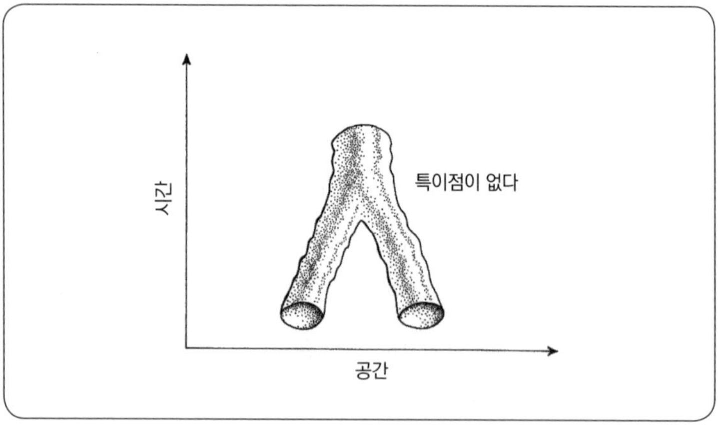

끈이론에서 여러 입자는 서로 다른 방식으로 진동하는 동일한 종류의 끈이다. 우주 만물은 지름이 약 10^{-33}미터에 불과한 끈들로 이루어져 있다. 이 끈의 크기를 중성자의 크기와 비교하는 것은 중성자의 크기를 태양계의 크기와 비교하는 것과 같다. 인간처럼 그 크기가 큰 존재의 관점에서 이 끈들은 너무나 작아서 거의 점과 같다. 이 고리보다 작은 거리와 시간은 물리적으로 무의미하므로 더는 문제가 되지 않는다. 끈이론은 0을 우주에서 추방해버리므로 0의 거리나 0의 시간 같은 것은 없으며, 이로써 양자역학의 무한대 문제는 말끔히 해결된다.

0을 추방하면 일반상대성이론의 무한대 문제도 해결된다. 블랙홀을 끈으로 상상하면 물체들은 더는 시공의 천에 난 찢어진 틈으로 떨어지지 않는다. 대신 블랙홀 고리에 다가가는 입자 고리가 길게 늘어나서 블랙홀에 닿는다. 이 두 고리가 함께 진동하고 끊어졌다가 이어져서 하나의 고리를 만들며, 이는 질량이 조금 더 증가된 블랙홀이다. 일부 이론가는 입자가 블랙홀에 합쳐지는 행위가 시간을 거꾸로 이동하고 빛보다 빠르게 움직이는 가상의 질량을 가진 입자인 타키온tachyons과 같은 기이한 입자를 만든다고 믿는다. 특정 버전의 끈이론은 이런 입자들도 받아들일지 모른다.

우주에서 0을 없애는 게 엄청난 도약처럼 보일 수도 있지만 사실 끈은 점보다 훨씬 다루기 쉽다. 끈이론은 0을 없앰으로써 양자역학의 불연속적이고 입자적인 본질을 매끄럽게 해주며 블랙홀에 의해 찢긴 일반상대성이론의 상처를 기워준다. 이 문제점들이 해소되면 두 이론은 더는 상충하지 않는다. 그래서 물리학자들은 끈이론이 양자역학과 일반상대성이론을 통합할 것이라고 여기기 시작했다. 그들은 이것이 우주의 모든 현상을 설명해줄 만물이론인 양자중력이론이 될 것이라고 믿었다. 하지만 끈이론에도 몇 가지 문제가 있는데, 그중 한 가지가 끈이론은 10차원을 필요로 한다는 것이다.

대부분의 사람에게는 4차원도 이해하기 버겁다. 우리가 움직이는 세 방향을 나타내는 전후, 좌우, 상하의 세 가지 차원은 쉽게 이해된다. 네 번째 차원인 시간은 아인슈타인에 의해 다른 세 가지 차원과 비슷하다는 사실이 밝혀지면서 포함됐다. 비유하자면 고속도로를 따라 달리는 차와 같이 우리는 시간 속에서 끊임없이 움직이고 있다. 특수상대성이론은 고속도로에서 차의 속도를 바꿀 수 있는 것과 같이 시간의 빠르기를 바꿀 수 있다는 점을 증명했다. 우리가 공간 속을 빠르게 움직일수록 시간 속에서도 빠르게 움직인다. 아인슈타인의 우주를 이해하려면 우리는 시간이 네 번째 차원이라는 생각을 받아들여야 한다.

4는 그래도 그럭저럭 괜찮다고 할 수 있지만 10은 어떤가? 4차원까지는 측정할 수 있는데 나머지 여섯 차원은 어떻게 된 것일까? 끈이론에 따르면 이 여섯 차원은 너무 작아서 보이지 않는 미세한 공처럼 말려 있다. 종이를 예로 들어보자. 종이는 2차원 물체로 보인다. 길이와 넓이는 있지만 높이는 없는 것으로 보인다. 하지만 확대경으로 종이의 모서리를 들여다보면 조금이나마 높이를 확인할 수 있다. 이를 보기 위해서는 도구가 필요하지만 어쨌든 세 번째 차원은 거기에 분명히 있으며 다만 일반적인 조건에서는 너무 작아서 잘 보이지 않을 따름이다. 위에서 말한 나머지 여섯 개의 차원도 마찬가지이다. 그 크기가 너무나 작아 일상의 조건에서는 볼 수 없다. 심지어 가까운 장래에 만들 수 있는 가장 강력한 장비를 이용한다 해도 검출조차 할 수 없을 정도이다.

이 여섯 개의 차원은 무엇을 뜻할까? 정말이지 아무것도 아니다. 이것들은 길이, 넓이, 깊이, 시간과 같이 우리에게 익숙한 것을 측정하지 않는다. 이것들은 단순히 끈이론의 수학적 연산이 본연의 취지대로 행해지도록 만들어낸 수학적 구조일 뿐이다. 계산에는 필요하지만, 허수와 마찬가지로 우리는 그것들을 보거나 만지거나 냄새를 맡을 수 없다. 이 여섯 차원은 기이한 개념이며 탐지하기는 불가능할지 모르지만, 과학자들은 탐지 가능성이 아니라 그 수식들이 예측력을 가진다는 점에 관심을 가지며, 수학적으로는 극복할 수 없는 문제가 아니다. 요즘은 10차원도 부족한 듯하다. 지난 몇 년 사이에 과학자들은 경쟁적인 여러 가지의 끈이론이 어떤 의미에서는 사실상 같은 것이라는 점을 알아냈다. 마치 퐁슬레가 선과 점이 서로 쌍대라는 사실을 깨달았던 것처럼 과학자들은 이 이론들이 서로 쌍대라는 사실을 깨달은 것이다. 이제 과학자들은 이 모든 경쟁적인 이론의 근저에 하나의 괴물 같은 이론이 깔려 있다고 믿는다. 이른바 엠이론M Theory이 그것인데, 이것은 10차원이 아니라 11차원에서 살고 있다.

끈이나 이것을 일반화하여 다차원의 곡면을 가리키기 위해 제시된 막brane은 정말 너무나 작다. 따라서 현재로서는 어떤 장비로도 탐지할 수 없다. 우리의 문명이 훨씬 진보하기 전까지는 아마 마찬가지일 것이다. 입자 물리학자들은 입자가속기를 이용하여 아원자 영역을 살펴본다. 이들은 자기장 등의 수단을 동원하여 미세한 입자들을 매우 빨리 움직이도록 하는데, 이 입자들이 서로 충돌하면 많은 파편을 쏟아낸다. 입자가속기는 아원자 영역에 대한 현미경과 같다. 강한 가속기일수록 입자들에 에너지를 많이 투입할 수 있으며 그에 따라 더욱 작은 것들을 볼 수 있다.

수십억 달러짜리 프로젝트로 1990년대 초까지 검토되었던 초전도 초대형 입자가속기SSC는 역사상 가장 강력한 가속기가 될 예정이었다. 1만 개 이상의 자석이 87.1킬로미터에 이르는 링형 터널에 배치될 예정이었는데, 이 길이는 대략 미국의 수도 워싱턴을 에워싼 순환도로의 길이와 맞먹는다. (1993년 미국 의회가 재정상의 이유로 이 계획을 중지시켜 건설되지 못했다.) 하지만 이렇게 엄청난 입자가속기도 끈이나 감긴 차원을 보는 데에는 어림도 없다. 끈이나 감긴 차원을 보기 위해서는 약 1,016킬로미터에 이르는 입자가속기가 필요한데, 이는 가속된 입자가 광속으로 달리더라도 한 바퀴를 도는 데에 1,000년 정도가 걸리는 크기이다.

현재로서는 상상할 수 있는 어떤 장비로도 끈을 직접 관찰할 수 없다. 블랙홀과 입자들이 정말로 끈으로 이루어져 있는지를 보여줄 실험을 구상할 사람도 없다. 끈이론에 대한 주된 반론은 여기에서 나온다. 과학은 관찰과 실험의 토대 위에 구축되므로 어떤 비판자는 끈이론이 과학이 아니라 철학이라고 말한다. 최근의 어떤 이론은 감긴 차원들 일부는 10^{-19}센티미터 정도이거나 그 이상이므로 실험이 가능한 범위에 든다고 주장한다. 하지만 현시점에서 이것들은 거의 사기처럼 여겨진다. 흥미롭기는 하지만 기껏해야 승산 없는 도박일 뿐이다.

운동과 중력에 대한 뉴턴의 법칙은 물체가 우주 속에서 움직이는 방식을 설명해준다. 새로운 혜성들은 발견될 때마다 뉴턴의 계산을 거듭 뒷받침했다. 하지만 몇 가지 문제가 있었다. 예를 들어 수성의 궤도는 뉴턴의 법칙이 예측하는 바와 다른 방식으로 흔들거린다. 그러나 대체로 뉴턴의 이론들은 수많은 시험을 무난히 통과한 것으로 여겨진다.

아인슈타인의 이론은 뉴턴의 오류를 바로잡았는데, 수성 궤도의 흔들림에 대한 설명이 그 한 예이다. 그의 이론은 또한 중력의 작용 방식에 대해 측정이 가능한 예측을 했다. 에딩턴은 일식 때 별빛의 휘어짐을 관측함으로써 이 예측들 가운데 하나를 확인했다.

반면 끈이론은 기존의 이론들을 훌륭하게 엮어서 블랙홀과 입자들의 행동을 예측했지만 관측이나 측정이 불가능했다. 끈이론은 수학적으로 모순되지 않고 아름답기는 하지만 아직 과학은 아니었다.*

* 맞는 말이다. 수학은 아름다울 수도 있고 추할 수도 있다. 어떤 음악이나 그림이 왜 우리에게 미학적인 즐거움 주는지를 설명하기 어려운 것과 마찬가지로 수학의 정리나 물리 이론이 왜 아름답게 여겨지는지 설명하기는 어렵다. 아름다운 이론은 단순하고 간결하고 포괄적이며, 완벽하다는 느낌이나 기이한 대칭성에서 유래하는 오싹한 느낌을 전해주기도 한다. 아인슈타인의 이론들은 맥스웰의 방정식들Maxwell's equations처럼 특히 아름답다. 반면 많은 수학자는 오일러가 발견한 $e^{i\pi}+1=0$이라는 식을 수학적 아름다움의 전형으로 여긴다. 이것은 수학에서 가장 중요한 수들을 전혀 예기치 못할 극히 단순하고도 간결한 방식으로 관련짓고 있기 때문이다.

적어도 내다볼 수 있는 미래에 이르는 동안에는 끈이론으로 우주에서 0을 몰아내는 것은 과학적이라기보다 철학적인 주제로 생각된다. 끈이론이 옳을 수도 있지만 이를 확인할 수단을 결코 얻지 못할 수도 있다. 아무튼 0은 아직 추방되지 않았는데, 어쩌면 실제로는 우주 자체가 0에서 나왔을 수도 있다.

0번째 시간: 빅뱅

허블Edwin Hubble의 관측은 빅뱅이라 부르는 때가 있었음을 암시한다. 그때 우주의 크기는 무한히 작고 밀도는 무한히 컸다. 그런 조건에서는 과학의 모든 법칙과 그것을 통해 미래를 예측할 능력도 사라지고 만다.

— 스티븐 호킹Stephen Hawking, 『시간의 역사A Brief History of Time』

우주는 0에서 태어났다.

공허에서, 아무것도 없는 무에서 전 우주를 구성하는 모든 물질과 에너지를 창조해낸 대폭발이 일어났다. 빅뱅이라 부르는 이 사건은 많은 과학자와 철학자에게 끔찍한 개념이었다. 우리 우주가 유한하며 그 시작도 있었다는 점을 천체물리학자들이 동의하기까지 아주 오랜 시간이 걸렸다.

유한한 우주에 대한 편견은 고대로부터 시작되었다. 아리스토텔레스는 진공이 결코 존재할 수 없다고 믿었기에 우주가 무에서 창조되었다는 생각도 거부했다. 하지만 이러한 주장은 역설을 초래했다. 우주가 무에서 나오지 않았다면 우주가 태어나기 전에 뭔가

떠돌고 있어야 한다. 우주가 태어나기 전에 다른 우주가 있었다는 뜻이다. 아리스토텔레스가 이 진퇴양난의 상황에서 헤어날 길은 우주가 영원하다고 가정하는 것뿐이었다. 우주는 과거에는 물론 미래에도 영원토록 존재한다.

서구 문명은 결국 아리스토텔레스와 성경 가운데 하나를 택해야 했다. 성경은 무에서 유한한 우주가 창조되었고 언젠가는 궁극적인 파멸이 있을 것이라 예언한다. 이처럼 셈족의 성경적 우주는 아리스토텔레스의 우주를 뒤엎지만, 영원히 불변하는 우주의 관념은 완전히 사라지지 않았고 심지어 20세기까지도 지속되었고, 결국 아인슈타인이 스스로 일생일대의 실수라고 부른 잘못을 저지르게 했다.

아인슈타인이 보기에 일반상대성이론에는 심각한 결함이 있었다. 우주의 종말이 예언되어 있었다. 일반상대성이론의 방정식에 따르면 우주는 불안정하다. 그 종말에는 두 가지 선택지뿐이었는데, 둘 다 썩 내키지 않기는 마찬가지다.

한 가능성은 우주가 자신의 중력에 의해 허물어지는 것이다. 우주가 작아지면 작아질수록 더욱더 뜨거워진다. 그러면 강한 빛을 내뿜으며 불타올라 모든 생명을 빼앗으며 결국 물질을 이루는 원자들까지 파괴한다. 불에 의한 죽음을 맞는 것이다. 궁극적으로 우주는 스스로 허물어져서 블랙홀과 같은 0차원의 점이 되어 영원히 사라진다.

다른 가능성은 더욱 암울하다. 우주는 계속 팽창한다. 은하들 사이의 거리는 계속해서 멀어지며, 항성들의 왕성한 작용의 원천이었던 별 물질들이 점점 희박해진다. 별들이 연료가 고갈되며 타서 죽어감에 따라 은하들은 갈수록 어두워지고 추워지고 조용해진다. 별들이 남긴 차가운 사체들도 결국 붕괴하여 우주 공간을 골고루 채우며 퍼져 나가는 희미한 빛만을 남기고 사라진다. 마침내 우주는 흐릿한 빛의 차가운 수프가 된다. 얼음에 의한 죽음을 맞는 것이다.

아인슈타인은 두 아이디어 모두를 아주 혐오했다. 그래서 아리스토텔레스처럼 암암리에 우주가 정적이고, 지속적이며, 영원하다고 가정했다. 앞으로 다가올 파국을 방지하기 위한 유일한 해결책은 일반상대성이론의 방정식을 수정하는 것이었다. 그는 그때까지 검출되지는 않았지만, 중력에 대응하는 힘을 나타내는 우주상수를 이 방정식에 추가했다. 우주상수는 중력이 당기는 작용에 맞서 버티므로 우주는 붕괴하거나 팽창하지 않고 정적인 균형을 유지할 수 있다. 그는 절박했기에 이런 신비로운 힘이 있다고 상정했다. 아인슈타인은 "나는 다시 중력이론에 대해 엉뚱한 짓을 저질렀는데 그로 인해 어쩌면 정신병원에 갇히는 신세가 될지도 모른다"라고 썼다. 하지만 그는 장래에 닥칠 우주의 파괴를 너무나 깊이 우려했으므로 그와 같은 극단적인 조처를 할 수밖에 없었다.

아인슈타인은 정신병원에 갇히지 않았다. 그는 이전에도 기이한 아이디어를 제안했지만 완벽히 옳았었다. 하지만 이번에는 운이 좋지 않았다. 별들이 스스로 아인슈타인의 정적이고 영원한 우주관을 파괴해버렸다.

1900년까지만 해도 은하계가 알려진 우주 전부였다. 천문학자들은 수많은 별로 이루어진 작은 원반 모양의 먼지구름같이 생긴 은하계 밖에 무엇이 있는지 거의 아무것도 알지 못했다. 그들은 소용돌이치며 빛나는 구름을 관찰했지만, 그것들이 우리 은하계 안에서 불타고 있는 기체가 아니라고 믿을 이유는 거의 없었다. 하지만 1920년대가 되자 미국의 천문학자 에드윈 허블 덕분에 모든 것이 바뀌었다.

허블은 세페이드 변광성Cepheid variable star이라고 부르는 특별한 종류의 별들이 가진 성질을 이용하여 아주 멀리 있는 천체들의 거리를 측정했다. 세페이드 변광성은 매우 예측 가능한 주기로 밝기가 밝아졌다 어두워졌다 하는데, 그 주기는 내뿜는 빛의 최대 밝기와 밀접한 관계가 있다. 이 때문에 이 별들은 광도가 잘 알려진 표준촛불로 쓰일 수 있었다. 허블은 마치 열차의 헤드라이트와 같이 이 별들을 천문학적 거리를 측정하는 핵심적인 도구로 삼았다.

열차가 다가오면 헤드라이트가 점점 커지면서 밝아진다. 표준촛불처럼 헤드라이트의 본래 밝기를 정확히 알고 있다면 거리에 따라 밝기가 어떻게 변하는지 알 수 있다. 예를 들어 열차가 가까이 올수록 헤드라이트는 점점 더 밝아 보인다. 이 논리는 반대로도 적용할 수 있다. 곧 헤드라이트의 본래 밝기를 정확히 알고 있다면 겉보기의 밝기를 측정하여 열차까지의 거리를 알아낼 수 있다.

허블은 세페이드 변광성을 이용하여 똑같은 일을 했다. 그가 관찰한 별 대부분은 수십, 수백, 수천 광년 정도 떨어져 있었다. 그런데 소용돌이치는 구름 중 당시에 안드로메다 성운이라고 불렀던 곳에서 세페이드 변광성 하나를 발견하고 그 밝기를 측정하여 거리를 계산했더니 100만 광년 이상 떨어져 있음이 밝혀졌는데, 이는 우리 은하계의 경계를 훨씬 넘어선다. 따라서 안드로메다는 단순히 빛을 내는 기체로 이루어진 성운이 아니라 별들로 구성된 은하이며, 단지 너무나 멀리 떨어져 있기에 안에 있는 별들이 각각 개별적인 빛이 아니라 구름처럼 뭉개져 보였을 뿐이다. 이후 더 먼 곳에서 다른 은하들도 발견되었다. 오늘날 천문학자들은 우주의 크기가 150억 광년이 넘으며 그 안에 은하와 은하의 집단인 은하단이 고루 흩어져 있다고 본다.

이는 경이로운 발견이었고, 이에 따라 우주는 지금껏 알고 있었던 것보다 수백만 배 이상 커졌다. 그런데 이 발견이 놀랍기는 하지만 정작 허블은 또 다른 발견으로 더 깊이 기억되고 있다. 그는 이 두 번째 발견을 통해 아인슈타인의 영원한 우주를 산산이 부숴버렸다.

허블은 세페이드 변광성들을 이용해 여러 은하의 거리를 측정했는데, 곧 눈이 번쩍 뜨이는 패턴을 발견했다. 수많은 은하가 우리 은하계로부터 초당 수백 킬로미터 또는 그 이상의 엄청나게 빠른 속도로 멀어지고 있다는 것이다. 그런데 은하들은 너무나 멀리 떨어져 있으므로 그러한 엄청난 속도를 직접 측정할 수는 없다.

은하의 속도를 측정하는 유일한 방법은 도플러 효과Doppler effect를 이용하는 것으로 그 원리는 교통경찰이 속도측정기로 차의 속도를 측정하는 것과 같다. 열차가 빨리 옆을 지나갈 때 경적 소리의 높이가 바뀌는 것을 경험한 적이 있을 것이다. 열차가 다가올 때는 경적 소리의 높이가 높지만 바로 옆을 지나가는 순간 갑자기

극적으로 낮아진다. 이렇게 되는 이유는 열차가 앞으로 빠르게 움직이며 앞쪽에서는 음파를 수축시키므로 진동수가 커져서 높은음이 나지만 뒤쪽에서는 팽창되므로 진동수가 작아져서 낮은음이 나기 때문이다(그림 56). 이것이 도플러 효과이며 빛에서도 나타난다.

그림 56. 도플러 효과

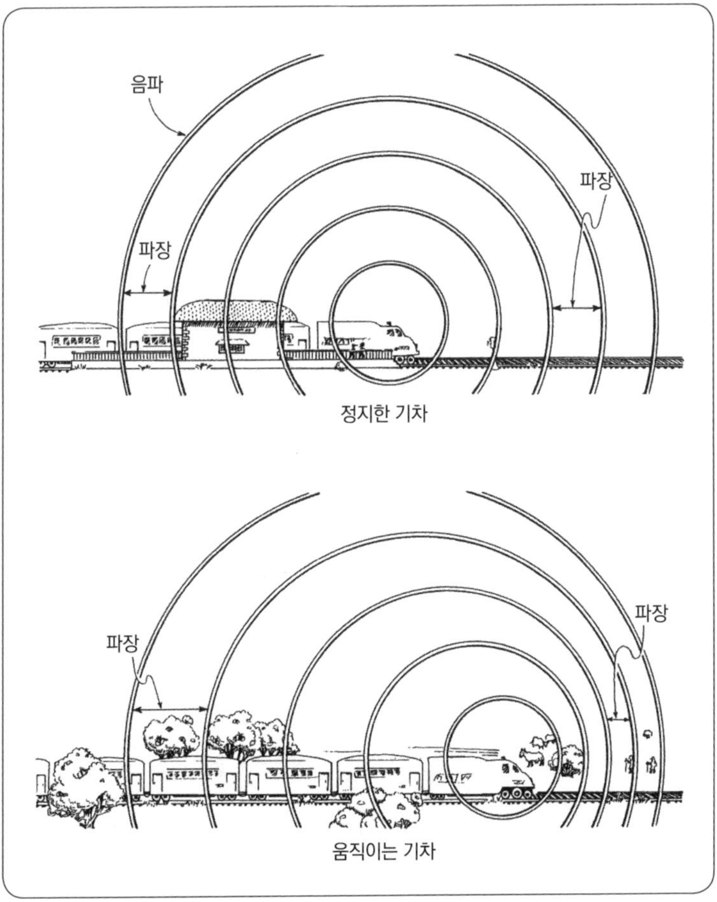

별이 지구로 다가오면 빛의 파동이 수축하여 정지했을 때보다 진동수가 커진다. 이에 따라 파장은 짧아져서 스펙트럼의 푸른색 쪽으로 치우치게 되며 이 현상을 '청색편이'라고 부른다. 거꾸로 별이 지구에서 멀어지면 반대의 효과가 나타나 파장이 길어져서 스펙트럼의 빨간색 쪽으로 치우치게 되며 이 현상을 '적색편이'라고 부른다.

경찰은 속도측정기에서 발사된 뒤, 차에서 반사되어 되돌아오는 라디오파의 파장이 도플러 효과에 의해 변화된 정도를 이용해 차의 속도를 측정한다. 마찬가지로 천문학자들은 별에서 나오는 빛의 파장 변화를 측정하여 별이 얼마나 빠르게 다가오거나 멀어지는지를 알아낼 수 있었다.

허블은 은하들의 거리 자료와 도플러 효과에 대한 관측 자료를 비교하면서 놀라운 사실을 발견했다. 모든 방향의 은하들이 우리로부터 멀어져갈뿐더러 멀리 있는 은하일수록 더 빠르게 멀어지고 있다는 점이다.

도대체 어떻게 이럴 수 있을까? 많은 동그란 점들이 그려진 풍선을 생각해보자. 풍선은 시공의 천에, 풍선에 그려진 점은 은하에 비유할 수 있다. 바람을 넣어 풍선을 부풀리면 점들 사이의 거리는 점점 멀어진다. 어느 한 점에서 보면 다른 점들은 모두 멀어져가며, 멀리 있는 점일수록 더 빨리 멀어져간다(그림 57). 다시 말해서 마치 이 풍선처럼 우주도 팽창하고 있다. 풍선의 비유에는 한 가지 결점이 있다. 풍선이 부풀면 점들도 커진다. 하지만 우주가 팽창하더라도 각각의 은하는 자체의 중력으로 묶여 있으므로 크기가 거의 변하지 않는다.

아무튼 앞으로도 시간이 흐름에 따라 우주는 계속 팽창하는데, 이를 달리 생각해볼 필요가 있다. 우주의 역사를 기록한 영화 필름이 있다고 할 때 그 필름을 거꾸로 돌리면 우주는 계속 수축하는 것처럼 보일 것이다. 과거로 거슬러 올라가면 우주라는 풍선은 시들고 주름이 잡히면서 계속 줄어들다가 극한에 이르면 시간과 공간이 시작된 곳에 있었던 특이점이 되어 사라진다. 이는 원초적인 0이며 우주의 고향이다. 즉, 빅뱅이라는 대폭발이 우주를 창조한 것이다. 이 특이점에서 모든 물질과 에너지가 온 우주에 뿜어져 나왔으며, 이로부터 지금까지 존재해왔고 앞으로도 존재할 모든 행성과 별과 은하가 만들어졌다. 우주는 약 137억 년 전에 시작되었고 공간은 이후 계속 커져왔는데, 이로써 아인슈타인이 바랐던 영원하고 정적인 우주는 거의 종말에 다다랐다.

그림 57. 팽창하는 우주

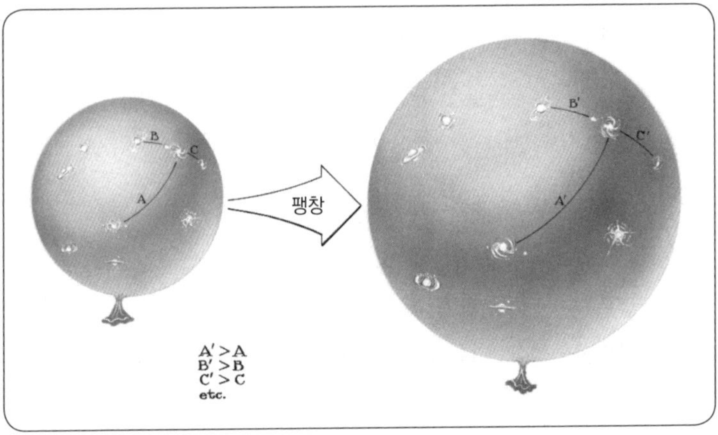

하지만 한 가지 실낱같은 희망이 남아 있었다. 빅뱅의 대안이라 할 수 있는 '정상우주론'이 그것이다. 이를 옹호하는 천문학자들은 우주 공간에 물질을 뿜어내는 샘이 있으며 은하들은 이 샘에서 멀어지면서 늙고 죽어간다고 주장했다. 이에 따르면 각각의 은하들은 멀어지면서 죽어가더라도 새로운 은하들로 계속 교체되기 때문에 전체적으로는 변하지 않는다. 우주는 스스로 계속 재충전하면서 일정한 평형을 유지한다. 아리스토텔레스의 영원한 우주는 아직 살아 있는 셈이다.

한동안 빅뱅이론과 정상우주론은 공존했고 천문학자들은 각자의 철학에 어울리는 것을 택했다. 그러나 1960년대 중반에 모든 것이 변했다. 과학자들이 비둘기의 배설물로 오인했던 것에 의해 정상우주론은 무너지고 말았다. 1965년에 프린스턴대학교의 몇몇 천체물리학자가 빅뱅 직후에 벌어졌던 일들에 대해 계산했다. 당시의 우주는 온통 믿을 수 없을 정도로 뜨겁고 밀도가 높은 상태였으므로 매우 밝게 빛나고 있었을 것이다. 이 빛은 우주라는 풍선이 팽창하는 중에도 사라지지 않았다. 다만 시공의 고무판이 늘어남에 따라 파장이 길게 늘어졌다. 몇 가지를 계산해본 뒤 이 프린스턴대학교의 물리학자들은 빅뱅의 빛이 지금은 빛의 스펙트럼 중 마이크로파 영역에 존재하며, 외부 모든 곳으로부터 우리에게 전해져 온다는 사실을 깨달았다. 즉, '우주배경복사'는 빅뱅의 잔광인 셈이다. 따라서 이를 발견한다면 빅뱅이론이 옳고 정상우주론이 틀렸다는 점에 대한 최초의 직접적인 증거가 된다.

프린스턴대학교 과학자들의 예측이 확인되기까지는 오랜 시간이 걸리지 않았다. 그 무렵 뉴저지의 머리 힐 부근에 있는 벨 연구소에서 근무하는 두 기술자는 민감한 마이크로파 검출 장치를 점검하고 있었다. 온갖 노력에도 불구하고 이 장치는 제대로 작동하지 않았다. 마치 라디오 방송의 잡음처럼 마이크로파에 의한 배경 잡음이 계속 잡혔고 아무리 수정해도 잡음이 사라지지 않았다. 처음에 그들은 안테나에 묻은 비둘기의 배설물이 원인이라 의심했는데, 비둘기를 쫓아내고 깨끗이 청소한 뒤에도 잡음은 계속되었다. 이 밖에도 가능한 모든 요소를 샅샅이 뒤지며 점검했지만 아무 도움이 되지 못했다. 그러던 중 이들은 프린스턴 과학자들의 연구를 전해 들었고 이 잡음이 바로 우주배경복사라는 사실을 깨달았다. 이것은 비둘기의 배설물로 인한 것이 아니라 빅뱅으로부터 방출된 빛의 울부짖음으로, 우주가 팽창함에 따라 길게 늘어지고 왜곡되어 마이크로파 부근의 잡음으로 나타난 것이다. 이 발견 덕분에 두 기술자 아르노 펜지아스Arno Penzias와 로버트 윌슨Robert Wilson은 노벨상을 받았다. 하지만 프린스턴대학교의 연구자들, 특히 로버트 디키Robert Dicke와 제임스 피블스James Peebles는 노벨상을 받지 못했는데, 많은 과학자가 이 결과를 불공정하다고 여겼다. 노벨상 위원회는 중요한 이론보다 고생스럽고 세심한 실험을 더 높이 평가하는 경향이 있다.

이로써 빅뱅은 확인되었고 정적인 우주의 신화는 무너졌다. 유한한 우주의 관념과 마찬가지로 달갑지는 않았지만, 물리학자들은 차츰 빅뱅을 받아들였고 우주에 시작이 있었다는 점에 동의하게 되었다. 하지만 빅뱅이론에도 문제는 있었다. 우선 우주는 뭉실 뭉실 무리를 짓고 있다. 밀도가 높은 은하들이 광활한 빈 공간으로 분리되어 있는 것이다. 반면 어떤 의미에서 우주가 너무 균일하다는 점도 문제이다. 이 때문에 우주는 어느 방향에서나 대체로 동일하게 보이고 따라서 물질들은 거대한 하나의 덩어리로 뭉쳐지지 않는다. 정말로 우주가 하나의 특이점에서 나왔다면 빅뱅에서 나온 에너지는 풍선 전체를 완벽히 균일하게 뒤덮거나 아니면 하나의 큰 덩어리가 되거나 둘 중 하나여야만 한다. 다시 말해서 우주라는 풍선은 지금 우리가 보는 것처럼 수많은 점을 가진 게 아니라 전체가 균일하게 흐릿한 색깔이거나 하나의 커다란 점만 가져야 한다. 따라서 이처럼 아주 알맞게 무리를 짓고 있다는 사실을 올바로 설명해줄 이론이 필요하다. 나아가 빅뱅이라는 특이점이 어디에서 왔는가 하는 문제는 더욱더 골칫거리이다. 그런데 그 비밀은 0이 갖고 있다.

진공의 0은 우주의 불균일성을 설명해줄 수 있을 것 같다. 우주 모든 곳에 퍼져 있는 진공은 가상입자들의 양자 거품과 함께 끓고 있으며 우주의 막은 무한한 영점 에너지로 가득 차 있다. 그런데 조건이 잘 맞으면 이 에너지는 주변의 물체를 밀어낼 수 있다. 따라서 어쩌면 초기의 우주는 물체를 밀어낼 수도 있었을 것이다.

1980년대에 물리학자들은 초기 우주의 영점 에너지가 오늘날보다 컸을 것이라고 주장했다. 이에 따르면 여분의 에너지는 모든 방향으로 팽창하면서 시간과 공간의 막을 엄청난 속도로 밀어낸다. 이렇게 되면 풍선은 거대한 힘에 의해 팽창하며, 불어넣는 바람 때문에 풍선의 주름이 펴지듯 우주의 불균일성도 크게 완화된다.

다시 말해서 우주가 비교적 균일하다는 점은 이와 같은 팽창으로 설명된다. 하지만 처음 얼마 동안의 진공은 가진공이어서 그 영점 에너지는 비정상적으로 컸으며, 이처럼 높은 에너지 상태에 있는 영점 에너지는 본질적으로 불안정하다. 이에 따라 가진공은 100만분의 100만분의 100만분의 100만분의 1초보다 짧은 순간에 붕괴하여 오늘날 우주에서 관측되는 영점 에너지를 가진 진짜 진공이 된다. 비유하자면 이는 찻잔의 물이 순간적으로 가열되어 엄청난 온도로 올라가는 것과 같다. 그러면 그 안에서 진짜 진공의 거품이 만들어져 빛의 속도로 팽창한다. 관측 가능한 우리 우주는 이 거품들 가운데 하나 또는 몇 개가 연결된 곳에 들어 있다. 우주의 비대칭성은 이렇게 팽창하고 합쳐지는 거품들의 비대칭적인 속성으로 설명할 수 있다. 이와 같은 초팽창 이론에 따르면 별과 은하는 크기가 0이 아닌 영점 에너지로부터 창조되었다.

0은 우주의 창조에 대한 비밀도 품고 있는 것 같다. 진공과 영점 에너지의 무無가 모든 입자를 만들어냈던 것처럼 우주도 만들어냈을 것이다. 양자 거품의 집단 입자의 자발적 생성과 소멸이 우주의 기원을 설명해줄지도 모른다. 어쩌면 우주는 거대한 규모의 양자 요동에 지나지 않을 수도 있다. 이 경우 엄청나게 큰 하나의 입자가 궁극의 진공에서 생겨 나와 우주가 된다. 이 우주의 알은 폭발하고 팽창하면서 우리가 보는 우주의 시공을 만들어낸다. 또한 우리 우주는 수많은 요동 가운데 하나에 지나지 않는지도 모른다. 어떤 물리학자들은 블랙홀의 중심에 자리 잡은 특이점이 빅뱅 이전의 원시적인 양자 거품으로 들어가는 창문이라고 믿는다.

또한 시간과 공간이 아무런 의미를 갖지 않는 블랙홀의 중심에 있는 양자 거품의 집단은 끊임없이 무수히 많은 새로운 우주를 만들어내고 있으며, 이 각각은 급격히 팽창하면서 자신들의 별과 은하들을 만들어낸다고 믿는다. 0은 우리의 존재에 대한 비밀은 물론 무수히 많은 다른 우주들에 대한 비밀도 간직하고 있는 듯하다.

0은 물리학의 법칙을 뒤흔들 정도로 강력하다. 0은 세상을 설명하는 수학 방정식이 모두 의미를 잃게 되는 빅뱅의 0시와 블랙홀의 그라운드 제로에 있다. 하지만 0은 무시될 수 없다. 0은 우리 존재에 대한 비밀을 지니고 있을 뿐 아니라 우주의 종말과도 관련되어 있기 때문이다.

Chapter ∞
Zero's Final Victory

제로의 최종 승리

[시간의 끝]

세상은 이렇게 끝난다.

폭발이 아니라 신음 속에서

— 토머스 스턴스 엘리엇T. S. Eliot, 「텅 빈 사람들The Hollow Men」

일부 물리학자들이 그들의 방정식에서 0을 없애려고 하는 동안, 다른 이들은 마지막으로 웃는 존재는 0일 수 있다는 점을 증명하려고 했다. 과학자들은 우주 탄생의 비밀을 결코 알아낼 수 없을지 모르지만 그 죽음에 대한 이해에는 아주 가까이 다가갔다. 우주의 궁극적 운명은 0에 담겨 있다.

아인슈타인의 중력방정식은 정적이고 변하지 않는 우주를 허용하지 않는다. 대신 우주의 질량에 따른 몇 가지의 운명을 허용했다. 우주의 질량이 작다면 시공의 풍선은 영원토록 팽창하여 갈수록 커지며, 별과 은하는 하나씩 차례로 빛을 잃는다. 이처럼 팽창하는 우주는 결국 차갑게 식어가는 열역학적 죽음을 맞는다. 반면 은하와 은하단과 보이지 않는 암흑물질들 덕분에 질량이 충분히 크다면 빅뱅이 태초에 밀어냈던 힘은 풍선을 한없이 팽창시키기에는 부족하다. 팽창의 한계점에 도달하면 은하들은 가까워지기 시작하며, 시공의 막을 수축시키고 따라서 풍선은 줄어들기 시작한다. 이 수축은 계속해서 빨라지며, 따라서 우주는 계속해서 뜨거워지고 결국 빅뱅의 반대 과정인 빅크런치big crunch가 일어난다. 우리 우주의 운명은 열역학적 죽음과 빅크런치 가운데 어느 것일까? 그 답은 아주 가까이에 있다.

천문학자가 멀리 있는 은하를 관찰하는 것은 과거를 보는 것이다. 가까운 은하는 수백만 광년 정도 떨어져 있다. 그곳에서 지금 출발한 빛이 우리 눈에 닿기까지 수백만 년이 소요되기 때문에 우리가 지금 보는 그것의 빛은 수백만 년 전에 출발한 것이다. 따라서 천문학자가 관찰하는 천체가 멀수록 더 먼 과거를 거슬러 보는 셈이다.

우주의 운명은 시공의 풍선이 얼마나 잘 팽창하는지에 달려 있다. 팽창이 빠르게 느려진다면 이는 빅뱅의 에너지가 거의 고갈되었음을 보여주는 신호이며, 우주는 곧 빅크런치를 향해 돌아설 것이다. 반면 우주의 팽창이 별로 느려지지 않는다면 빅뱅의 에너지가 아주 커서 시공의 천에 충분한 에너지가 전해졌다는 뜻이며, 이 경우 우주는 영원히 팽창한다.

천문학자들은 우주 팽창의 변화를 측정하기 시작했다. 이때 '유형 Ia'라고 불리는 종류의 초신성Supernova은 허블이 발견한 세페이드 변광성과 같은 표준촛불로 쓰인다. '유형 Ia' 초신성은 대략 같은 방식으로 폭발하여 같은 밝기로 빛난다. 하지만 어두운 세페이드 변광성과 달리 초신성은 우주 절반을 가로질러 보일 정도로 밝다. 1997년 말 천문학자들은 이런 초신성들을 이용하여 아주 오래되고 어두운 은하들까지의 거리를 측정했다고 발표했다. 은하까지의 거리는 나이를 말해주고 도플러 효과는 멀어지는 속도를 알려준다. 따라서 과거의 여러 시기에 은하들이 얼마나 빨리 멀어졌는지를 비교함으로써 시공이 얼마나 빨리 팽창해왔는지를 추적할 수 있었다. 그 결과는 기이했다.

우주의 팽창은 느려지지 않았으며 오히려 가속되고 있었다. 초신성 자료는 우주가 점점 더 빠르게 커지고 있음을 뜻한다. 만일 실제로 그렇다면 무엇인가가 중력에 맞서고 있다는 뜻이므로 빅크런치를 맞을 확률은 거의 없다. 물리학자들은 다시 아인슈타인이 중력과 균형을 이루기 위해 자신의 방정식에 덧붙였던 신비로운 우주상수에 대해 논의하게 되었다. 아인슈타인이 일생일대의 실수라고 불렀던 것은 어쩌면 전혀 실수가 아닐 수도 있다.

이 신비로운 힘도 역시 진공의 힘일지 모른다. 시공 전체에서 들끓고 있는 미세한 입자들이 부드럽게 밀어내는 힘을 발휘하면서 시공의 막을 감지하기 어려울 정도로 미미하게 늘리고 있다. 이 미약한 힘이 수십억 년 동안 축적되어 우주는 점점 더 빠르게 팽창한다. 따라서 우리 우주가 맞을 궁극의 운명은 빅크런치가 아니라 영원히 팽창하면서 차갑게 식어가는 열역학적 죽음일 것이다. 그 이유는 양자역학의 방정식에 존재하는 0에서 유래하는 영점에너지가 진공을 무한히 많은 입자로 채우고 있기 때문이다.

초신성의 자료는 잠정적이기에 천문학자들은 아직도 조심스럽다. 하지만 관측이 거듭되면서 결과는 점점 더 명확해지고 있다. 기체의 버섯구름이나 일정한 시야에서 관측되는 중력렌즈의 수를 분석한 결과 등 다른 연구들도 초신성의 자료를 지지하여 우주가 영원히 팽창할 것임을 암시하고 있다. 이게 옳다면 우주는 뜨거운 죽음이 아니라 차가운 죽음을 맞게 된다.

0의 위력 때문에 답은 불이 아니라 얼음이다.

무한대와 그 너머로

> 만일 우리가 완전한 이론을 발견한다면, 이는 단지 몇몇 과학자가 아니라
> 결국에 모든 사람이 두루 이해할 수 있는 광범위한 원리가 될 것이다.
> 그러면 철학자와 과학자 그리고 평범한 사람을 포함한 우리는 모두
> 우리와 우주가 존재하는 까닭에 관한 토론에 함께 참여하게 될 것이다.
> 그리고 이에 대한 답을 찾는다면 인간의 이성이 궁극적 승리를 거둘 것이다.
> 그때 우리는 신의 마음을 깨닫게 될 것이다.
>
> — 스티븐 호킹

물리학의 커다란 수수께끼 뒤에는 항상 0이 있다. 블랙홀의 무한한 밀도는 0으로 나누기다. 무에서의 창조를 낳은 빅뱅도 0으로 나누기다. 진공의 무한한 에너지도 0으로 나누기다. 하지만 0으로 나누는 것은 수학의 막을 찢고 논리학의 틀을 망가뜨린다. 나아가 과학의 근저 자체를 약화하는 위협이 된다. 0의 시대가 시작되기

전인 피타고라스의 시대에는 순수논리가 최고의 지배자였다. 우주는 질서 있고 예측할 수 있었다. 이는 유리수 위에 세워졌고 신의 존재를 암시했다. 제논의 골치 아픈 역설은 수의 영역에서 무한대와 0을 추방함으로써 피해 갈 수 있었다.

과학혁명이 일어나자 순수논리의 세계는 철학이 아니라 관측에 기반을 둔 경험과학에 자리를 내주었다. 뉴턴은 우주의 법칙을 설명하기 위해 그의 미적분에 내포된 불합리를 무시해야 했는데, 이는 0으로 나누기 때문에 초래된 것이었다. 수학자와 물리학자가 미적분에 내포된 0으로 나누기 문제를 가까스로 극복하여 과학을 다시 확고한 논리적 체계 위에 올려놓자마자 0은 양자역학과 일반상대성이론의 방정식에 등장하여 또다시 무한으로 과학을 오염시켰다. 우주의 0에서 논리는 무너진다. 이 때문에 양자역학과 일반상대성이론은 별개의 이론일 수밖에 없었다. 이 문제를 해결하기 위해 과학자들은 한 번 더 0을 추방하여 우주를 지배하는 법칙들을 통합하려 한다.

성공할 경우, 과학자들은 우주의 법칙을 이해할 수 있을 것이다. 그리하여 우리는 시간과 공간의 모서리까지 퍼져 있으며 우주의 시작과 끝에 이르기까지 존재하는 모든 것을 지배하는 물리적 법칙을 알게 될 것이다. 인간은 빅뱅을 창조한 원인을 이해할 수 있을 것이고, 신의 마음도 이해하게 될 것이다. 하지만 이번에도 0을 물리치기는 쉽지 않아 보인다.

양자역학과 일반상대성이론을 통합하여 블랙홀의 중심과 빅뱅의 특이점을 설명하는 이론은 현실적인 실험과 너무나 동떨어지므로 어느 것이 옳은지 그른지 결정하기는 불가능할지도 모른다. 끈이론가들과 우주론자들의 주장은 수학적으로 정확할지 모르지만, 피타고라스의 철학처럼 쓸모없을 수도 있다. 그들의 수학적 이론은 아무 모순 없이 아름다워서 우주의 본질을 설명해줄 수도 있지만 완전히 엉터리일 수도 있다.

과학자가 아는 것은 우주의 체계가 무에서 나와서 다시 애초에 나왔던 무로 돌아간다는 것뿐이다.

우주는 0에서 시작하여 0으로 끝난다.

부록 A

동물, 채소, 혹은 총리?

a와 b가 각각 1의 값을 갖는다고 하자($a=b=1$). a와 b는 같으므로

$$b^2=a \qquad \text{(식 1)}$$

이다. 또한 a는 자신과 같으므로

$$a^2=a^2 \qquad \text{(식 2)}$$

이다. (식 2)에서 (식 1)을 빼면 다음의 식이 나온다.

$$a^2-b^2=a^2-ab \qquad \text{(식 3)}$$

(식 3)의 양변을 인수분해하면 $a^2-ab=a(a-b)$이고 이는 본문처럼 $a^2-b^2=(a+b)(a-b)$로 다시 쓸 수 있다. 여기까지는 완벽

하게 옳다. 직접 숫자를 대입해서 확인해봐도 좋다! 이 결과를 이용하여 (식 3)을 바꿔 쓰면 다음과 같다.

$$(a+b)(a-b)=a(a-b) \tag{식 4}$$

여기까지도 아주 좋다. 이제 양변을 $(a-b)$로 나누어보자. 그러면 그 결과는 다음과 같다.

$$a+b=a \tag{식 5}$$

여기의 양변에서 a를 빼면

$$\mathrm{b}=0 \tag{식 6}$$

이 된다. 그런데 애초에 우리는 $b=1$이라고 했으므로 이는 결국

$$1=0 \tag{식 7}$$

이라는 뜻이다. 이 결론은 아주 중요하다. 이야기를 계속해보자. 윈스턴 처칠은 머리가 하나이다. 하지만 (식 7)에 따르면 1=0이므로 처칠은 머리가 없다. 마찬가지로 처칠은 무청이 없으므로 무청이 하나 있다. (식 7)의 양변에 2를 곱하면 다음 식이 나온다.

$$2=0 \qquad \text{(식 8)}$$

따라서 처칠은 다리가 둘이므로 다리가 없다. 그는 팔도 둘이므로 팔이 없다. 이제 (식 7)에 처칠의 허리둘레를 곱해보자. 그러면 다음 식이 나온다.

$$(\text{처칠의 허리둘레})=0 \qquad \text{(식 9)}$$

이는 처칠의 허리가 점점 가늘어지다가 점이 되어버린다는 뜻이다. 이제 윈스턴 처칠은 무슨 색일까 하는 의문을 생각해보자. 처칠로부터 나오는 빛 가운데 아무것이나 택하여 그 광자를 잡는다. 그리고 (식 7)에 그 파장을 곱하면 다음 식이 나온다.

$$(\text{처칠로부터 나오는 빛의 파장})=0 \qquad \text{(식 10)}$$

(식 7)에 640nm를 곱하면 다음과 같다.

$$640=0 \qquad \text{(식 11)}$$

(식 10)과 (식 11)을 같이 놓으면 다음과 같다.

$$(\text{처칠로부터 나오는 빛의 파장})=640\text{nm} \qquad \text{(식 12)}$$

이는 이 광자는 물론 처칠로부터 나오는 모든 광자의 파장이 640nm, 곧 오렌지색이라는 뜻이다. 따라서 처칠은 밝은 오렌지색이다.

요컨대 우리는 윈스턴 처칠이 팔도 다리도 없고, 머리 대신 무청이 있으며, 허리가 점처럼 가늘고, 밝은 오렌지색이라는 사실을 수학적으로 증명했다. 또한 처칠은 분명 당근이며, 이것도 간단히 증명된다. (식 7)의 양변에 1을 더하면 다음 식이 나온다.

$$2=1$$

윈스턴 처칠과 당근은 서로 다른 두 대상이다. 그러므로 이 둘은 서로 같다. 하지만 도대체 마음이 편치 않다.

이 증명은 어디가 잘못되었을까? 이 증명에는 잘못된 단계가 한 군데 있으며, 그것은 (식 4)에서 (식 5)로 넘어가는 단계이다. 거기서 우리는 $(a-b)$로 나누었는데, 이를 다시 잘 살펴보자. 애초에 $a=b=1$이라고 했으므로 $a-b=1-1=0$이다. 다시 말해서 우리는 이때 0으로 나누기를 했으며, 이 때문에 $1=0$이라는 황당한 결론이 도출됐다. 이렇게 얻어진 엉터리 결론을 가지고, 우리는 옳고 그름과 상관없이 우주의 온갖 명제를 증명할 수 있게 된다. 우리의 눈앞에서 수학의 체계가 허물어지는 것이다.

이처럼 잘못 사용된 0은 논리를 파괴하는 힘을 발휘한다.

황금비

한 선분을 둘로 나누는데, 짧은 부분과 긴 부분의 비율이 긴 부분과 전체 선분의 비율과 같도록 나눈다. 간단히 설명하기 위해 짧은 부분을 1미터라고 하자. 짧은 부분이 1미터이고 긴 부분을 x미터라고 하면 전체 선분은 당연히 $(x+1)$미터이다. 이런 관계를 식으로 표현하면 짧은 부분과 긴 부분의 비는

$$1/x$$

이고 긴 부분과 전체의 비는

$$x/(x+1)$$

이다. 짧은 부분과 긴 부분의 비가 긴 부분과 전체의 비와 같다고 했으므로 위의 두 비를 같다고 놓으면 다음 식이 도출된다.

$$x/(x+1)=1/x$$

이 방정식을 풀어 얻는 x의 값이 황금비이다. 방정식을 풀기 위한 첫 번째 단계로 양변에 x를 곱하면 다음과 같다.

$$x^2/(x+1)=1$$

다시 양변에 $(x+1)$을 곱하면 다음과 같다.

$$x^2=x+1$$

다음으로 양변에서 $(x+1)$을 빼면 아래 식이 나온다.

$$x^2-x-1=0$$

이 2차방정식을 풀면 아래와 같은 두 개의 근이 나온다.

$$(1+\sqrt{5})/2 \text{와 } (1-\sqrt{5})/2$$

이 가운데 고대 그리스인에게는 앞에 있는 양수만 의미가 있었으며 계산하면 약 1.618이 나온다. 곧 황금비는 약 1.618이다.

도함수의 현대적 정의

오늘날 도함수는 극한을 활용해 정의되므로 논리적 근거가 확고하다. 함수 $f(x)$의 도함수는 $f'(x)$로 나타내며 공식적인 정의는 다음과 같다.

$$f'(x) = \lim_{(\varepsilon \to 0)} \frac{[f(x+\varepsilon) - f(x)]}{\varepsilon}$$

이것이 뉴턴의 교묘한 속임수를 어떻게 없앨 수 있는지 알아보기 위해 뉴턴의 유율을 설명할 때 예로 들었던 함수 $f(x) = x^2 + x + 1$에 적용해보자.

$$f'(x) = \lim_{(\varepsilon \to 0)} \frac{[(x+\varepsilon)^2 + x + \varepsilon + 1 - (x^2 + x + 1)]}{\varepsilon}$$

위 식의 우변을 전개하면 다음과 같다.

$$f'(x) = \lim_{(\varepsilon \to 0)} \frac{[x^2 + 2\varepsilon x + \varepsilon^2 + x + \varepsilon + 1 - x^2 - x - 1]}{\varepsilon}$$

위 식에서 x^2과 $-x^2$, x와 $-x$, 그리고 1과 -1이 각각 상쇄되므로 위 식은 아래와 같이 된다.

$$f'(x) = \lim_{(\varepsilon \to 0)} \frac{[2\varepsilon x + \varepsilon + \varepsilon^2]}{\varepsilon}$$

ε가 아직 극한을 취하지 않았으므로 ε은 0이 아니다. 따라서 우변의 분모와 분자를 아무 문제 없이 모두 ε으로 나눌 수 있으며, 그 결과는 다음과 같다.

$$f'(x) = \lim_{(\varepsilon \to 0)} 2x + 1 + \varepsilon$$

이제 극한을 취하여 ε을 0에 수렴시키면

$$f'(x) = 2x + 1 + 0 = 2x + 1$$

이 되고, 이것이 바로 우리가 찾는 답이다.

이는 아주 작은 발상의 전환이지만, 세상에 큰 변화를 끌어낸다.

부록 D

유리수를 센 칸토어

자연수와 유리수의 개수가 같음을 증명하려, 칸토어는 영리하게 이 두 종류의 수를 서로 부족하지 않게 짝짓는 좌석 배치표를 고안해냈다.

기억하겠지만 유리수는 정수 a와 b를 가지고 a/b로 나타낼 수 있는 수의 집합이다. 여기서 a와 b는 물론 0이 아니다. 먼저 양의 유리수부터 생각하자.

데카르트 좌표계처럼 원점에서 교차하는 두 수직선으로 이루어진 수의 격자무늬를 떠올려보자. 원점에는 0을 놓고 격자무늬의 각 점에는 그것의 x 좌표와 y 좌표로 만든 유리수 x/y를 배정한다. 두 수직선은 무한대까지 뻗어 있으므로 이렇게 하면 x와 y의 가능한 모든 양의 조합을 격자 위 점에 빠짐없이 배정할 수 있다(그림 58).

이제 양의 유리수에 대한 좌석 배치표를 만들어보자. 〈그림 58〉에서 보듯, 맨 먼저 1번 좌석은 원점에 있는 0에 준다. 다음으로 2번 좌석은 1/1에 주고, 3번 좌석은 1/2에 주며, 4번 좌석은

그림 58. 유리수 세기

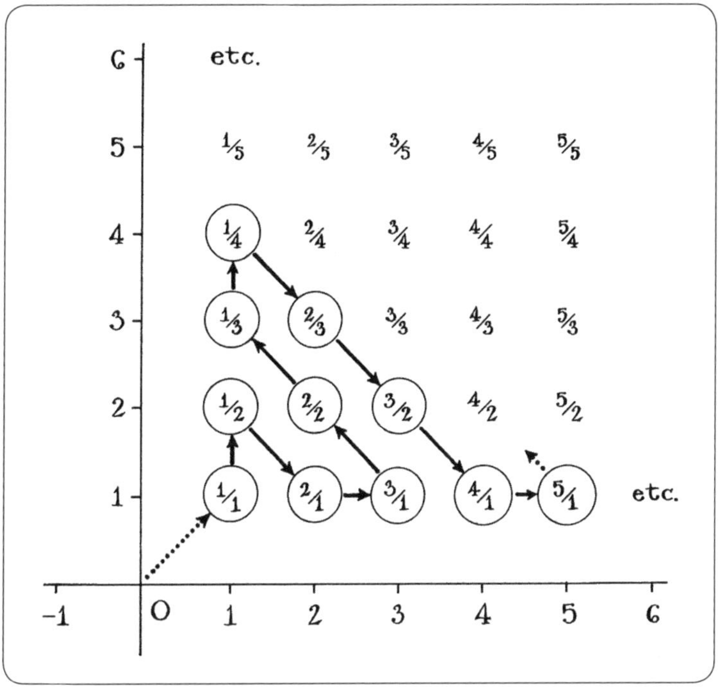

2/1에 주는데 이것은 물론 2와 같다. 다음으로 5번 좌석은 3/1에 주고, 6번 좌석은 2/2에 준다. 계속해서 격자무늬를 따라 이리저리 이동하며 좌석번호를 배정하도록 하자. 이 과정을 표로 꾸미면 다음과 같은 좌석 배치표가 얻어진다.

좌석	유리수
1	0
2	1

3	1/2
4	2
5	3
6	1
7	1/3
8	1/4
9	2/3
…	…

이로부터 알 수 있듯 이 과정을 통해 모든 양의 유리수는 각자의 좌석을 차지한다. 어떤 것들은 좌석을 두 개 차지하기도 한다. 하지만 이렇게 중복된 것을 없애는 것은 간단하다. 좌석 배치표를 만들 때 건너뛰면 된다. 다음 단계에는 이 목록을 두 배로 확장해서 양의 유리수 각각에 대응하는 음의 유리수를 끼워 넣는다. 이렇게 하면 다음과 같은 좌석 배치표가 만들어진다.

좌석	유리수
1	0
2	1
3	−1
4	1/2
5	−1/2

6	2
7	−2
8	3
9	−3
...	...

이로써 양과 음의 유리수 및 0이 모두 각자의 자리를 갖게 되었다. 다시 말해서 남는 좌석도 없고 남는 유리수도 없으며, 따라서 자연수와 유리수의 개수도 같다.

부록 E

웜홀 타임머신 만들기

매우 쉽다. 단지 아래의 간단한 네 단계만 따라 하면 된다.

1단계 2000년에 작은 웜홀을 만든다. 이때 양끝의 시간은 같다.

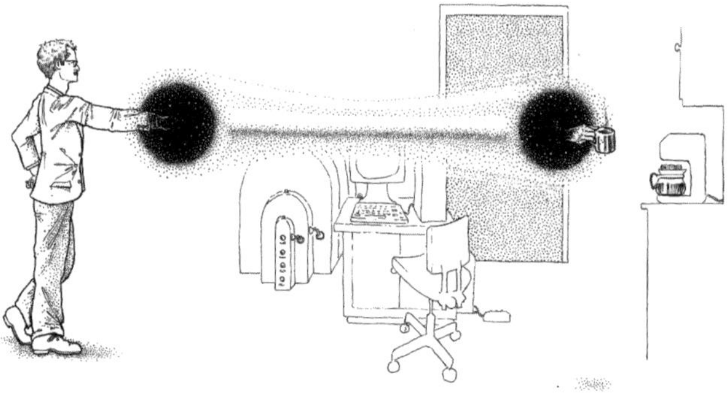

2단계 웜홀의 한쪽 끝은 아주 무거운 것에 묶고 다른 쪽 끝은 광속의 90퍼센트로 날아가는 우주선에 붙인다. 그러면 이 우주선의 1년은 지구의 2.3년에 해당하므로 웜홀 양끝의 시간은 달라진다.

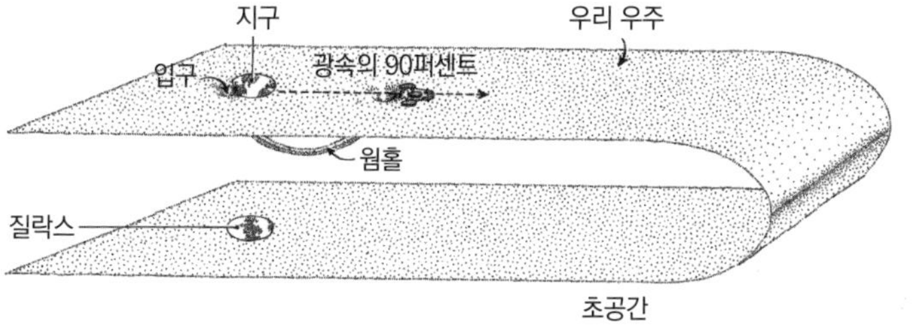

3단계 잠시 기다린다. 지구 시간으로 46년이 지나면 웜홀의 다른 쪽 끝은 우호적인 질락스Zeelox 행성에 도달한다. 그런 뒤 이 웜홀을 이용하면 2046년의 지구에서 2020년의 질락스 또는 그 반대로 여행할 수 있다.

4단계 만약 좀 더 영리하다면, 이 계획을 훨씬 앞서 시작할 수 있었을 것이다. 우리가 우주선을 보내기 훨씬 전에 질락스에 메시지를 보내서 그곳 시간으로 1974년에 거기서도 우리와 똑같이 우주선을 보내서 별도의 웜홀을 만들도록 한다. 그러면 질락스 시간으로 2020년에 우리는 이 질락스가 만든 웜홀을 통해 지구 시간으로 1994년인 지구로 돌아올 수 있다. 만일 두 웜홀을 함께 사용한다면 2046년의 지구에서 2020년의 질락스로 갔다가 다시 1994년의 지구로 돌아올 수 있다. 웜홀을 통한 왕복 여행으로 반세기도 넘게 거슬러 올라가는 것이다!

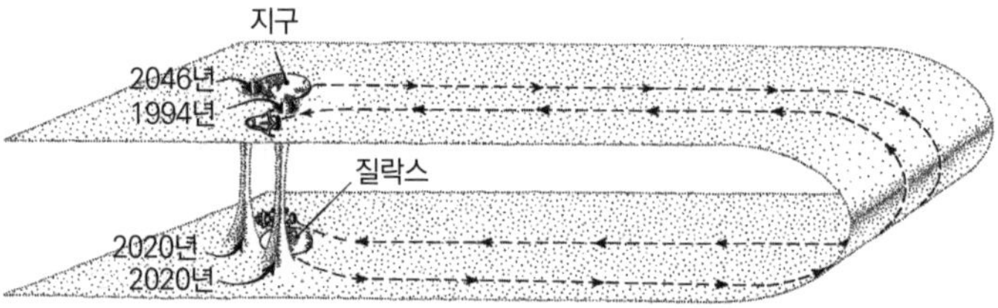

도서 및 정기간행물

- Aczel, Amir. *Fermat's Last Theorem.* New York: Delta, 1996.
- Anselmo, Joseph. "Controller Error Lost Soho." *Aviation Week & Space Technology,* 7 July 1998: 28.
- Aquinas, Thomas. *Selected Philosophical Writings.* Trans. Timothy McDermott. Oxford: Oxford University Press, 1993.
- Aristophanes. *The Wasps / The Poet and the Women / The Frogs.* Trans. David Barrett. London: Penguin Books, 1964.
- Aristotle. *The Metaphysics.* Trans. John McMahon. Amherst, N.Y.: Prometheus Books, 1991.
- Aristotle. *Physics.* Trans. Robin Waterfield. New York: Oxford University Press, 1996.
- Artin, E. *Modern Higher Algebra.* New York: New York University, 1947. (Lecture notes.)
- St. Augustine. *Confessions.* Trans. Henry Chadwick. Oxford: Oxford University Press, 1991.
- Beckmann, Petr. *A History of Pi.* New York: St. Martin's Press, 1971.
- Bede. *Ecclesiastical History of the English People.* Trans. Leo Sherley-Price. London: Penguin Books, 1955.
- Bell, E. T. *The Development of Mathematics.* New York: Dover Publications, 1940.
- Berkovits, Nathan. "An Introduction to Superstring Theory and Its Duality Symmetries." Los Alamos National Labs Archive: hep-th/9707242.
- Blay, Michel. *Reasoning with the Infinite.* Trans. M. B. DeBevoise. Chicago: University of Chicago Press, 1993.
- Boethius. *The Consolation of Philosophy.* Trans. V. E. Watts. London: Penguin Books, 1969.
- Book of the Dead. Trans. R. O. Faulkner. London: British Museum Publications, 1972.
- Boyer, Carl B. *A History of Mathematics.* New York: John Wiley and Sons, 1968.

- Bradford, Ernle. *The Sword and the Scimitar.* Milan: G. P. Putnam's Sons, 1974.
- Bressoud, David. *Factorization and Primality Testing.* New York: Springer-Verlag, 1989.
- Browne, Malcolm. "A Bet on a Cosmic Scale, and a Concession, Sort of." *New York Times,* 12 February 1997: A1.
- Bunt, Lucas, Phillip Jones, and Jack Bedient. *The Historical Roots of Elementary Mathematics.* New York: Dover Publications, 1976.
- Cantor, Georg. *Contributions to the Founding of the Theory of Transfinite Numbers.* Trans. Philip E. B. Jourdain. New York: Dover Publications, 1955.
- Churchill, Ruel, and James Brown. *Complex Variables and Applications.* New York: McGraw-Hill, 1984.
- Cipra, Barry. "In Mao's China, Politically Correct Math." *Science*, 28 February 1997: 1264.
- Closs, Michael, ed. *Native American Mathematics*. Austin, Tex.: University of Texas Press, 1986.
- Conway, John H. and Richard Guy. *The Book of Numbers.* New York: Copernicus, 1996.
- Copleston, Frederick. *A History of Philosophy.* New York: Image Books, 1994.
- Danzig, Tobias. *Number: The Language of Science.* New York: The Free Press, 1930.
- David, Florence Nightingale. *Games, Gods and Gambling.* New York: Dover Publications, 1962, 1998.
- Davies, Paul. "Paradox Lost." *New Scientist,* 21 March 1998: 26.
- Dawson, John. *Logical Dilemmas.* Wellesley, Mass.: A. K. Peters, 1997.
- Descartes, René. *Discourse on Method and Meditations on First Philosophy.* Ed. David Weissman. New Haven, Conn.: Yale University Press, 1996.
- Diodorus Siculus. *Historical Library.* In *Diodorus of Sicily in Twelve Volumes with an English Translation* by C. H. Oldfather. Cambridge, Mass.: Harvard University Press; London: William Heinemann, Ltd., 1989, 1976.
- Diogenes Laertius. *Lives of the Philosophers.* Trans. A. Robert Caponigri. Chicago: Henry Regnery Company, 1969.
- Diogenes Laertius. *Lives of Eminent Philosophers.* Vols. 1-2. Trans. R. D. Hicks. Cambridge, Mass.: Harvard University Press, 1972.
- DoCarmo, Manfredo. *Differential Geometry of Curves and Surfaces.*

Englewood Cliffs, N.J.: Prentice-Hall, 1976.
- Dubrovin, B. A., A. T. Fomenko, and S. P. Novikov. *Modern Geometry—Methods and Applications*. New York: Springer-Verlag, 1984.
- Duhem, Pierre. *Medieval Cosmology*. Trans. Roger Ariew. Chicago: The University of Chicago Press, 1985.
- Dym, H., and H. P. McKean. *Fourier Series and Integrals*. San Diego: Academic Press, 1972.
- "Ebola: Ancient History of 'New' Disease?" *Science*, 14 June 1996: 1591.
- Einstein, Albert. *Relativity*. New York: Crown Publishers, 1961.
- Ekeland, Ivar. *The Broken Dice*. Trans. Carol Volk. Chicago: University of Chicago Press, 1991.
- *The Epic of Gilgamesh*. Trans. N. K. Sanders. London: Penguin Books, 1960.
- Feller, William. *An Introduction to Probability Theory and Its Applications*. New York: John Wiley and Sons, 1950.
- Feynman, Richard. *QED*. Princeton, N.J.: Princeton University Press, 1985.
- Feynman, Richard, et al. *The Feynman Lectures on Physics*. Reading, Mass.: Addison-Wesley, 1963.
- Folland, Gerald. *Real Analysis*. New York: John Wiley and Sons, 1984.
- Fulton, William. *Algebraic Curves*. Redwood City, Calif.: Addison-Wesley, 1969.
- Fritzsch, Harald. *Quarks*. New York: Basic Books, 1983.
- Garber, Daniel. *Descartes' Metaphysical Physics*. Chicago: University of Chicago Press, 1992.
- Gaukroger, Stephen. *Descartes: An Intellectual Biography*. Oxford: Clarendon Press, 1995.
- Gerdes, Paulus. *Marx Demystifies Calculus*. Trans. Beatrice Lumpkin. Minneapolis: MEP Publications, 1983.
- Gödel, Kurt. *On Formally Undecidable Propositions of Principia Mathematica and Related Systems*. Trans. B. Meltzer. New York: Dover Publications, 1992.
- Gould, Stephen Jay. *Questioning the Millennium*. New York: Harmony Books, 1997.
- Graves, Robert. *The Greek Myths*. Vols. 1–2. London: Penguin Books, 1955.
- Graves, Robert, and Raphael Patai. *Hebrew Myths: The Book of Genesis*. New York: Greenwich House, 1963.

- Grun, Bernard. *The Timetables of History*. New York: Simon and Schuster, 1979.
- Guthrie, Kenneth Sylvan. *The Pythagorean Sourcebook and Library*. Grand Rapids, Mich.: Phanes Press, 1987.
- Hawking, Stephen. *A Brief History of Time*. New York: Bantam Books, 1988.
- Hawking, S. W., and Neil Turok. "Open Inflation Without False Vacua." Los Alamos National Labs Archive: hep-th/9802030.
- Hayashi, Alden. "Rough Sailing for Smart Ships." *Scientific American*, November 1988: 46.
- Heath, Thomas. *A History of Greek Mathematics*. Vols. 1–2. New York: Dover Publications, 1921, 1981.
- Heisenberg, Werner. *Physics and Philosophy: The Revolution in Modern Science*. New York: Harper and Row, 1958.
- Hellemans, Alexander, and Bryan Bunch. *The Timetables of Science*. New York: Simon and Schuster, 1988.
- Herodotus. *The Histories*. Trans. Aubrey de Selincourt. London: Penguin Books, 1954.
- Hesiod. *Theogony*. In *The Homeric Hymns and Homerica with an English Translation* by Hugh G. Evelyn-White. Cambridge, Mass.: Harvard University Press; London: William Heinemann, Ltd., 1914. (Machine readable text.)
- Hoffman, Paul. *The Man Who Loved Only Numbers*. New York: Hyperion, 1998.
- Hoffman, Paul. "The Man Who Loves Only Numbers." *The Atlantic Monthly*, November 1987: 60.
- Hooper, Alfred. *Makers of Mathematics*. New York: Random House, 1948.
- Horgan, John. *The End of Science*. Reading, Mass.: Addison-Wesley, 1996.
- Hungerford, Thomas. *Algebra*. New York: Springer-Verlag, 1974.
- Iamblicus. *De Vita Pythagorica*. (On the Pythagoraean way of life). Trans. John Dillon, Jackson Hershbell. Atlanta: Scholars Press, 1991.
- Jacobson, Nathan. *Basic Algebra I*. New York: W. H. Freeman and Company, 1985.
- Jammer, Max. *Concepts of Space*. New York: Dover Publications, 1993.
- Johnson, George. "Physical Laws Collide in a Black Hole Bet." *New York Times*, 7 April 1998: C1.

- Johnson, George. "Useful Invention or Absolute Truth: What Is Math?" *New York Times,* 10 February 1998: C1.
- Kak, Subhash. "Early Theories on the Distance to the Sun." Los Alamos National Labs Archive: physics/9804021.
- Kak, Subhash. "The Speed of Light and Puranic Cosmology." Los Alamos National Labs Archive: physics/9804020.
- Katz, Victor. *A History of Mathematics.* New York: HarperCollins College Publishers, 1993.
- Kelly, Douglas. *Introduction to Probability.* New York: Macmillan Publishing Company, 1994.
- Kestenbaum, David. "Practical Tests for an 'Untestable' Theory of Everything?" *Science,* 7 August 1998: 758.
- Khayyám, Omar. *Rubaiyat of Omar Khayyám.* Trans. Edward Fitzgerald. Boston: Branden Publishing, 1992.
- Knopp, Konrad. *Elements of the Theory of Functions.* Trans. Frederick Bagemihl. New York: Dover Publications, 1952.
- Knopp, Konrad. *Theory of Functions.* Trans. Frederick Bagemihl. New York: Dover Publications, 1947, 1975.
- Koestler, Arthur. *The Watershed.* New York: Anchor Books, 1960.
- The Koran. Trans. N. J. Dawood. London: Penguin Books, 1936.
- Lang, Serge. *Complex Analysis.* New York: Springer-Verlag, 1993.
- Lang, Serge. *Undergraduate Algebra.* New York: Springer-Verlag, 1987.
- Leibniz, Gottfried. *Discourse on Metaphysics / Correspondence with Arnauld / Monadology.* Trans. George Montgomery. La Salle, Ill.: Open Court Publishing, 1902.
- Lo, K.Y. et al. "Intrinsic Size of SGR A*: 72 Schwarzschild Radii." Los Alamos National Labs Archive: astro-ph/9809222.
- Maimonides, Moses. *The Guide for the Perplexed.* Trans. M. Friedlander. New York: Dover Publications, 1956.
- Manchester, William. *A World Lit Only By Fire.* Boston: Little, Brown and Company, 1993.
- Maor, Eli. *e: the Story of a Number.* Princeton, N.J.: Princeton University Press, 1994.
- Maor, Eli. *To Infinity and Beyond.* Princeton, N.J.: Princeton University Press, 1987.

- Marius, Richard. *Martin Luther.* Cambridge, Mass.: Belknap Press, 1999.
- Matt, Daniel C. *The Essential Kabbalah.* San Francisco: Harper SanFrancisco, 1996.
- Morris, Richard. *Achilles in the Quantum Universe.* New York: Henry Holt and Company, 1997.
- Murray, Oswyn. *Early Greece.* Stanford, Calif.: Stanford University Press, 1980.
- Nagel, Ernest and James Newman. *Gödel's Proof.* New York: New York University Press, 1958.
- Neugebauer, O. *The Exact Sciences in Antiquity.* New York: Dover Publications, 1969.
- Newman, James R. *The World of Mathematics.* Vols. 1–4. New York: Simon and Schuster, 1956.
- Oldach, David, et al. "A Mysterious Death." *The New England Journal of Medicine.* 338 (11 June 1998): 1764.
- Ovid. *Metamorphoses.* Trans. Rolfe Humphries. Bloomington, Ind.: Indiana University Press, 1955.
- Oxtoby, David, and Norman Nachtrieb. *Principles of Modern Chemistry.* Philadelphia: Saunders College Publishing, 1986.
- Pais, Abraham. *Subtle Is the Lord.* Oxford: Oxford University Press, 1982.
- Pappas, Theoni. *Mathematical Scandals.* San Carlos, Calif.: Wide World Publishing/Tetra, 1997.
- Pascal, Blaise. *Pensées and Other Writings.* Trans. Honor Levi. Oxford: Oxford University Press, 1995.
- Pausanius. *Guide to Greece.* Vol. 2, *Description of Greece.* Trans. Peter Levi. London: Penguin Books, 1971.
- Perricone, Mike. "The Universe Lives On." *FermiNews*, 19 June 1998: 5.
- Pickover, Clifford. *The Loom of God.* New York: Plenum Press, 1997.
- Plato. *Parmenides.* From *Plato in Twelve Volumes,* Vol. 1 translated by Harold North Fowler; introduction by W. R. M. Lamb (1966); Vol. 3 translated by W. R. M. Lamb (1967); Vol. 4 translated by Harold North Fowler (1977); Vol. 9 translated by Harold N. Fowler (1925). Cambridge, Mass.: Harvard University Press; London: William Heinemann, Ltd., 1966, 1967, 1977. (Machine readable text.)
- Plaut, Gunther. *The Torah: A Modern Commentary.* New York: The Union of

American Hebrew Congregations, 1981.

- Plutarch. *Makers of Rome.* Trans. Ian Scott-Kilvert. London: Penguin Books, 1965.
- *Plutarch on Sparta.* Trans. Richard J. A. Talbert. London: Penguin Books, 1988.
- *The Poetic Edda.* Trans. Lee Hollander. Austin, Tex.: University of Texas Press, 1962.
- Polchinski, Joseph. "String Duality." *Reviews of Modern Physics,* October 1996: 1245.
- Pullman, Bernard, ed. *The Emergence of Complexity in Mathematics, Physics, Chemistry, and Biology.* Vatican City: Pontificia Academia Scientarum, 1996.
- Randel, Don, ed. *The New Harvard Dictionary of Music.* Cambridge, Mass.: Belknap Press, 1986.
- "Random Samples." *Science,* 23 January 1998: 487.
- Rensberger, Boyce. "2001: A Calendar Odyssey." *Washington Post,* 11 December 1996: H01.
- Resnikoff, H. L. and R. O. Wells. *Mathematics in Civilization.* New York: Dover Publications, 1973.
- Rigatelli, Laura Toti. *Evariste Galois.* Trans. John Denton. Basel: Birkhauser Verlag, 1996.
- Rothstein, Edward. *Emblems of Mind.* New York: Times Books, 1995.
- Rotman, Brian. *Signifying Nothing.* Stanford, Calif.: Stanford University Press, 1987.
- Royden, H. L. *Real Analysis.* New York: Macmillan, 1988.
- Rudin, Walter. *Principles of Mathematical Analysis.* New York: McGraw-Hill, 1964.
- Rudin, Walter. *Real and Complex Analysis.* New York: McGraw-Hill, 1987.
- Russell, Bertrand. *The Philosophy of Leibniz.* London: Routledge, 1992.
- Russell, Bertrand. *The Philosophy of Logical Atomism.* Chicago: Open Court Publishing, 1985.
- Schecter, Bruce. *My Brain Is Open.* New York: Simon and Schuster, 1998.
- Scholem, Gershom. *Kabbalah.* New York: Meridian, 1974.
- Seife, Charles. "Ever Outward." *New Scientist,* 3 January 1998: 19.
- Seife, Charles. "Final Summer." *New Scientist,* 25 July 1998: 40.

- Seife, Charles. "Magic Roundabout." *New Scientist,* 8 November 1997: 5.
- Seife, Charles. "Mathemagician." *The Sciences,* May/June 1994: 12.
- Seife, Charles. "Music and mathematics and their surprisingly harmonious relationship." *The Philadelphia Inquirer,* 21 May 1995: H3.
- Seife, Charles. "No Way Out." *New Scientist,* 5 September 1998: 20.
- Seife, Charles. "Running on Empty." *New Scientist,* 25 April 1998: 36.
- Seife, Charles. "The Subtle Pull of Emptiness." *Science,* 10 January 1997: 158.
- Seife, Charles. "Too Damned Hot." *New Scientist,* 1 August 1998: 21.
- Seife, Charles. "Unlucky for Some." *New Scientist,* 4 July 1998: 23.
- Singh, Simon. *Fermat's Enigma.* New York: Walker and Company, 1997.
- Slakey, Francis. "Something Out of Nothing." *New Scientist,* 23 August 1997: 45.
- Smith, David Eugene. *A Source Book in Mathematics.* New York: Dover Publications, 1959.
- Sturluson, Snorri. *The Prose Edda.* Trans. Jean I. Young. Berkeley, Calif.: University of California Press, 1954.
- Swetz, Frank. *From Five Fingers to Infinity.* Chicago: Open Court Publishing, 1994.
- Teresi, Dick. "Zero." *The Atlantic Monthly,* July 1997: 88.
- *The Rig Veda.* Trans. Wendy O'Flaherty. London: Penguin Books, 1981.
- Thompson, Damian. *The End of Time.* Hanover, N.H.: University Press of New England, 1996.
- Thorne, Kip. *Black Holes and Time Warps.* New York: W. W. Norton, 1994.
- Thorpe, J. A. *Elementary Topics in Differential Geometry.* New York: Springer-Verlag, 1979.
- Thucydides. *History of the Peloponnesian War.* Trans. Rex Warner. London: Penguin Books, 1954.
- Turok, Neil, and S. W. Hawking. "Open Inflation, the Four Form and the Cosmological Constant." Los Alamos National Labs Archive: hepth/9803156 v4.
- The Upanishads. Trans. Juan Mascaro. London: Penguin Books, 1965.
- Urmson, J. O., and Jonathan Ree, eds. *The Concise Encyclopedia of Western Philosophy and Philosophers.* London: Routledge, 1996.
- Valenkin, Naum Yakovlevich. *In Search of Infinity.* Trans. Abe Shenitzer. Boston: Birkhauser, 1995.

- Vilenkin, Alexander. "The Quantum Cosmology Debate." Los Alamos National Labs Archive: gr-qc/9812027.
- Voltaire. *Candide.* London: Penguin Books, 1947.
- Wang, Hao. *Reflections on Kurt Gödel.* Cambridge, Mass.: The MIT Press, 1987.
- White, Michael. *The Last Sorcerer.* Reading, Mass.: Addison-Wesley, 1997.
- Xenophon. *Hellenica.* Trans. Carleton L. Brownson. Vols. 1–2, *Xenophon in Seven Volumes.* Cambridge, Mass.: Harvard University Press; London: William Heinemann, Ltd.; Vol. 1, 1985; Vol. 2, 1986. (Machine readable text.)

웹사이트

- Papyrus of Ani; Egyptian Book of the Dead. Trans. E. A. Wallis Budge. http://www.sas.upenn.edu/African_Studies/Books/Papyrus_Ani.html
- Clement of Alexandria. *The Stromata.* http://gnosis.org/library/strom4.htm
- "Frequently Asked Questions in Mathematics." https://cs.uwaterloo.ca/~alopez-o/math-faq/mathtext/math-faq.html
- Perseus Project. https://www.perseus.tufts.edu/hopper/
- The MacTutor History of Mathematics archive. https://mathshistory.st-andrews.ac.uk/

위험하고 매혹적인 제로 이야기

초판 1쇄 인쇄 2024년 3월 11일
초판 1쇄 발행 2024년 3월 20일

지은이 | 찰스 세이프
옮긴이 | 김동균
감 수 | 김주민
발행인 | 김동균

펴낸곳 | (주)DKJS
출판등록 | 2009년 11월 18일(제2009-000323호)
주소 | 서울특별시 강남구 강남대로 84길 23 1408-2호
전화 | (02)552-3243 **팩스** | (02)6000-9376
이메일 | information@dkjs.com

ISBN | 979-11-986594-0-8 03400

* 이 책의 내용을 무단 복제하는 것은 저작권법에 의해 금지되어 있습니다.
파본이나 잘못된 책은 구입하신 곳에서 교환해드립니다.
책값은 뒤표지에 있습니다.